高等学校新工科人才培养系列教材

《计算机操作系统(第四版)》
学习指导与题解

(含实验)

梁红兵　汤小丹　编著

汤子瀛　主审

西安电子科技大学出版社

内 容 简 介

本书是汤小丹、梁红兵等编著,西安电子科技大学出版社出版的《计算机操作系统(第四版)》一书的配套学习辅导书。全书与教材一致,分为十二章,每一章都先扼要地阐述了本章的基本内容,然后给出重点和难点的学习提示,接着进行典型问题的分析与解答,最后以选择题、填空题的形式给出了大量的练习题。

本书还包括两个附录。附录 A 是精心设计的七个操作系统实验,附录 B 给出了各章选择题和填空题的参考答案。

本书既可作为计算机及相关专业本、专科生学习操作系统的辅导教材,也可作为报考相关专业硕士研究生的操作系统课程复习用书,还可作为读者自学操作系统的参考书。

图书在版编目(CIP)数据

《计算机操作系统(第四版)》学习指导与题解/梁红兵,汤小丹编著.
—西安:西安电子科技大学出版社,2015.2(2025.3 重印)
ISBN 978–7–5606–3602–3

Ⅰ.①计⋯ Ⅱ.①梁⋯ ②汤⋯ Ⅲ.①操作系统—高等学校—教学参考资料
Ⅳ.①TN316

中国版本图书馆 CIP 数据核字(2015)第 017717 号

策　　划　李惠萍
责任编辑　李惠萍
出版发行　西安电子科技大学出版社(西安市太白南路 2 号)
电　　话　(029)88202421　88201467　　　邮　编　710071
网　　址　www.xduph.com　　　　　　　电子邮箱　xdupfxb001@163.com
经　　销　新华书店
印刷单位　陕西天意印务有限责任公司
版　　次　2015 年 2 月第 3 版　2025 年 3 月第 32 次印刷
开　　本　787 毫米×1092 毫米　1/16　印 张　15.5
字　　数　365 千字
定　　价　38.00 元
ISBN 978 – 7 – 5606 – 3602 – 3
XDUP 3894003–32

＊＊＊ 如有印装问题可调换 ＊＊＊

前　言

　　本书是配合由汤小丹等编著，西安电子科技大学出版社出版的《计算机操作系统(第四版)》而编写的辅导教材，全书共分十二章(与教材对应)和两个附录。

　　书中的每一章内容分别与《计算机操作系统(第四版)》的各章对应。其中，第一章简单地介绍了操作系统的作用、发展过程、特征和功能，第二章介绍了进程和线程的基本概念、进程控制、进程同步和进程通信，第三章介绍了处理机调度和死锁，第四章和第五章介绍了存储器和虚拟存储器的基本概念及管理方式，第六、七、八、九章分别介绍了设备管理、文件管理、磁盘存储器的管理和操作系统接口，第十章和第十一章介绍了多处理机操作系统和多媒体操作系统，第十二章讲述了计算机系统的安全性。

　　本书每章都对配套教材中对应章节的基本概念、基本原理和基本方法作了系统扼要的阐述。为了帮助读者理解和掌握操作系统的基本内容，每章专门安排一节列出了该章的重点与难点内容，并给出了相应的学习提示。在"典型问题分析和解答"一节中，给出了一些典型问题，并对它们做了详细和透彻的分析与解答。另外，各章还为读者提供了大量的选择题和填空题，并在附录 B 中给出了它们的参考答案，方便读者练习与自测。

　　在操作系统的教学中，实践环节同样是不容忽视的。为此，我们还在附录 A 中设计了七个有关操作系统的实验，它们可在 Linux 或 UNIX 环境下进行。

　　本书既可与教材配套使用，也叮单独学习使用。无论是课程学习，还是考研复习，相信本书都会给读者以很大的帮助。

　　衷心感谢汤子赢、哲凤屏教授，他们多次审阅了书稿，并提出了许多宝贵建议。在本书的编写过程中，还得到了西安电子科技大学出版社，尤其是李惠萍同志的帮助和大力支持。在此谨向他们表示衷心的感谢。

　　限于编者水平，书中难免存在一些不妥之处，恳请读者批评指正。

编　者

2015 年 2 月

目 录

第一章　操作系统引论

　　本章主要讲述操作系统的基本概念，具体包括操作系统的目标和作用、操作系统的发展过程、操作系统的基本特征和功能、操作系统的结构设计等内容。

1.1　基本内容

1.1.1　操作系统的目标和作用

　　操作系统(Operating System，OS)是一组控制和管理计算机硬件和软件资源，合理地对各类作业进行调度，以及方便用户使用计算机的程序的集合。它是配置在计算机上的第一层软件，是对硬件功能的首次扩充。操作系统在计算机系统中占据特别重要的地位，它是计算机中最重要的系统软件，是其他系统软件和应用软件运行的基础。

1. 操作系统的目标

　　(1) 方便性。操作系统使计算机系统更易于使用。

　　(2) 有效性。操作系统使资源的利用率更高，系统的吞吐量更大。

　　(3) 可扩充性。操作系统必须能方便地增加新的功能和模块，并能修改老的功能和模块，以适应计算机硬件、体系结构以及应用发展的要求。

　　(4) 开放性。操作系统的开发应该遵循世界标准规范，特别是遵循开放系统互连 OSI 国际标准，从而使其与其他系统之间能彼此兼容、方便地实现互连。

2. 操作系统的作用

　　(1) 操作系统是用户与计算机硬件系统之间的接口。用户并不直接与计算机硬件打交道，而是通过操作系统提供的命令、系统功能调用以及图形化接口来使用计算机。

　　(2) 操作系统是计算机资源的管理者。处理机的分配和控制，内存的分配和回收，I/O设备的分配和操纵，文件的存取、共享和保护工作都是由操作系统完成的。

　　(3) 操作系统实现了对计算机资源的抽象。操作系统是铺设在裸机(即没有配置任何软件的计算机系统)上的多层软件，它不仅增强了系统的功能，而且还隐藏了对硬件操作的细节，从而实现了对计算机资源的抽象。

　　另外，操作系统还是计算机工作流程的组织者。它负责在众多作业之间切换处理机，并协调它们的推进速度，从而进一步提高系统的性能。

1.1.2 操作系统的发展过程

1. 无操作系统的计算机系统

1) 人工操作方式

在计算机发展的早期，由于还未出现操作系统，人们采用人工操作方式使用计算机：由程序员将已穿孔的纸带(或卡片)装入纸带(或卡片)输入机，再启动它们将纸带(或卡片)上的程序和数据输入计算机，然后启动计算机运行；当程序运行完毕并由用户取走计算结果后，才允许下一个用户使用计算机。

这种方式具有用户独占全机资源和 CPU 等待人工操作的特点。由于人工操作的低速性和 CPU 运算的高速性，造成了计算机资源利用率的严重降低，此即人机矛盾。随着计算机的迅速发展、机器性能的不断提高，人机矛盾日益加剧。另外，高速的 CPU 和低速的 I/O 设备之间速度不匹配的矛盾也日趋严重。为了缓和这两对矛盾，引入了脱机输入/输出方式和批处理技术。

2) 脱机输入/输出方式

脱机输入方式是指在一台外围机(即一台专门用来管理输入/输出的、功能较简单的计算机)的控制下，预先将程序和数据从低速输入设备输入到磁带，当 CPU 需要这些程序和数据时，再从磁带高速地读入内存。类似地，脱机输出方式是指当 CPU 需要输出时，先高速地将数据写入磁带，然后在一台外围机的控制下，通过低速输出设备进行输出。相反，在主机的直接控制下进行的输入/输出方式被称为联机输入/输出方式。

在脱机输入/输出方式下，是由外围机而不是主机的 CPU 等待人工操作，从而有效地减少了主机 CPU 的空闲时间，缓和了人机矛盾；另外，CPU 直接通过高速的磁带进行输入/输出，这又极大地提高了 I/O 的速度，进一步减少了 CPU 的空闲时间，从而较好地缓和了 CPU 与 I/O 设备之间速度不匹配的矛盾。

2. 单道批处理系统

批处理技术是指在系统中配置一个监督程序，并在该监督程序的控制下，能够对一批作业自动进行处理的技术。

早期采用批处理技术的系统，由于在内存中只能存放一道作业，故称为单道批处理系统，而其中的监督程序就是操作系统的雏形。

单道批处理系统的处理过程如下：它将一批作业以脱机方式输入到磁带上，然后由配置在系统中的监督程序将磁带上的第一个作业装入内存，并把运行的控制权交给作业；当该作业处理完成或出现异常时，又把控制权交还给监督程序，再由监督程序调入磁带上的第二个作业……直至磁带上所有的作业全部完成。

通过脱机输入和作业的自动过渡，单道批处理系统的确提高了机器资源的利用率，增加了系统的吞吐量，但系统中的资源仍没能得到充分的利用。在单道批处理系统中，内存中仅有一道程序，这不仅会造成内存的浪费，而且每逢该程序在运行中发出 I/O 请求后，CPU 便处于等待状态，必须在其 I/O 完成后才能继续运行，因此，也造成了 CPU 利用率的显著降低，且 I/O 设备也无法得到充分利用。

3. 多道批处理系统

1) 多道程序设计技术

为了进一步提高资源的利用率，引入了多道程序设计技术。所谓多道程序设计技术，是指在内存中同时存放若干个作业，并使它们共享系统资源且同时运行的技术。在单处理机环境下，这些作业仅在宏观上同时运行，而在微观上它们是交替执行的。

由于在内存中可同时存放多个作业，当正在执行的作业因 I/O 等原因而暂停执行时，CPU 可马上调度另一道作业执行，从而使系统中众多的 I/O 设备可与 CPU 并行地工作。多道程序设计技术可显著地提高内存、CPU 与 I/O 设备的利用率，增加系统的吞吐量。

2) 多道批处理系统

采用多道程序设计技术的批处理系统被称作多道批处理系统。为了使系统中的多道程序能协调地运行，多道批处理系统中必须配置一组软件，来解决多道程序对系统资源的共享和争用问题。这组软件还应对系统中各个作业进行合理的组织和调度，并为用户提供使用计算机的友好接口。这就形成了现代意义上的操作系统。

多道程序设计技术和批处理技术的采用，使多道批处理系统具有资源利用率高和系统吞吐量大的优点。但是，多道批处理系统将用户和计算机操作员分开，而且用户作业要排队、依次进行处理，故又具有用户无法直接与自己的作业进行交互和作业的平均周转时间(指作业从进入系统开始，直至作业完成并退出系统为止所经历的时间)较长的缺点。

4. 分时系统

为了解决批处理系统无法进行人机交互的问题，并使多个用户(包括远程用户)能同时使用昂贵的主机资源，又引入了分时系统。

分时系统是指，在一台主机上连接有多个配有显示器和键盘的终端，同时允许多个用户通过自己的终端以交互方式使用计算机，共享主机中的资源。

分时系统的关键问题是使用户能与自己的作业进行交互，或者说，它追求的主要目标是系统能及时响应用户的终端命令。为此，作业提交时应直接进入内存，并且系统中必须采用按时间片轮转运行的分时技术，即把处理机的时间划分成很短的时间片(如几百毫秒)，轮流地分配给各个终端作业使用。若在分配给终端作业的时间片内，作业仍未执行完，系统也必须将 CPU 交给下一个作业使用，并等下一轮得到 CPU 时再继续执行。这样，在一段时间内，所有的作业都能执行一个时间片，系统便能及时地响应每个用户的请求，从而使每个用户都能及时地与自己的作业交互。

分时系统具有以下特征：

(1) 多路性。一台主机上连有多个终端，因此允许多个用户同时共享一台主机，从而显著地提高系统资源的利用率。

(2) 独立性。各个用户像独占主机一般，独立地工作，互不干扰。

(3) 及时性。系统能按人们所能接受的等待时间(通常为 1～3 秒)及时响应用户的请求。

(4) 交互性。用户能与系统进行广泛的人机对话，以请求系统为他提供诸如文件编辑、数据处理、对数据库的访问以及数据打印等多方面的服务。

5. 实时系统

1) 实时系统及其类型

实时系统最主要的特征是将时间作为关键参数,它必须对所接收到的某些信号,做出"及时"或"实时"的反应。因此,实时系统是指系统能及时响应外部事件的请求,在规定的时间内完成对该事件的处理,并控制所有实时任务协调一致地运行。当前常见的实时系统类型有工业(武器)控制系统、信息查询系统、多媒体系统和嵌入式系统等。

2) 实时任务的类型

实时系统中的任务通常联系着一个截止时间,根据对截止时间的要求,可以将实时任务分为以下两种类型:

(1) 硬实时任务。系统必须满足任务对截止时间的要求,否则可能出现难以预测的后果。

(2) 软实时任务。这类任务也联系着一个截止时间,但并不严格,系统偶尔错过了任务的截止时间,对系统产生的影响也不会太大。

3) 实时系统与分时系统特征的比较

(1) 多路性。信息查询系统和分时系统中的多路性都表现为系统按分时原则,为多个终端用户服务;实时控制系统的多路性则是指系统周期性地对多路现场信息进行采集,以及对多个对象或多个执行机构进行控制。

(2) 独立性。信息查询系统中的每个终端用户在与系统交互时,彼此独立互不干扰;同样,在实时控制系统中,对信息的采集和对对象的控制,也都是彼此互不干扰的。

(3) 及时性。信息查询系统对实时性的要求与分时系统类似,是依据人所能接受的等待时间确定的;多媒体系统实时性的要求是,播放出来的音乐和电视能令人满意。而实时控制系统的实时性则是以控制对象所要求的截止时间来确定的,一般为秒级到毫秒级。

(4) 交互性。在信息查询系统中人与系统的交互性,仅限于访问系统中某些特定的专用服务程序。它并不能像分时系统那样,能向终端用户提供数据处理、资源共享等服务。而多媒体系统的交互性,也仅限于用户发送某些特定的命令,如开始、停止、快进等,由系统立即响应。

(5) 可靠性。分时系统也要求系统可靠,但相比之下,实时系统则要求系统高度可靠。因为任何差错都可能带来巨大的经济损失,甚至带来无法预料的灾难性后果。因此,在实时系统中,常采用多级容错措施来保障系统和数据的安全性。

6. 微机操作系统

配置在微型机上的操作系统被称为微机操作系统。最早诞生的微机操作系统是配置在8位微机上的CP/M,它是由Digital Research公司研制开发的。1981年IBM公司首次推出了16位的IBM-PC个人计算机,上面配置了微软公司开发的MS-DOS操作系统。MS-DOS操作系统受到20世纪80年代到90年代初期用户的广泛欢迎,成为16位单用户单任务微机操作系统的标准。90年代及其以后推出的32位微机和64位微机,配置的都是多任务操作系统,其中最有代表性的单用户多任务操作系统是微软公司开发的Windows系列操作系统;而最有代表性的多用户多任务微机操作系统则是UNIX操作系统,它最早是一个由美国AT&T公司的Bell实验室开发并配置在中小型机上的多用户多任务操作系统。随着微机性能的提高,UNIX操作系统也被移植到微机上。目前,配置在微机上最有名的UNIX变种系统有 SUN 公司的 Solaris 和最初由 Linus Torvalds 开发的 Linux 操作系统。

1.1.3 操作系统的基本特征和功能

1. 操作系统的基本特征

采用多道程序设计技术的现代操作系统都具有如下的基本特征。

1) 并发性

并发性是指两个或多个事件在同一时间间隔内发生。在多道程序的环境下，并发性是指在一段时间内，宏观上有多个程序在同时运行。

应当指出的是，通常的程序是静态实体，它们是不能并发执行的。为使多个程序能并发地执行，系统必须分别为每个程序建立进程。进程是系统中能独立运行并能独立分配资源的基本单位，它由一组机器指令、数据、堆栈和进程控制块组成，是一个活动实体。多个进程的并发运行能极大地提高系统资源的利用率，增加系统的吞吐量。

与并发性相似的另一个概念是并行性，它是指两个或多个事件在同一时刻发生。可见，并行性具有并发的含义，但并发事件并不一定具有并行性。

2) 共享性

共享性是指系统中的资源可供内存中多个并发执行的进程同时使用。根据资源性质的不同可将资源共享方式分为以下两种。

(1) 互斥共享。系统中可供共享的某些资源，如打印机、变量、队列等，一段时间内只能给一个进程使用，只有当这个进程使用完毕并释放这些资源后，其他进程才能使用它们。

(2) 同时访问。系统中的另一类资源，如磁盘、可重入代码等，它们在同一段时间内可以被多个进程同时访问。虽然这种同时是指宏观上的同时，微观上可能是进程交替地访问该资源，但进程交替访问资源的顺序不会影响访问的结果。

3) 虚拟性

虚拟性是指通过某种技术，将一个物理实体变为若干个逻辑上的对应物。用来实现虚拟性的技术被称为虚拟技术。在 OS 中利用虚拟技术实现了虚拟处理机、虚拟存储器和虚拟设备，从而使得进程可以更方便地共享系统资源。

4) 异步性

异步性是指在多道程序的环境下，每个程序何时执行、何时暂停都是未知的，即它们以不可预知的速度向前推进。但同时操作系统应保证程序的执行结果是可再现的，即只要运行环境相同，一个作业的多次运行都会得到相同的结果。

2. 操作系统的功能

操作系统的主要功能包括处理机管理、存储器管理、设备管理、文件管理和提供友好的用户接口五个方面。

1) 处理机管理

处理机管理主要是对处理机的分配和运行进行管理。在传统的操作系统中，处理机的分配和运行都是以进程为基本单位，因此通常将处理机管理归结为对进程的管理。进程管理的主要功能包括：

(1) 进程控制。进程控制为作业创建进程、撤消进程，并控制进程在运行过程中的状态转换。

(2) 进程同步。进程同步对进程的执行次序进行协调，使进程能有条不紊地运行。

(3) 进程通信。进程通信实现进程之间的信息交换，使进程能很好地相互合作。

(4) 进程调度。进程调度在多个就绪进程中分配处理机，并使分配到处理机的进程投入执行。

2) 存储器管理

存储器管理主要是为多道程序的运行提供良好的环境，它的主要功能包括：

(1) 内存分配。内存分配为每道程序分配内存空间，分配时要尽量提高内存的利用率。

(2) 内存保护。内存保护确保每道用户程序只在自己的内存空间中运行，从而不影响操作系统和其他程序的运行。

(3) 地址映射。地址映射将程序中的逻辑地址转换成内存中的物理地址，以使程序能正确执行。

(4) 内存扩充。内存扩充在逻辑上扩充内存的容量，以方便大作业的运行和增加内存中并发作业的道数。

3) 设备管理

设备管理主要是完成用户的 I/O 请求，它的主要功能包括：

(1) 缓冲管理。缓冲管理利用缓冲来缓和 CPU 和 I/O 设备速度不匹配的矛盾，提高 CPU 和 I/O 设备的利用率和 I/O 的速度。

(2) 设备分配。设备分配为用户分配完成 I/O 请求所需的设备和设备控制器，在配置有通道的系统中，还需为用户分配通道。

(3) 设备处理。设备处理启动设备进行真正的 I/O 操作，响应并处理设备控制器发来的中断请求。

4) 文件管理

文件管理主要是使用户能方便、安全地使用各种信息资源，它的主要功能包括：

(1) 文件存储空间的管理。文件存储空间的管理为文件分配必要的存储空间，并尽量提高文件存储空间的利用率和文件访问的效能。

(2) 目录管理。目录管理通过目录的方式来组织文件，以实现文件的按名存取，并提高文件的检索速度。

(3) 文件的读/写管理和保护。文件的读/写管理和保护实现文件的读写操作，并提供有效的存取控制功能保护文件的安全性。

5) 友好的用户接口

为方便用户使用计算机，操作系统向用户提供了使用计算机的接口。该接口通常是以下列方式提供给用户的。

(1) 用户接口。用户接口又可分为联机用户接口、脱机用户接口和图形用户接口三种类型。联机用户接口允许用户通过一组联机命令直接控制自己的作业；脱机用户接口则允许用户通过作业控制语言间接地控制自己的作业；图形用户接口提供了窗口、图标和菜单等元素，使用户可方便地通过指点设备(如鼠标)和少量的键盘操作，取得操作系统的服务。

(2) 程序接口。程序接口是指操作系统提供了一组系统调用，供用户程序调用操作系统的功能。

6) 现代操作系统的新功能

(1) 系统安全。现代操作系统采用认证技术、密码技术、访问控制技术以及反病毒技术等多种有效措施，确保计算机系统中存储和传输数据的保密性、完整性和系统可用性。

(2) 网络的功能和服务。现代操作系统提供网络通信、网络资源管理和应用互操作等功能，以支持用户联网取得各类网络所提供的服务。

(3) 支持多媒体。现代操作系统提供接纳控制和实时调度等功能，采取适当的多媒体文件存储方式，以保证系统能像处理文字、图形信息那样，去处理音频和视频等多媒体信息。

1.1.4 操作系统的结构设计

操作系统(OS)是一个大型的系统软件，其内部的组织结构已经经历了四代的变革。

1. 无结构 OS

无结构操作系统也叫整体式系统，整个操作系统是各种过程的集合，每个过程都可以调用任意其他过程，操作系统内部不存在任何结构。采用这种结构的操作系统不仅调试和维护不方便，而且其可读性和可扩充性都较差。

2. 模块化结构 OS

模块化结构中采用了模块化程序设计技术，将操作系统按其功能划分成若干个具有一定独立性和大小的模块，并规定好各模块间的接口，使得它们之间能够交互，对较大的模块还可进一步细化为若干个子模块。采用这种结构可加速操作系统的研制过程，操作系统设计的正确性高、适应性好。但模块的划分和接口的规定较困难，而且模块间还存在着复杂的依赖关系，使 OS 结构变得不够清晰。

3. 分层式结构 OS

分层式结构是对模块化结构的一种改进，它将操作系统按其功能流图的调用次序以及其他一些原则划分为若干个层次，每一层代码只能使用较低层代码提供的功能和服务，并采用自底向上或自顶向下增添软件的方法来研制操作系统。由于它将模块之间的复杂依赖关系改为单向依赖关系，并消除了某些循环依赖关系，因此能使 OS 结构变得非常清晰，从而使系统的正确性更高、扩充性和维护性更好。

4. 微内核结构 OS

微内核的主要思想是，在操作系统内核中只留下一些最基本的功能，而将其他服务尽可能地从内核中分离出去，用若干个运行在用户态下的进程(即服务器进程)来实现，形成所谓的"客户/服务器"模式。普通用户进程(即客户进程)可通过内核向服务器进程发送请求，以取得操作系统的服务。

由于微内核 OS 结构是建立在模块化、层次化结构的基础上的，并采用了客户/服务器模式和面向对象的程序设计技术，因而它具有提高了系统的可扩展性，增强了系统的可靠性和可移植性，提供了对分布式系统的支持等优点。

1.2 重点、难点学习提示

学习本章的目的是建立起 OS 的基本概念。为此，应对以下几个重点与难点问题进行认真的学习，切实掌握 OS 的一些基本概念。

1. OS 的引入和发展

随着计算机技术和应用需求的不断发展，OS 由简单变为复杂，由低级变为高级，故在学习"OS 的引入和发展"时，应对下述几个问题有较清晰的认识。

(1) 早期无 OS 的计算机系统中，存在着所谓的"人机矛盾"和"CPU—I/O 设备速度不匹配的矛盾"，它们对计算机资源的利用率有何严重的影响？

(2) 单道批处理系统中引入了哪些技术？它们是如何解决上述两对矛盾的？

(3) 单道批处理系统还存在哪些不足之处？而多道批处理系统又是通过哪些技术措施来解决这些不足的？

(4) 多道批处理系统还有哪些地方不能满足用户的需求？或者说，是在什么样的需求推动力的作用下，由批处理系统发展为分时系统的？实现分时系统的关键技术是什么？

(5) 上述几种系统还有哪些地方不能满足用户的需求，或者说，是在什么样的需求推动力的作用下，由分时系统又发展为实时系统的？在学习时，还应注意分析和比较分时系统与实时系统的特征。

2. OS 的基本特征和功能

在多道程序的环境下，OS 具有四大特征和五大功能。在学习该问题时，应对下述四个方面的内容有较深入的理解。

(1) OS 的特征。OS 具有并发性、资源共享性、虚拟性和异步性四大特征，在学习时应对每种特征的具体含义和形成原因有较清晰的认识。

(2) OS 四大特征之间的关系。这四大特征之中，最重要的是并发性特征，其他三个特征都是以并发性为前提的。在学习时，必须清楚并发性和资源共享性之间的关系，并理解它们是如何导致虚拟性和异步性特征的产生的。

(3) OS 的功能。传统的 OS 具有处理机管理、存储器管理、设备管理、文件管理和提供友好的用户接口这五大功能，现代 OS 中还增加了面向安全、面向网络和面向多媒体等功能。在学习时应了解各个功能的主要任务，并深入了解处理机管理功能与 OS 的并发性和共享性特征之间的关系。

(4) OS 五大功能的必要性。为了保证多道程序能有条不紊地、高效地运行，并能方便用户对计算机系统的使用，OS 必须具备上述五大功能。在学习时，请思考：如果缺少了其中的某个(些)功能(如处理机管理或内存管理功能)，将会对系统的运行产生什么样的影响。

3. 分层式结构和微内核结构

在 OS 结构中，分层式结构是最为成熟的一种 OS 结构，被广泛应用了三十多年。而 20 世纪 90 年代兴起的微内核结构是最具有发展前途的 OS 结构。在学习过程中，应对下述内容有较深刻的了解。

(1) 什么是分层式结构。该结构是指将 OS 按某些原则分为若干个层次，并规定了层次间的单向调用关系。在学习时应对分层结构是为了解决什么样的问题，它又是如何解决这些问题的，有较深入的了解。

(2) 分层的原则。在学习时应知道为一个 OS 应设置哪些层次以及设置这些层次的主要依据，并清楚通常应把哪些功能放在最低层，哪些功能放在最高层。

(3) 什么是客户/服务器技术。该技术是把 OS 分为两个部分，一部分是用于提供各种服务的服务器，另一部分是用于实现 OS 最基本功能(含通信功能)的内核。学习时必须清楚，为什么要将 OS 一分为二，由此会带来什么好处。

(4) 什么是面向对象技术。该技术是基于"抽象"和"隐蔽"原则来控制 OS 的复杂度。它利用封装的数据结构和一组对它进行操作的过程来表示系统中的某个对象，以达到隐蔽系统内部数据结构和操作的实现细节的目的。在学习时应了解什么是对象、面向对象技术会给 OS 带来什么好处。

(5) 什么是微内核结构。微内核结构是指将客户/服务器技术、面向对象技术用于基于微内核技术的 OS 中所形成的 OS 结构。学习时应对该结构用于解决什么样的问题、又是如何解决这些问题的，以及该结构有何优点有较深刻的了解。

1.3　典型问题分析和解答

1.3.1　OS 的引入和发展过程中的典型问题分析

【例1】 试说明操作系统与硬件、其他系统软件以及用户之间的关系。

答：操作系统是覆盖在硬件上的第一层软件，它管理计算机的硬件和软件资源，并向用户提供良好的界面。操作系统与硬件紧密相关，它直接管理着硬件资源，为用户完成所有与硬件相关的操作，从而极大地方便了用户对硬件资源的使用并提高了硬件资源的利用率。操作系统是一种特殊的系统软件，其他系统软件运行在操作系统的基础之上，可获得操作系统提供的大量服务，也就是说操作系统是其他系统软件与硬件之间的接口。而一般用户使用计算机除了需要操作系统支持外，还需要用到大量的其他系统软件和应用软件，以使其工作更方便和高效。可见，硬件、操作系统、其他系统软件、应用程序和用户之间存在着如图 1.1 所示的层次关系。

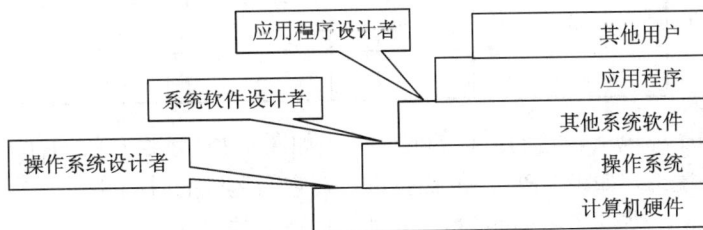

图 1.1　计算机系统的层次关系

【例2】 什么是多道程序技术？在 OS 中引入该技术，带来了哪些好处？

答：多道程序技术是指在内存中同时存放若干个作业，并使它们共享系统的资源且同时运行的技术。

在 OS 中引入多道程序技术带来了以下好处：

(1) 提高 CPU 的利用率。在引入多道程序设计技术后，由于可同时把若干道程序装入内存，并可使它们交替地执行，这样，当正在运行的程序因 I/O 而暂停执行时，系统可调度另一道程序到 CPU 执行，从而可保持 CPU 处于忙状态，使 CPU 的利用率提高。

(2) 可提高内存和 I/O 设备的利用率。为了能运行较大的作业，通常内存都具有较大的容量，但由于 80%以上的作业都属于中、小型作业，因此在单道程序的环境下也必定造成内存的浪费。类似地，系统中所配置的多种类型的 I/O 设备，在单道程序环境下，也不能充分利用。如果允许在内存中装入多道程序，并允许它们并发执行，则无疑会大大地提高内存和 I/O 设备的利用率。

(3) 增加系统吞吐量。在保持 CPU、I/O 设备不断忙碌的同时，必然会大幅度地提高系统的吞吐量，从而降低作业加工所需的费用。

【例3】 推动批处理系统和分时系统形成和发展的主要动力是什么？

答：(1) 推动批处理系统形成和发展的主要动力是"不断提高系统资源利用率"和"提高系统吞吐量"。它们主要表现在：脱机输入/输出技术的应用和作业的自动过渡大大地提高了 I/O 的速度、I/O 设备与 CPU 并行工作的程度、减少了主机 CPU 的空闲时间；多道程序设计技术的应用更进一步提高了 CPU、内存和 I/O 设备的利用率和系统的吞吐量。

(2) 推动分时系统形成和发展的主要动力则是"为了更好地满足用户的需要"。主要表现在 CPU 的分时使用缩短了作业的平均周转时间；人机交互能力的提供使用户能方便地直接控制自己的作业；主机的共享，使多个用户(包括远程用户)能同时使用同一台计算机，独立地、互不干扰地处理自己的作业。

【例4】 有三个程序 A、B、C，它们使用同一个设备进行 I/O 操作，并按 A、B、C的优先次序执行。这三个程序的计算和 I/O 操作时间如表 1-1 所示。假设调度的时间可忽略不计，请分别画出单道程序环境和多道程序环境下(假设内存中可同时装入这三道程序)，它们运行的时间关系图，并比较它们的总运行时间。

表 1-1 程序运行的时间表 (单位：ms)

操作 ＼ 程序	A	B	C
计算	30	60	20
I/O	40	30	40
计算	10	10	20

答：单道程序环境下，它们运行的时间关系如图 1.2 所示，总的运行时间为 260 ms。

多道程序环境下，如果 CPU 不能被抢占，则它们运行的时间关系如图 1.3 所示，总的运行时间为 180 ms；如果 CPU 可被抢占，则它们运行的时间关系如图 1.4 所示，总的运行时间为 190 ms。

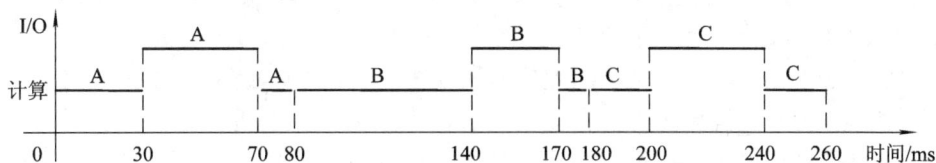

图 1.2　单道运行的时间关系图

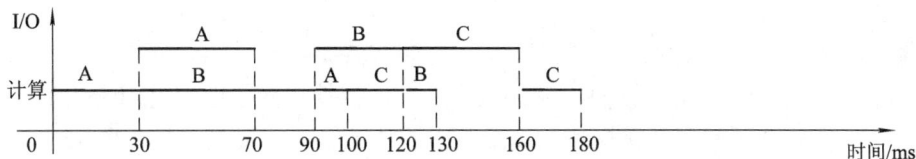

图 1.3　多道、非抢占式运行的时间关系图

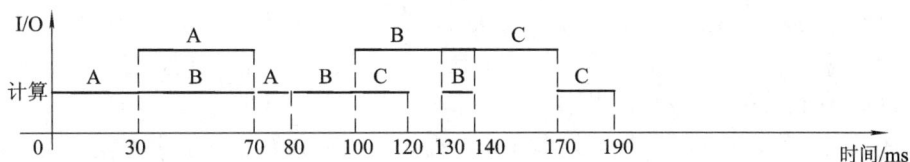

图 1.4　多道、抢占式运行的时间关系图

【例 5】　实现分时系统的关键问题是什么？应如何解决？

答：实现分时系统的关键问题是使用户能与自己的作业进行交互，即用户在自己的终端上键入一条命令以请求系统服务后，系统能及时地接收并处理该命令，并在用户能够接受的时延内将结果返回给用户。

及时地接收命令和返回输出结果是比较容易做到的，一般只要在系统中配置一多路卡，并为每个终端配置一个缓冲区用来暂存用户键入的命令和输出的结果便可以了。因此，关键要解决的问题是确保在一较短的时间内，系统中所有的用户程序都能执行一次，从而使用户键入的命令能够得到及时处理。为此，一方面，用户作业提交后应立即进入内存；另一方面，系统应设置一个被称为时间片的很短的时间，并规定每个程序每次最长只能连续运行一个时间片，如果时间片用完，则不管它是否运行完毕，都必须将 CPU 让给下一个作业。通过作业分时共享 CPU，可使所有的作业得到及时的处理，使用户的请求得到及时的响应。

【例 6】　试从交互性、及时性以及可靠性三个方面，比较分时系统与实时系统。

答：(1) 从交互性方面来考虑。交互性问题是分时系统的关键问题。在分时系统中，用户可以通过终端与系统进行广泛的人机交互，如文件编辑、数据处理和资源共享。实时系统也具有交互性，但在实时系统中交互性仅限于访问系统中某些特定的专用服务程序，也就是说它的交互性具有很大的局限性。

(2) 从及时性方面来考虑。分时系统的及时性是指用户能在很短的时间内获得系统的响应，此时间间隔是以人们能接受的等待时间决定的，一般为 2～3 秒。对实时系统来说，及时性是它的关键问题之一，实时信息系统的及时性要求与分时系统相似，而实时控制系统的及时性要求则是由被控制对象所要求的开始截止时间和完成截止时间决定的，一般为秒级、百毫秒级直到毫秒级，甚至更低。

(3) 从可靠性方面来考虑。可靠性是实时系统的另一个关键问题，实时系统中的任何差错都可能带来巨大的经济损失，甚至带来无法预料的灾难性后果，所以实时系统往往采取多级容错措施来保证系统的高度可靠。分时系统虽然也要求可靠，但比实时系统的要求要低。

1.3.2　OS 的基本特征和功能中的典型问题分析

【例7】 操作系统具有哪几大特征？它们之间有何关系？

答：操作系统的特征有并发性、资源共享性、虚拟性和异步性。它们的关系如下：

(1) 并发性和资源共享性是操作系统最基本的特征。为了提高计算机资源的利用率，OS 必然要采用多道程序设计技术，使多个程序共享系统的资源，并发地执行。

(2) 并发性和资源共享性互为存在的条件。一方面，资源的共享是以程序(进程)的并发执行为条件的，若系统不允许程序并发执行，自然不存在资源共享问题；另一方面，若系统不能对资源共享实施有效管理，协调好诸进程对共享资源的访问，也必将影响到程序的并发执行，甚至根本无法并发执行。

(3) 虚拟性以并发性和资源共享性为前提。为了使并发进程能更方便、更有效地共享资源，操作系统常采用多种虚拟技术在逻辑上增加 CPU 和设备的数量以及存储器的容量，从而解决众多并发进程对有限的系统资源的争用问题。

(4) 异步性是并发性和资源共享性的必然结果。操作系统允许多个并发进程共享资源、相互合作，使得每个进程的运行过程受到其他进程的制约，不再"一气呵成"，这必然导致异步性特征的产生。

1.3.3　分层式和微内核结构中的典型问题分析

【例8】 试比较分层式结构与模块式结构的异同。

答：分层式结构与模块式结构一样具有模块化的特征。分层式结构也要将复杂的操作系统按其功能分成若干个比较简单、相对独立的模块；为了使模块之间能够交互，它也必须规定模块之间的接口。因此，分层式结构具有模块式结构的优点。

分层式结构与模块式结构的主要区别在于，分层式结构中各模块之间是有序的。分层式结构将各个功能模块按它们的功能流图的调用次序安排成若干层，各层之间的模块不能像模块式结构那样通过接口毫无规则地相互依赖、互相调用，而只能是单向依赖或单向调用，即每层中的模块只能使用较低层模块提供的功能和服务。因此，分层式结构中，模块之间的组织结构和依赖关系更加清晰，这不仅增加了系统的可读性和可适应性，同时还可使每一层建立在可靠的基础上，从而提高系统的可靠性。

【例9】 微内核结构具有哪些优点？为什么？

答：微内核结构的优点如下：

(1) 提高了系统的可扩展性。在微内核结构中，OS 的大部分功能，都是由相对独立的服务器来实现的，用户可以根据需要，选配其中的部分或全部服务器；还可以随着计算机硬件和 OS 技术的发展，相应地更新若干服务器或增加一些新的服务器。

(2) 增强了 OS 的可靠性。由于所有的服务器都是运行在用户态，它们不能直接访问硬件，因此，当某个服务器出现错误时，通常只会影响到它自己，而不会引起内核和其他服务器的损坏和崩溃。

(3) 可移植性更好。在微内核的 OS 中，所有与特定 CPU 和 I/O 设备硬件相关的代码，均放在内核和内核下面的硬件隐藏层中，而操作系统其他绝大部分(即各种服务器)均与硬件平台无关，因而，把操作系统移植到另一硬件平台上所需作的改动比较小。

(4) 适用于分布式系统。对用户进程(即客户)而言，如果他通过消息传递与服务器通信，那么他只需发送一个请求，然后等待服务器发来的响应，而根本无需知道这条消息是在本地机就地处理还是通过网络送给远地机上的服务器处理。

1.4　习　　题

1.4.1　选择题

1. 在计算机系统中配置操作系统的主要目的是(A)，操作系统的主要功能是管理计算机系统中的(B)，其中包括(C)、(D)，以及文件和设备。这里的(C)管理主要是对进程进行管理。

A：(1) 增强计算机系统的功能；(2) 提高系统资源的利用率；

　　(3) 提高系统的运行速度；(4) 合理组织系统的工作流程，以提高系统吞吐量。

B：(1) 程序和数据；(2) 进程；(3) 资源；(4) 作业；(5) 软件；(6) 硬件。

C，D：(1) 存储器；(2) 虚拟存储器；(3) 运算器；(4) 处理机；(5) 控制器。

2. 操作系统有多种类型：允许多个用户以交互方式使用计算机的操作系统，称为(A)；允许多个用户将若干个作业提交给计算机系统集中处理的操作系统称为(B)；在(C)的控制下，计算机系统能及时处理由过程控制反馈的数据，并做出响应；在 IBM-PC 机上的操作系统称为(D)。

A，B，C，D：(1) 批处理操作系统；(2) 分时操作系统；(3) 实时操作系统；

　　(4) 微机操作系统；(5) 多处理机操作系统。

3. 操作系统是一种(A)，它负责为用户和用户程序完成所有(B)的工作，(C)不是操作系统关心的主要问题。

A：(1) 应用软件；(2) 系统软件；(3) 通用软件；(4) 软件包。

B：(1) 与硬件无关并与应用无关；(2) 与硬件相关并与应用无关；

　　(3) 与硬件无关并与应用相关；(4) 与硬件相关并与应用相关。

C：(1) 管理计算机裸机；(2) 设计、提供用户程序与计算机硬件系统的接口；(3) 管理计算机中的信息资源；(4) 高级程序设计语言的编译。

4. 用户在程序设计过程中，可通过(A)获得操作系统的服务。

A：(1) 库函数；(2) 键盘命令；(3) 系统调用；(4) 内部命令。

5. 在 OS 中采用多道程序设计技术，能有效地提高 CPU，内存和 I/O 设备的(A)，为实现多道程序设计需要有(B)。

A：(1) 灵活性；(2) 可靠性；(3) 兼容性；(4) 利用率。

B：(1) 更大的内存；(2) 更快的 CPU；(3) 更快的外部设备；(4) 更先进的终端。

6. 推动批处理系统形成和发展的主要动力是(A)，推动分时系统形成和发展的动力是(B)，推动微机 OS 发展的主要动力是(C)。

A，B：(1) 提高计算机系统的功能；(2) 提高系统资源利用率；(3) 方便用户；
(4) 提高系统的运行速度。

C：(1) 方便用户；(2) 计算机硬件的不断更新换代；(3) 便于微机联网；
(4) 提高资源的利用率。

7. 在设计分时操作系统时，首先要考虑的是(A)；在设计批处理操作系统时，首先要考虑的是(B)；在设计实时操作系统时，首先要考虑的是(C)。

A，B，C：(1) 灵活性和可适应性；(2) 交互性和响应时间；(3) 周转时间和系统吞吐量；
(4) 实时性和可靠性。

8. 在多道批处理系统中，为了充分利用各种资源，系统总是优先选择(A)多个作业投入运行；为了提高吞吐量，系统总是想方设法缩短用户作业的(B)。

A：(1) 适应于内存容量的；(2) 计算量大的；(3) I/O 量大的；
(4) 计算型和 I/O 型均衡的。

B：(1) 周转时间；(2) 运行时间；(3) 提交时间；(4) 阻塞时间。

9. 从下面关于操作系统的论述中，选出一条正确的论述。

(1) 对批处理作业，必须提供相应的作业控制信息。

(2) 对于分时系统，不一定全部提供人机交互功能。

(3) 从响应角度看，分时系统与实时系统的要求相似。

(4) 采用分时操作系统的计算机系统中，用户可以独占计算机操作系统中的文件系统。

(5) 从交互角度看，分时系统与实时系统相似。

10. 分时系统的响应时间(及时性)主要是根据(A)确定的，而实时系统的响应时间则是由(B)确定的。

A，B：(1) 时间片大小；(2) 用户数目；(3) 计算机运行速度；
(4) 用户所能接受的等待时间；(5) 控制对象所能接受的时延；(6) 实时调度。

11. 在分时系统中，为使多个用户能够同时与系统交互，最关键的问题是(A)；当用户数目为 100 时，为保证响应时间不超过 2 秒，此时的时间片最大应为(B)。

A：(1) 计算机具有足够高的运行速度；(2) 内存容量应足够大；
(3) 系统能及时地接收多个用户的输入；
(4) 能在一较短的时间内，使所有用户程序都得到运行；
(5) 能快速进行内外存对换。

B：(1) 10 ms；(2) 20 ms；(3) 50 ms；(4) 100 ms；(5) 200 ms。

12. 分时系统和实时系统都具有交互性，实时系统的交互性允许用户访问(A)；分时系统的交互性允许用户请求系统提供(B)。

A：(1) 文字编辑程序；(2) 专用服务程序；(3) 专用硬件；(4) 数据处理程序。

B：(1) 数据处理服务；(2) 资源共享服务；(3) 数据通信服务；(4) 多方面的服务；
(5) 数据处理和资源共享服务。

13. 实时操作系统必须在(A)内处理完来自外部的事件，(B)不是设计实时系统主要追求的目标。

A：(1) 响应时间；(2) 周转时间；(3) 规定时间；(4) 调度时间；

B：(1) 安全可靠；(2) 资源利用率；(3) 及时响应；(4) 快速处理。

14. 在下列系统中，(A)是实时信息系统，(B)是实时控制系统。

A，B：(1) 计算机激光照排系统；(2) 民航售票系统；(3) 办公自动化系统；
    (4) 计算机辅助设计系统；(5) 火箭飞行控制系统。

15. 现有以下计算机的应用场合，请为其选择适当的操作系统：(1) 航空航天，核变研究(A)；(2) 国家统计局数据处理中心(B)；(3) 机房学生上机学习编程(C)；(4) 民航机票订购系统(D)；(5) 两个不同地区之间发送电子邮件(E)。

A，B，C，D：(1) 配置实时操作系统；(2) 配置批处理操作系统；
    (3) 配置分时操作系统；(4) 配置网络操作系统。

16. 从下面关于并发性的论述中，选出一条正确的论述。

(1) 并发性是指若干事件在同一时刻发生。

(2) 并发性是指若干事件在不同时刻发生。

(3) 并发性是指若干事件在同一时间间隔内发生。

(4) 并发性是指若干事件在不同时间间隔内发生。

17. 在单处理器系统中，可以并发但不可以并行工作的是(A)。

A：(1) 处理器与设备；(2) 处理器与通道；(3) 进程与进程；(4) 设备与设备。

18. 从下述关于模块化程序的叙述中，选出 5 条正确的叙述。

(1) 使程序设计更为方便，但比较难维护。

(2) 便于由多人分工编制大型程序。

(3) 便于软件功能扩充。

(4) 在内存能够容纳的前提下，应使模块尽可能大，以减少模块的个数。

(5) 模块之间的接口叫数据文件。

(6) 只要模块接口不变，各模块内部实现细节的修改，不会影响别的模块。

(7) 使程序易于理解，也利于排错。

(8) 模块间的单向调用关系，形成了模块的层次式结构。

(9) 模块愈小，模块化的优点愈明显，一般说来，一个模块的大小在 10 行以下。

(10) 一个模块实际上是一个进程。

19. 采用(A)结构时，将 OS 分成用于实现 OS 最基本功能的内核和提供各种服务的服务器两个部分；通常，下列模块中必须包含在操作系统内核中的是(B)模块。

A：(1) 整体式；(2) 模块化；(3) 层次式；(4) 微内核。

B：(1) 内存分配；(2) 中断处理；(3) 文件处理；(4) 命令处理。

20. 与早期的 OS 相比，采用微内核结构的 OS 具有很多优点，但这些优点不包含(A)。

A：(1) 提高了系统的可扩展性；(2) 提高了 OS 的运行效率；
    (3) 增强了系统的可靠性；(4) 使 OS 的可移植性更好。

21. 在 8 位微机上占据统治地位的操作系统是(A)，16 位微机事实上的操作系统标准是(B)。

A，B：(1) CP/M；(2) MS-DOS；(3) UNIX；(4) Xenix。

22. 在 3.X 版本以前的 MS-DOS 是(A)操作系统，Windows 95 是(B)操作系统，Windows XP、Windows 7 及 Windows 8 是(C)，它们都是由(D)开发的。

　　A，B，C：(1) 单用户单任务；(2) 单用户多任务；(3) 多用户单任务；

　　(4) 多用户多任务。

　　D：(1) IBM 公司；(2) Microsoft 公司；(3) Microsoft 和 IBM 联合；(4) Bell 实验室。

23. UNIX 操作系统最初是由(A)推出的，它属于(B)类操作系统。

　　A：(1) IBM 公司；(2) Microsoft 公司；(3) Microsoft 和 IBM 联合；(4) Bell 实验室。

　　B：(1) 单用户单任务；(2) 单用户多任务；(3) 多处理机；(4) 多用户多任务。

24. Linux 是一个(A)类型的操作系统，其内核的创始人是(B)；所谓 linux 是一个"Free Software"，这意味着(C)。

　　A：(1) 单用户单任务；(2) 单用户多任务；(3) 多处理机；(4) 多用户多任务。

　　B：(1) Bill Gates；(2) Richard Stallman；(3) Linus Torvalds；

　　(4) Dennis M. Ritchie、Ken Thompson。

　　C：(1) Linux 是完全免费的；(2) Linux 可以自由修改和发布；

　　(3) Linux 发行商不能向用户收费；

　　(4) 用户可以自由复制 Linux 内核，但不能对它进行修改。

1.4.2 填空题

1. 设计现代 OS 的主要目标是 ① 和 ② 。

2. 单道批处理系统是在解决 ① 和 ② 的矛盾中发展起来的。

3. 在单处理机环境下的多道程序设计具有多道、 ① 和 ② 的特点。

4. 现代操作系统的两个最基本的特征是 ① 和 ② ，除此之外，它还具有 ③ 和 ④ 的特征。

5. 从资源管理的角度看，操作系统具有四大功能： ① 、 ② 、 ③ 和 ④ ；而为了方便用户，操作系统还必须提供 ⑤ 。

6. 除了传统操作系统中的进程管理、存储器管理、设备管理、文件管理等基本功能外，现代操作系统中还增加了① 、 ② 和③ 等功能。

7. 操作系统的基本类型主要有 ① 、 ② 和 ③ 。

8. 批处理系统的主要优点是 ① 和 ② ；主要缺点是 ③ 和 ④ 。

9. 实现分时系统的关键问题是 ① ，为此必须引入 ② 的概念，并采用 ③ 调度算法。

10. 分时系统的基本特征是： ① 、 ② 、 ③ 和 ④ 。

11. 若干事件在同一时间间隔内发生称为 ① ；若干事件在同一时刻发生称为 ② 。

12. 实时系统可分为 ① 、 ② 、多媒体系统和嵌入式系统等类型；民航售票系统属于 ③ ，而导弹飞行控制系统则属于 ④ 。

13. 为了使实时系统高度可靠和安全，通常不强求 ① 。

14. 当前比较流行的微内核的操作系统结构，是建立在层次化结构的基础上的，而且还采用了 ① 模式和 ② 技术。

第二章　进程的描述与控制

本章主要讲述进程和线程的基本概念，具体包括进程的基本概念、进程控制、进程同步、进程间通信和线程等内容。

2.1　基本内容

2.1.1　进程的基本概念

1. 前趋图

前趋图是一个有向无循环图，可用来描述程序段或进程之间执行的先后次序关系。前趋图中的每个结点表示一个程序段或一个进程，结点间的有向边用来表示两个结点之间存在的偏序或前趋关系。如 Pi→Pj 表示 Pi 必须在 Pj 开始执行之前完成，并称 Pi 为 Pj 的直接前趋，Pj 为 Pi 的直接后继，而称没有前趋的结点为初始结点，没有后继的结点为终止结点。图 2.1 给出了一个具有 7 个结点的前趋图，其中存在着下述前趋关系：$P_1 \to P_2$、$P_1 \to P_3$、$P_1 \to P_4$、$P_2 \to P_5$、$P_3 \to P_5$、$P_4 \to P_6$、$P_5 \to P_7$、$P_6 \to P_7$。

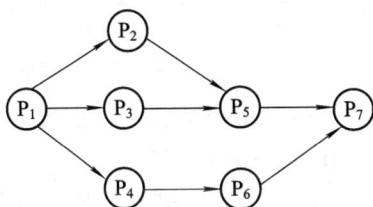

图 2.1　具有 7 个结点的前趋图

2. 程序的顺序执行

程序的顺序执行是指若干个程序或程序段之间必须严格按照某种先后次序来执行，仅当前一程序或程序段执行完后，才能执行后面的程序或程序段。

程序的顺序执行具有下列特征：

(1) 顺序性。处理机严格按照程序所规定的顺序执行。

(2) 封闭性。程序在执行时独占系统的全部资源，因此，系统资源状态的改变只与执行的程序有关，而不受外界因素的影响。

(3) 可再现性。只要初始条件相同，一个程序的多次重复执行将得到相同的结果。

3. 程序的并发执行

程序的并发执行是指两个或两个以上的程序或程序段可在同一时间间隔内同时执行。

程序的并发执行极大地提高了资源利用率和系统吞吐量，同时也产生了不同于顺序执行的新特征：

(1) 间断性。由于资源共享和相互合作，并发执行的程序间形成了相互制约关系，导致程序的运行过程出现"执行—暂停—执行"的现象。

(2) 失去封闭性。程序在执行时与其他并发执行的程序共享系统的资源，因此，资源状态的改变还与其他程序有关，即程序本身的执行环境要受到外界程序的影响。

(3) 不可再现性。同样的初始条件，一个程序的多次重复执行可能会得到不同的结果。

4. 进程的定义与特征

程序并发执行时产生的不可再现性，决定了通常的程序是不能参与并发执行的。为了使程序能够正确地并发执行，并且可以对并发执行的程序加以描述和控制，操作系统中引入了进程的概念，用进程来表示一个并发执行的程序。为了使参与并发执行的每个程序(含数据)都能独立地运行，在操作系统中必须为之配置一个专门的数据结构，称为进程控制块(即 PCB，Process Control Block)。PCB、程序段和相关的数据段三个部分构成一个进程实体(又称进程映像)，简称进程。

至今，进程仍没有一个统一的定义，下面是几个较为典型的进程定义。

(1) 进程是程序的一次执行。

(2) 进程是一个程序及其数据在处理机上顺序执行时所发生的活动。

(3) 进程是具有独立功能的程序在一个数据集合上运行的过程，它是系统进行资源分配和调度的一个独立单位。

在引入了进程实体的概念后，我们可以把传统 OS 中的进程定义为："进程是进程实体的运行过程，是系统进行资源分配和调度的一个独立单位"。

进程具有以下特征：

(1) 动态性。进程是程序的一次执行过程，因此是动态的。进程的动态性还表现在进程具有一定的生命期，它必须由创建而产生、由调度而执行、由撤消而消亡。动态性是进程的一个最基本的特征。

(2) 并发性。并发性是指多个进程实体同存于内存中，且能在一段时间内同时执行。只有为程序创建进程后，多个程序才能正确地并发执行。并发是引入进程的目的，也是进程的另一个最基本的特征。

(3) 独立性。进程实体是一个能够独立运行、独立分配资源和独立接受调度的基本单位。

(4) 异步性。进程可按各自独立的、不可预知的速度向前推进。虽然进程具有异步性，但操作系统必须保证进程并发执行的结果是可再现的。

5. 进程的状态

1) 进程的基本状态

运行中的进程可能具有以下三种基本状态：

(1) 就绪状态。进程已获得除 CPU 以外的所有必要资源，只要得到 CPU，便可立即执行。

(2) 执行状态。进程已得到 CPU，其程序正在 CPU 上执行。

(3) 阻塞状态。正在执行的进程因某种事件(如 I/O 请求)的发生而暂时无法继续执行，只有等相应事件完成后，才能去竞争 CPU。

对单个进程而言，任何时刻，它只能处于三种基本状态之一，而随着进程自身的推进和外界环境条件的变化，它的状态可以动态地转换。例如，处于就绪状态的进程，通过进程调度获得 CPU 后，便从就绪状态转换成执行状态；分时系统中，正在执行的进程由于时间片用完而暂停执行时，便从执行状态转换成就绪状态；正在执行的进程，由于等待某种事件(如 I/O 操作)的完成而无法继续执行时，便从执行状态转换成阻塞状态；阻塞状态的进程所等待的事件(如 I/O)完成后，便从阻塞状态转换成就绪状态。图 2.2 示出了进程的三种基本状态以及各状态之间的转换关系。

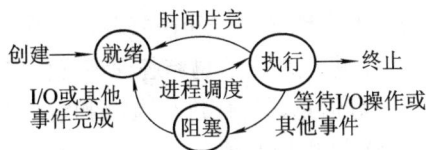

图 2.2　进程的三种基本状态及其转换

对整个系统而言，每个时刻允许同时有多个进程处于就绪状态，通常将它们组织成一个或多个就绪队列；也允许同时有多个进程处于阻塞状态，并将它们组织成一个或多个阻塞队列；但对执行状态的进程，每个处理机最多只允许有一个。

在实际系统中，一般还会引入创建和终止两种常用的状态。一个正被创建的进程，在创建工作尚未完成之前将处于创建状态。而一个进程已结束运行，系统已回收了除进程控制块之外的其他资源，等待其他进程从它的进程控制块中收集有关信息(如状态码和一些计时统计数据)时，该进程便处于终止状态；相关信息被收集走之后，进程控制块将被释放，该进程才被系统删除。

2) 进程的挂起状态

在不少系统中，进程只有上述三种基本状态，但在另一些系统中，又增加了一些新的状态，最重要的是挂起状态。

"挂起"的实质是使进程不能继续执行，即使挂起后的进程处于就绪状态，它也不能参与 CPU 的竞争。因此，称被挂起的进程处于静止状态，相反，没被挂起的进程则处于活动状态。而且，处于静止状态的进程，只有通过"激活"动作，才能转换成活动状态。

"挂起"常被用在进程对换中，此时，挂起(即换出)进程可以腾出内存空间给就绪进程使用；"挂起"还可用在其他场合，如用来调节系统的负荷、方便用户考查自己的运行进程或父进程考查子进程、方便操作系统检查运行中的资源使用情况或进行记账等。

引入挂起状态后，进程的状态转换关系如图 2.3 所示。

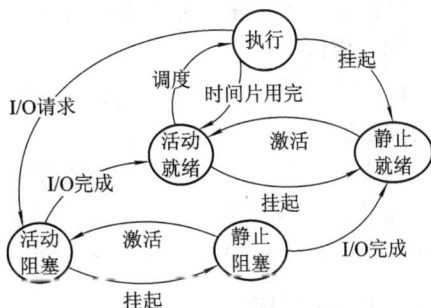

图 2.3　具有挂起状态的进程状态图

6. 进程控制块

为了描述和控制进程的运行，系统为每个进程定义了一个数据结构——进程控制块，即 PCB。PCB 是进程实体的一个组成部分，在 PCB 中记录了 OS 所需的、用于描述进程的当前情况以及控制进程的全部信息。PCB 的作用是将程序变成可并发执行的进程。系统根据进程的 PCB 感知到进程的存在，并通过 PCB 对进程进行控制，因此，PCB 是进程存在的唯一标志。由于 PCB 要被系统频繁访问，因此，PCB 中的信息必须全部或者部分长驻内存。

进程控制块中通常包含下列信息：

(1) 进程标识符。进程标识符用于唯一地标识系统中的每个进程，另外，还可以用父进程的标识符、子进程的标识符来描述进程的家族关系。

(2) 处理机状态。处理机状态信息主要由处理机中各种寄存器的内容组成,它用于 CPU 切换时保存现场信息和恢复现场信息。

(3) 进程调度信息。进程调度信息主要包括进程状态、优先级、等待和使用 CPU 的时间总和等信息,用作进程调度和对换的依据。

(4) 进程控制信息。进程控制信息用于进程的控制,具体包括程序和数据的地址、进程同步和通信信息、资源清单和进程队列指针等。

在一个系统中通常有许多 PCB,它们构成 PCB 集合。为了便于管理,系统通常用线性方式或链接方式或索引方式将这些 PCB 组织起来。

2.1.2 进程控制

进程控制是进程管理中最基本的功能,主要包括创建和终止进程以及负责进程运行过程中的状态转换等功能。进程控制是操作系统的内核通过原语来实现的。

1. 操作系统内核

现代操作系统一般将 OS 划分为若干层次,再将 OS 的不同功能,分别设置在不同的层次中。通常将一些与硬件紧密相关的模块(如中断处理程序等)、各种常用设备的驱动程序以及运行频率较高的模块(如时钟管理、进程调度和许多模块所公用的一些基本操作),安排在紧靠硬件的软件层次中,将它们常驻内存,这部分通常被称为 OS 内核。

为了使操作系统内核代码和数据不会遭受到用户程序的破坏,通常将处理机的执行状态分为系统态和用户态两种不同状态:

(1) 系统态,也叫管态或内核态,它具有较高的特权,能执行一切指令,访问所有寄存器和存储区。

(2) 用户态,也叫目态,是一种具有较低特权的执行状态,它只能执行规定的指令,访问规定的寄存器和存储区。

通常,操作系统内核运行在系统态,而用户程序则都是运行在用户态。

原语是指由若干条指令组成、用来实现某个特定操作的一个过程。原语的执行具有原子性,即原语在执行过程中不允许被中断。原语常驻内存,且在系统态下执行。

2. 进程的创建

导致一个进程去创建另一个进程的典型事件有分时系统中的用户登录和批处理系统中的作业调度。另外,应用程序本身也可以根据需要去创建新的进程。

创建新进程是通过创建原语完成的,被创建的进程称作子进程,而创建子进程的进程则称作父进程。子进程又可以创建自己的子进程,从而形成一棵有向的进程树,即进程图。

进程创建原语的主要任务是创建进程控制块 PCB。具体操作过程是:先从 PCB 集合中申请一个空闲的 PCB,再为新进程分配内存等资源,并根据父进程提供的参数和分配到的资源情况来对 PCB 进行初始化,最后将新进程插入就绪队列。

3. 进程的终止

当进程完成任务或遇到异常情况和外界干预需要结束时,应通过进程终止原语来终止进程。终止进程的实质是收回 PCB。具体操作过程是：找到要终止进程的 PCB；若该进程正在执行，则终止它的执行，并设置重新调度标志；终止属于该进程的所有子孙进程；释放终止进程所拥有的全部资源；将终止进程移出它所在的队列并收回 PCB。

4. 进程的阻塞和唤醒

当正在执行的进程需要等待某种事件的完成或本身无新工作可做时，应调用阻塞原语将自己从执行状态转换成阻塞状态。具体的操作过程是：停止进程的执行，将其状态改为阻塞状态，并把它的 PCB 插入相应的阻塞队列，转调度程序重新调度。当阻塞进程所等待的事件完成时，应调用唤醒原语将该进程的状态从阻塞状态转换成就绪状态。具体的操作过程是：在阻塞队列中移出该进程的 PCB，将其设置成就绪状态，并把它插入就绪队列。

5. 进程的挂起与激活

系统可利用挂起原语将一指定的进程挂起。具体的操作过程是：若进程处于活动阻塞状态，则将它的状态转换成静止阻塞状态；否则，将它转换成静止就绪状态；将 PCB 复制到指定的内存区域供用户或父进程考查；若挂起前进程正在执行，则转调度程序重新进行进程调度。如果挂起是为了对换，则在挂起进程时还必须将它换出到外存中。

系统可利用激活原语激活一指定进程。具体的操作过程是：若进程处于静止阻塞状态，则将它转换成活动阻塞状态，否则将它转换成活动就绪状态；若进程转换成活动就绪状态，而系统又采用抢占调度策略，则应检查该进程是否有权抢占 CPU，若有则应进行进程调度。同样，如果挂起是为了对换，则在激活被挂起的进程时还必须将它调入内存。

2.1.3　进程同步

进程同步是指对多个相关进程在执行次序上进行协调，它的目的是使系统中诸进程之间能按照一定的规则(或时序)，共享资源和相互合作，从而使程序的执行具有可再现性。用来实现同步的机制被称作同步机制。

1. 进程同步的基本概念

1) 两种形式的制约关系

在多道程序的环境下，进程之间存在着以下两种形式的制约关系：

(1) 间接相互制约。这种制约主要源于资源共享。例如，有两个进程 A 和 B，如果在进程 A 提出打印请求时，系统已将打印机分配给进程 B，则进程 A 将处于阻塞状态；等进程 B 将打印机释放后，才唤醒进程 A。

(2) 直接相互制约。这种制约主要源于进程合作。例如，有一输入进程 D 通过单缓冲向计算进程 C 提供数据。当该缓冲空时，计算进程 C 因不能获得所需数据而阻塞，当进程 D 把数据送入缓冲时，便将 C 唤醒；反之，当缓冲区满时，进程 D 因不能再向缓冲区中投放数据而阻塞，当进程 C 将缓冲内数据取走时应唤醒 D。

2) 临界资源和临界区

在计算机中有许多资源一次只能允许一个进程使用，如果多个进程同时使用这些资源，则有可能造成系统的混乱，这些资源被称作临界资源。如打印机，多个进程同时使用一台打印机，将使它们的输出结果交织在一起，难于区分；又如共享变量，多个进程同时使用一个共享变量，会使其结果具有不可再现性。

在每个进程中，访问临界资源的那段代码称作临界区。为了使多个进程能有效地共享临界资源，并使程序的执行具有可再现性，系统必须保证进程互斥地使用临界资源，即保证它们互斥地进入自己的临界区。因此，必须在临界区前加一段代码，用来检查对应的临界资源是否正被其他进程访问，这段代码被称为进入区；相应地，在临界区后也要加一段称为退出区的代码，用于将临界区从正被访问的标志恢复为未被访问的标志。

3) 同步机制应遵循的规则

用来实现互斥的同步机制必须遵循下述四条规则：

(1) 空闲让进。临界资源空闲时，应允许一个请求进入临界区的进程立即进入自己的临界区，以便有效地利用资源。

(2) 忙则等待。当临界资源正被访问时，其他要求进入临界区的进程必须等待，以保证对临界资源的互斥使用。

(3) 有限等待。任何要求访问临界资源的进程应能在有限的时间内进入自己的临界区，以免"死等"。

(4) 让权等待。不能进入临界区的进程应立即释放 CPU，以免"忙等"。

2. 信号量机制

信号量机制是荷兰学者 Dijkstra 在 1965 年提出的一种同步机制。在长期且广泛的应用中，信号量机制已由早期的整型信号量发展为记录型信号量，进而发展为信号量集。下面主要介绍整型信号量和记录型信号量。

1) 整型信号量

一个整型信号量通常对应于一类临界资源，它是一个非负的共享整数，用来表示该类资源的数目，除了初始化外，它只能通过两个标准的原子操作 wait(也称作 P)和 signal(也称作 V)来访问。其算法如下所示：

```
wait(S){
    while (S<=0) ; /*do no-op*/
    S--;
}
signal(S){
    S++;
}
```

整形信号量的 wait 操作表示申请一个资源，signal 操作表示释放一个资源。整型信号量的主要问题是：只要 S≤0，wait 操作就会不断地测试，因而，整型信号没有遵循"让权等待"的规则。

2) 记录型信号量

记录型信号量中除了需要一个用于代表资源数目的整型变量 value 外，还增加了一个进程链表指针 list，用于链接所有等待该资源的进程。其算法如下所示：

```
typedef struct {
    int value;
```

```
        struct process_control_block *list;
    }semaphore;
```

相应地，wait 和 signal 操作可描述为：

```
    wait(semaphore *S) {
        S->value--;
        if ( S->value < 0 ) block(S->list);
    }
    signal(semaphore *S)    {
        S->value++;
        if (S->value<=0 ) wakeup(S->list);
    }
```

在记录型信号量中，S->value 的初值表示系统中某类资源的数目，因而又称为资源信号量；而 S->list 的初值总是为 NULL，表示暂无进程阻塞在该队列上。每次对它进行 wait 操作意味着申请一个单位的该类资源，signal 操作意味着归还一个单位的该类资源。当 S->value＞0 时，它的值表示系统中该类资源当前可用的数目；S->value≤0 时，表示该类资源已分配完毕，其绝对值表示系统中因申请该类资源而阻塞在 S->list 队列上的进程数目。

记录型信号量的 wait 操作中，当 S.value 减 1 后，结果小于 0 时，表示系统中已无资源可供分配，因此进程调用 block 原语自我阻塞，其 PCB 被插入信号量的等待队列 list 中。可见，记录型信号量遵循了"让权等待"规则。

3. 信号量的应用[①]

1) 利用信号量实现前趋关系

信号量可用来描述程序或语句之间的前趋关系。若 P_i 是 P_j 的直接前趋，即 $P_i \rightarrow P_j$，则可设置一个初值为 0 的公用信号量 S，并将 signal(S)操作放在 P_i 之后，而在 P_j 的前面插入 wait(S)操作，以保证 P_j 在 P_i 完成之后才开始执行。

2) 利用信号量实现互斥

为使多个进程能互斥地访问某个临界资源，只需为该资源设置一互斥信号量 mutex，并将其初值置为 1，然后将访问该资源的临界区置于 wait(mutex)和 signal(mutex)之间。下面的算法描述了如何利用信号量实现进程 P_1 和 P_2 的互斥。

```
    semaphore mutex=1;
    P1(){                               P2( ){
         ⋮                                   ⋮
        wait(mutex);                        wait(mutex);
        临界区;                              临界区;
        signal(mutex);                      signal(mutex);
         ⋮                                   ⋮
    }                                   }
```

[①] 本书中，在没有特别指明信号量的类型时，信号量的初值将直接使用整数表示，而对信号量 S 的 wait、signal 操作也仍将简单地表示为 wait(S)、signal(S)。

2.1.4　经典进程的同步问题

1. 生产者—消费者问题

生产者—消费者问题是最著名的进程同步问题。它描述了一组生产者与一组消费者，它们共享一个有界缓冲池，生产者向池中投入产品，消费者从池中取得产品。

假定缓冲池中有 n 个缓冲区，每个缓冲区只能存放一个类型为 item 的产品，而所有的生产者和消费者是相互等效的，则需要为该问题设置三个信号量：互斥信号量 mutex，用于实现对缓冲池的互斥访问，其初值为 1；资源信号量 empty，用来表示空闲缓冲区的数量，其初值为 n；资源信号量 full，用来表示满缓冲区的数量，即缓冲池中可供消费的产品数量，其初值为 0。empty 和 full 用来同步生产者和消费者进程，即当缓冲池全空时，消费者进程必须等待；缓冲池全满时，生产者进程必须等待。具体的算法描述如下：

```
int in=0, out=0;
item buffer[n];
semaphore mutex=1, empty=n, full=0;

void proceducer() {
    do {
        produce an item nextp;
        …
        wait(empty);
        wait(mutex);
        buffer[in] =nextp;
        in=(in+1) % n;
        signal(mutex);
        signal(full);
    }while(TRUE);
}
void consumer() {
    do {
        wait(full);
        wait(mutex);
        nextc= buffer[out];
        out =(out+1) % n;
        signal(mutex);
        signal(empty);
        consume the item in nextc;
        …
    }while(TRUE);
```

```
      }
      void main()    {
            cobegin
                 proceducer();    ……; consumer(); //若干个生产者和消费者
            coend
      }
```

2. 哲学家进餐问题

由 Dijkstra 提出并解决的哲学家进餐问题也是一个经典的同步问题。该问题描述 5 个哲学家以交替思考、进餐的方式生活，他们坐在一张圆桌旁，桌子上有 5 个碗和 5 只筷子。当一个哲学家思考时，他与相邻的两个哲学家不会相互影响；但当他进餐时，需同时获得最靠近他的、左右两只筷子，若其中一只筷子被相邻的哲学家拿走，他就必须等待，因此，他们相互制约。

该问题中，哲学家争用的临界资源是筷子，而且，每只筷子是不等效的，因此需为每只筷子分别设置一个初值为 1 的互斥信号量，具体的算法描述如下：

```
      semaphore chopstick[5]={1, 1, 1, 1, 1};
```

而第 i 位哲学家的活动可描述为：

```
      do {
            wait(chopstick[i]);
            wait(chopstick[(i+1)%5]);

                   …

            //eat

                   …

            signal(chopstick[i]);
            signal(chopstick[(i+1)%5]);

                   …

            //think

                   …

      }while(TRUE);
```

上述解法虽然可以保证互斥地使用筷子，但可能造成死锁。假如 5 个哲学家同时拿起各自左边的筷子，便将出现循环等待的局面，发生死锁现象。具体解决办法有以下几种。

(1) 至多只允许 4 个哲学家同时进餐。

(2) 仅当哲学家左右两边的筷子都可用时，才允许他进餐。

(3) 规定奇数号哲学家先拿左边的筷子，再拿右边的筷子；而偶数号哲学家则先拿右边的筷子，再拿左边的筷子。

3. 读者—写者问题

一个数据对象，如文件或记录，能被多个进程共享，可把那些只要求读数据对象的进程称为"读者"，其他进程则称为"写者"。显然，多个读者可同时读一个共享对象，但不允许一个写者与读者同时访问共享对象，也不允许多个写者同时访问共享对象，否则会造成数据的不一致性。这个经典同步问题就是"读者—写者问题"。

若考虑读者优先,即除非有写者正在写,否则读者就毋须等待,则该问题的算法可描述为:

```
semaphore rmutex=1, mutex=1;
int readcount=0;
void reader() {
    do {
        wait(rmutex);
          if (readcount==0) wait(mutex);
          readcount++;
        signal(rmutex);
        …
        perform read operation;
        …
        wait(rmutex);
          readcount--;
          if (readcount==0) signal(mutex);
        signal(rmutex);
    }while(TRUE);
}
void writer()   {
    do {
        wait(mutex);
        perform write operation;
        signal(mutex);
    }while(TRUE);
}
void main()   {
    cobegin
      reader(); ……; writer(); //若干个读者和写者
    coend
}
```

其中,变量 readcount 表示正在进行读的读者数目,由于每个读者都要对它进行访问并作修改,故 readcount 是一个临界资源;互斥信号量 rmutex 用来实现多个读者对 readcount 变量的互斥访问,其初值为 1。互斥信号量 mutex 对应被共享的数据对象,用来实现写者之间以及写者与读者之间对该共享数据对象的互斥访问,其初值为 1。

由于只要有一个读者在读,其余读者便无需等待而可直接进行读操作,因此,仅当 readcounter = 0,即尚无其他读者在读时,读者进程才需要执行 wait(mutex)操作,而写者必须与任意其他进程互斥,故每次写操作之前都必须进行 wait(mutex)操作。

2.1.5 管程机制

使用信号量来处理同步问题时，同步操作 wait(s)和 signal(s)分散在各个进程中，并遍布整个程序，这不仅给系统的管理和程序的维护和修改带来了麻烦，而且还会因同步操作的使用不当造成死锁。为了解决上述问题，又产生了一种新的进程同步工具——管程。

1. 管程的定义

管程利用共享数据结构抽象地表示系统中的共享资源，并且将对该共享数据结构实施的特定操作定义为一组过程。换句话说，管程是由一组局部的共享变量、对局部变量进行操作的一组过程以及对局部变量进行初始化的语句序列构成的一个软件模块，取名为 monitor_name 的管程，其语法描述如下：

```
Monitor monitor_name   {              /*管程名*/
    share variable declarations；      /*共享变量说明*/
    cond declarations；                /*条件变量说明*/
    public:
    void P1(……)                      /*对数据结构操作的过程*/
            {……}
    void P2(……)
            {……}
     ……
     void Pn(……)
            {……}
    {
      initialization code;             /*初始化代码*/
    }
  }
```

管程具有以下的特点：

(1) 管程内的局部变量只能被局部于管程内的过程所访问，反之亦然，即局部于管程内的过程只能访问管程内的变量和形式参数。

(2) 任何进程只能通过调用管程提供的过程入口进入管程。

(3) 任一时刻，最多只能有一个进程在管程中执行。

保证进程互斥地进入管程是由编译器负责的，也就是说，管程是一种编程语言的构件，它的实现需要得到编译器的支持。

2. 条件变量

在任何时刻，最多只有一个进程在管程中执行，因此用管程很容易实现互斥，只要将需要互斥访问的资源用数据结构来描述，并将该数据结构放入管程中便可。若要用管程来实现同步，则在相应条件不满足时(如临界资源得不到时)必须能够将在管程内执行的进程阻塞。由于阻塞的原因不同，为了将它们区分开，引入了局部于管程的条件变量。条件变量的定义格式为：condition x, y；对条件变量只能执行以下两种操作。

(1) wait 操作。如 x.wait()用来将执行进程挂到与条件变量 x 相应的等待队列上。

(2) signal 操作。如 x.signal()用来唤醒与 x 条件变量相应的等待队列上的一个进程。值得注意的是，若没有等待进程，则 x.signal 不起任何作用。

3. 利用管程解决生产者—消费者问题

利用管程来解决生产者—消费者问题，首先必须为它们建立一个管程，具体算法描述如下：

```
Monitor PC {
    item buffer[N];
    int in, out;
    condition notfull, notempty;
    int count;
    public:
    void put(item x) {
        if (count>=N) notfull.wait();
        buffer[in] = x;
        in = (in+1) % N;
        count++;
        notempty.signal();
    }
    void get(item x) {
        if (count<=0) notempty.wait();
        x = buffer[out];
        out = (out+1) % N;
        count--;
        notfull.signal();
    }
    {
        in=0;out=0;count=0;
    }
};
```

上述管程 PC 中包括两个局部过程：put 和 get。过程 put 负责将产品投放到缓冲池中，过程 get 负责从缓冲池中取出产品。另外，整型变量 count 表示缓冲池中已存放的产品数目，条件变量 notfull、notempty 分别对应于缓冲池不全满、缓冲池不全空两个条件。

相应的生产者和消费者的算法可描述为：

```
void producer() {
    item nextp;
    while(TRUE) {
        ……
```

```
            produce an item in nextp;
            PC.put(nextp);
        }
    }
    void consumer() {
        item nextc;
        while(TRUE) {
            PC.get(nextc);
            consume the item in nextc;
            ……
        }
    }
    void main()    {
        cobegin
          proceducer(); ……; consumer();
        coend
    }
```

2.1.6　进程通信

　　进程通信是指进程之间的信息交换。进程之间的互斥和同步，可以在进程间交换一定的信息，也可看作是一种进程通信，但由于其交换的信息量少、通信的效率低以及实现方式对用户不透明而被归结为低级通信。为了能在进程间高效地交换大量的信息，引入了高级通信。

1. 进程通信的类型

　　高级通信是指用户可直接利用操作系统所提供的一组通信命令(原语)，高效地传送大量数据的一种通信方式。它又被分为共享存储器系统、管道通信、消息传递系统以及客户机-服务器系统四大类。

　　(1) 共享存储器系统。高级通信中的共享存储器系统是指进程之间通过对共享存储区的读写来交换数据。需要通信的进程在通信前，先向系统申请获得共享存储区中的一个分区，并将其附加到自己的地址空间中，便可对其中的数据进行正常的读、写，读写完成或不再需要该分区时，将其归还给共享存储区。共享存储器系统的另一种方式是利用共享的数据结构来进行进程通信，但这种方式对共享数据结构的设置及对进程间的同步，都必须由程序员来处理，且只能进行少量的数据交换，因此属于低级通信方式。

　　(2) 管道通信。所谓"管道"是指连接两个进程的一个共享文件，发送进程以字符流的形式将大量的信息写入管道，接收进程则在需要时从管道中读出数据。为了协调双方的通信，管道通信机制必须对发送进程和接收进程，在利用管道进行通信时实施同步和互斥，并只有在确定了对方存在时才能进行通信。

　　(3) 消息传递系统。消息传递系统中，进程间的数据交换以格式化的消息(网络中称作报文)为单位。根据实现方式，它又可分为直接通信和间接通信两类。在直接通信方式中，源进程可直接将消息发送给目标进程，此类操作系统通常提供 send(receiver, message)和 receive(sender, message)两条通信命令(原语)供用户使用。在间接通信方式中，进程间需要通过某种中间实体，即信箱来进行通信，发送进程将消息投入信箱，而接收进程则从信箱中取得消息，因此，它不仅能实现实时通信，还能实现非实时通信，此类操作系统通常提供若干条原语分别用于信箱的创建、撤消和消息的发送和接收等。

(4) 客户机-服务器系统。该通信机制已广泛应用于网络环境的各种应用领域，其实现方式主要有套接字、远程过程调用和远程方法调用三种类型。

① 套接字。基于文件类型的套接字关联到一个特殊的文件，同一台计算机上的通信双方，通过对这个特殊文件的读写来实现彼此之间的通信，其实现原理类似于管道。基于网络型的一个套接字就是一个通信标识类型的数据结构，它包含了通信目的地址、通信使用的端口号、通信网络的传输层协议、进程所在的网络地址，以及针对客户或服务器程序提供的不同系统调用(或 API 函数)等，是进程通信和网络通信的基本构件。一对通过网络通信的进程被分配了一对套接字，一个属于接收进程(或服务器端)，一个属于发送进程(或客户端)。一般地，客户端发出连接请求时，会随机申请一个套接字，并被主机赋予一个端口，与该套接字绑定；服务器端通常拥有全局公认的套接字和指定端口(如 ftp 服务器监听端口为 21，Web 或 http 服务器监听端口为 80)，并通过监听端口等待客户请求，一旦收到请求，就接受来自客户端的连接，从而完成连接；根据套接字中的端口，主机间传输的数据可以准确地分送到相应的进程；当通信结束时，服务器端关闭与客户端相连的套接字，从而撤销连接。

② 远程过程调用和远程方法调用。远程过程(函数)调用 RPC(Remote Procedure Call)是一个通信协议，用于通过网络连接的系统。该协议允许运行于一台主机(本地)系统上的进程调用另一台主机(远程)系统上的过程，就如同调用本地过程一样。如果涉及的软件采用面向对象编程，那么远程过程调用亦可称作远程方法调用。通常，对于每个能够独立运行的远程过程在客户端和服务器端都有一个存根(stub)，当本地进程调用某个远程过程时，实际是调用与该过程关联的存根，它将本地进程提供的远程过程调用参数等信息构建成一个消息，由本地客户进程通过网络传递给远程服务器进程；服务器的存根接收到这一消息后，拆开消息获得过程调用的参数，并以一般方式调用服务器上对应的远程过程，最后将结果消息打包发回客户端。

2. 消息缓冲队列通信机制

消息缓冲队列通信机制通过内存中公用的消息缓冲区进行进程通信，属于直接通信方式。发送进程发送消息时，需申请一个消息缓冲区，并把自己的进程标识符和有关消息的内容填入消息缓冲区，然后将该消息缓冲区插入到接收进程的消息缓冲队列中；接收进程接收消息时，需从自己的消息缓冲队列中摘下一个消息缓冲区，取出其中的消息，然后把消息缓冲区归还给系统。

1) 消息缓冲队列通信机制中的数据结构

消息缓冲队列通信机制中，最重要的数据结构是消息缓冲区，它可描述为：

```
struct message_buffer  {
    int sender;                     //发送者进程标识符
    int size;                       //消息长度
    char *text;                     //消息正文
```

　　　　　　　struct message_buffer *next;　　　　　//指向下一个消息缓冲区的指针

　　　}

　　另外，在进程控制块 PCB 中还必须增加下述数据项：

　　mq：消息缓冲队列队首指针；

　　mutex：消息缓冲队列的互斥信号量；

　　sm：消息缓冲队列的资源信号量。

2) 发送原语

　　发送原语中，参数 receiver 为接收进程的标识符，a 为发送进程存放消息的内存空间(即发送区)的地址。发送原语可描述如下：

```
void send(receiver，a)　{
    getbuf(a.size, i);                  //根据 a.size 申请缓冲区
    i.sender=a.sender;                  //将发送区 a 中的信息复制到消息缓冲区 i 中
    i.size=a.size;
    copy(i.text，a.text);
    i.next=0;
    getid(PCBset，receiver, j);         //获得接收进程的进程控制块 j
    wait(j.mutex);
    insert(&j.mq，i);                   //将消息缓冲区 i 插入消息队列
    signal(j.mutex);
    signal(j.sm); }
```

3) 接收原语

　　接收原语中，参数 b 为接收进程用来存放消息的内存空间(即接收区)的地址。接收原语可描述如下：

```
void receive(b)　{
    j = internal_name;                  //获得当前正在执行的进程(即接收进程)的 PCB
    wait(j.sm);
    wait(j.mutex);
    remove(j.mq, i);                    //将消息队列中第一个消息移出
    signal(j.mutex);
    b.sender=i.sender;                  //将消息缓冲区 i 中的信息复制到接收区 b
    b.size =i.size;
    copy(b.text, i.text);
    releasebuf(i);                      //释放消息缓冲区
}
```

2.1.7　线程

1. 线程的基本概念

　　线程的概念是在 20 世纪 80 年代中期提出的，它的引入目的是为了减少程序在并发执行时所付出的时空开销，从而使 OS 具有更好的并发性。在多线程 OS 中，将拥有资源的

基本单位与调度和分派的基本单位分开处理，此时，一个进程中含有一个或多个相对独立的线程，进程只是拥有资源的基本单位，而不再是一个可执行的实体；每个线程都是一个可执行的实体，即 CPU 调度和分派的基本单位是线程。

线程由线程标识符、程序计数器、一组寄存器的值和堆栈组成，除了上述在运行中必不可少的资源外，线程基本上不拥有系统的资源，但它可以和属于同一个进程的其他线程共享进程所拥有的全部资源，如进程的代码段、数据段、已打开的文件、定时器和信号量机构等。每个线程都是一个可执行的实体，不同进程中的多个线程以及同一个进程内的多个线程均可以并发地执行。由于线程基本不拥有资源，因此，创建线程时不需要另行分配资源、终止时也不需要进行资源的回收，而切换时也大大减少了需保存和恢复的现场信息，因此，线程的创建、终止和切换都要比进程迅速且开销小。由于同一进程内的各个线程可以共享该进程所占用的内存空间和打开的文件，因此，这些线程间的通信也非常简便和迅速。

2. 线程的控制

在多线程 OS 环境下，应用程序在启动时，OS 将为它创建一个进程，同时为该进程创建第一个线程。以后在线程的运行过程中，它可根据需要利用线程创建函数(或系统调用)再去创建若干个线程。所以线程是由线程创建的，但线程间并不提供父子关系的支持。

每个线程被创建后，便可与其他线程一起并发地运行。如同传统的进程一样，并发运行的线程之间也存在着共享资源和相互合作的制约关系，致使线程在运行时也具有间断性。相应地，线程在运行时，也具有执行、就绪和阻塞三种基本状态，并随着自身的运行和外界环境的变换而不断地在三种状态之间转换。

当线程完成了自己的工作后，它便可正常终止。线程的终止也可能是因为运行中出现错误或其他原因而引起的，此时它是被强行终止的。但有些线程(主要是系统线程)，它们一旦被建立起来之后，便会一直运行下去而不被终止。

3. 内核支持线程和用户级线程

线程已在许多系统中实现，但实现的方式并不完全相同。有些系统中，特别是一些数据库管理系统如 informix 中，所实现的是用户级线程；而另一些系统(如 Macintosh 和 OS/2)所实现的是内核支持线程；还有一些系统如 Solaris，则同时实现了这两种不同类型的线程。

(1) 用户级线程。用户级线程仅存在于用户空间中，而与内核无关。就内核而言，它只是管理常规的进程——即单线程进程，感知不到用户级线程的存在。每个线程的控制块都设置在用户空间中，所有对线程的操作也在用户空间中由线程库中的函数(过程)完成，而无需内核的帮助。用户级线程的优点是不需要得到内核的支持；而且，线程的切换毋须陷入内核，故切换开销小、速度非常快。另外，线程库对用户线程的调度算法与 OS 的调度算法无关，因此，线程库可提供多种调度算法供应用程序选择使用。但在纯用户级线程的系统中，对应用程序来讲，当一个线程因为执行系统调用而阻塞时，将导致对应进程中所有线程的阻塞；另外，用户级线程无法享用多处理机系统中多个处理器带来的好处。

(2) 内核支持线程。内核支持线程是在核心空间实现的。内核为每个线程在核心空间中设置了一个线程控制块，用来登记该线程的线程标识符、寄存器值、状态、优先级等信息。所有对线程的操作，如创建、撤消和切换等，都是通过系统功能调用由内核中的相应处理程序完成的。内核支持线程克服了用户级线程的两个缺点，首先内核可以把同一个进程中的多个线程调度到多个处理器中；其次，如果进程中的一个线程被阻塞，内核可以调度同一个进程中的另一个线程。它的另一个优点是内核本身也可以使用多线程的方式来实现。它的主要缺点是即使 CPU 在同一个进程内的多个线程之间切换，也需要陷入内核，因此，其速度和效率不如用户级线程。

(3) 组合方式。为了同时获得用户级线程和内核支持线程的便利，有些 OS 把用户级线程和内核支持线程两种方式进行组合，内核提供对内核支持线程的建立、调度和管理的支持，同时，也允许用户应用程序建立、调度和管理用户级线程。通过时分多路复用技术，用户级线程可连接到一些内核支持线程上，具体的连接方式如图 2.4 所示，有一对一、多对一和多对多三种方式。采用这种方式，编程人员可以根据需要灵活地决定需多少个内核支持线程与自己的用户级线程多路复用，以达到满意的效果。

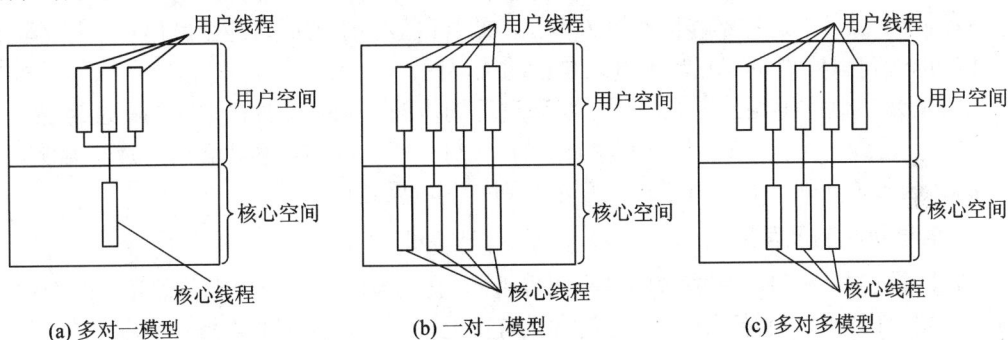

图 2.4　组合方式的多线程模型

2.2　重点、难点学习提示

本章的学习目的是使学生建立起进程的概念，由于进程是 OS 中最重要的基本概念，故本章也就成为全书中最重要的一章。读者应对以下几个重点与难点问题进行深入的学习，切实掌握好进程和进程同步的基本概念。

1. 进程的基本概念

进程既是 OS 中的一个重要概念，又是系统进行资源分配和独立运行的基本单位。学习 OS，首先必须理解和掌握好进程的概念，为此，读者应认真学习和掌握下述几个方面的内容。

(1) 为什么要引入进程。引入进程是为了使内存中的多道程序能够正确地并发执行。在学习时应清楚地理解为什么程序(在未为之建立进程之前)不能与其他程序并发执行，而由 PCB、程序段和数据段三部分组成的进程实体却能与其他进程一起并发执行。

(2) 进程与程序的联系与区别。进程是运行中的程序，它与程序是两个既有联系，又有本质区别的概念，在学习时不仅应从结构上，而且还应该从动态性、并发性、独立性和异步性上比较进程和程序这两个概念的异同。

(3) 进程有哪些基本状态。进程具有就绪、执行和阻塞三种基本状态，在学习时必须了解在一个进程的生命期中，它是如何随着自身的执行和外界条件的变化不断地在各种状态之间进行转换的。

(4) 进程控制块。为了描述和控制进程,OS 必须为每个进程建立一个进程控制块 PCB。在学习时请思考如果没有 PCB,那进程是否还能并发执行,从而进一步去了解 PCB 应具有哪些作用,为此,在 PCB 中必须设置哪些内容。

2. 进程同步的基本概念

进程同步既是 OS 中的一个重要概念,又是保证系统中诸进程间能协调运行的关键,故应对它有较深入的理解,并能较熟练地运用。为此,应对下述与进程同步有关的几个基本概念有较好的理解和掌握。

(1) 临界资源。临界资源是指一段时间内仅允许一个进程访问的资源。在学习时,应通过典型的实例来了解哪些资源属于临界资源,为什么要对它们采用互斥共享的方式。

(2) 临界区。进程中访问临界资源的那段代码称为临界区。显然,为了实现进程互斥地访问临界资源,诸进程不能同时进入自己的临界区。在学习时,应了解用什么样的机制(称同步机制)可以实现进程互斥地进入自己的临界区。

(3) 同步机制应遵循的准则。用于实现进程同步的机制有多种,但它们都应遵循"空闲让进"、"忙则等待"、"有限等待"和"让权等待"四个准则。读者必须清楚,为什么要同时满足这四条准则,如违背了这些基本准则,其后果是什么。

3. 信号量机制及其应用

信号量机制是一种卓有成效的进程同步机制,它已被广泛地应用于各种类型的 OS 中。因此,在学习时,必须对下述几个与信号量有关的内容有较深刻的理解和掌握。

(1) 信号量的含义。信号量是一个用来实现同步的整型或记录型变量,除了初始化外,对它只能执行 wait 和 signal 这两种原子操作。在学习时,应了解对信号量的 wait 和 signal 操作分别是如何实现的,整型信号量存在着什么不足之处,记录型信号量是如何解决整型信号量的不足的。

(2) 信号量的物理意义。一个信号量 S 通常对应于一类临界资源,在学习时,读者必须理解 S.value 的值在物理上(即从资源的角度来考虑)有什么特殊的含义,而每次 wait 操作和 signal 操作又分别意味着什么,故必须分别对 S.value 进行什么操作。

(3) 用信号量实现互斥。为实现进程对临界资源的互斥访问,需为每类临界资源设置一个初值为 1 的互斥信号量 mutex。在学习时,应清楚在进入临界区前或退出临界区后应对 mutex 分别执行什么操作,为什么对 mutex 的 wait 和 signal 操作必须成对出现,如少了其中的 wait 操作或 signal 操作,会对互斥算法产生什么样的影响。

(4) 用信号量实现前趋关系。为实现前驱关系 $P_i \rightarrow P_j$,可为它们设置一个初值为 0 的信号量 S。在学习时,应清楚对 S 的 wait 操作和 signal 操作应分别安排在什么位置,同时注意 wait(S)操作和 signal(S)操作也必须成对出现。

(5) 用信号量实现同步。两个相互合作的进程 A 和 B,A 在某一点需要等待 B 为它完成某个动作 D,然后才能继续执行。在学习时,请考虑上述同步关系中,可否将进程对应的程序分成若干段,并用前趋关系来描述它们;是否可设想 A 与 B 之间争用一块令牌,从而将上述同步关系转换成临界资源的互斥访问;再思考为了实现上述同步关系,应设置一个初值为多少的信号量 S,并在什么位置插入对 S 的 wait 操作和 signal 操作。

4. 经典进程的同步问题

我们以生产者—消费者为例,来说明学习此重点问题时应了解和掌握些什么。

(1) 问题的含义。在学习时首先应了解，该问题中有哪些进程，通常，进程是动作的主体，生产者—消费者问题中，每个生产者和每个消费者都是动作的主体，所以他们都是一个独立的进程。然后考虑每个进程应该完成哪些动作，比如，生产者的动作就是不停地"生产下一个产品，把产品放到空闲缓冲区中"。最后，根据进程所做的动作为每个进程写出不考虑同步的算法，由于所有的生产者进程完成的动作是类似的，因此它们可共享同一个程序，即它们的算法是一样的。

(2) 互斥和同步关系。接着来考虑问题中哪些资源属于临界资源，需要互斥；哪些地方有一个进程要等另一进程完成某个动作，需要同步。如生产者—消费者问题中的空闲缓冲区、满缓冲区(或缓冲区中的产品)以及 in、out 变量(in、out 变量被当做一个组合，看成一个资源)均是临界资源，对它们的访问都需要互斥。

(3) 如何实现进程互斥和同步。为实现对上述临界资源的互斥访问，应为每类临界资源设置一个信号量，初值为临界资源的初始个数，并在算法中访问资源以前的位置插入信号量的 wait 操作，完成临界资源访问的位置插入信号量的 signal 操作。另外，要为每一类同步关系设置一个初值为 0 的信号量，在算法中等动作的位置插入信号量的 wait 操作，在被等待的动作完成的位置插入信号量的 signal 操作。如生产者—消费者问题的空闲缓冲区，需为它设置一个初值为 n 的信号量 empty；生产者放产品时要使用它，所以，在放产品之前加 wait(empty)；产品从缓冲中取走后，该缓冲就不再被使用，它被消费者释放，归还给系统，所以取走产品之后要加 signal(empty)。通常资源使用后会被释放，所以，读者应在相互合作的进程中找到成对的 wait(empty)和 signal(empty)操作，成对的 wait(full)和 signal(full)操作，成对的 wait(mutex)和 signal(mutex)操作。

(4) 对程序的阅读方式。由于生产者—消费者问题属于并发执行程序，因此在阅读时应采取交替阅读的方式。例如，我们可以先从任一程序开始(如生产者)，在遇见 wait 操作失败时，程序不能继续往下运行，便应去阅读消费者程序。如又发现 wait 失败受阻时，又应返回到生产者程序。如此不断的交替阅读。

5. 消息传递通信机制

无论是在单机系统、多机系统还是计算机网络中，消息传递机制都是一种使用十分广泛的进程通信机制，在学习中，读者必须了解以下几个问题。

(1) 什么是消息传递通信机制。消息传递通信机制是指以格式化的消息为进程间数据交换单位的进程通信方式，在学习时应了解通常在一个消息中应包含哪几方面的内容，定长格式的消息和变长格式的消息分别具有什么优缺点。

(2) 消息传递通信机制有哪几种实现方式。消息传递通信机制有直接通信和间接通信两种实现方式，在学习时应注意比较它们在原语的提供、通信链路的建立、通信的实时性等方面的异同。

(3) 如何协调发送进程和接收进程。为了使诸进程间能协调地进行通信，必须对进程通信的收、发双方进行进程同步，在学习时应了解常用的同步方式有哪些，它们分别适用于何种场合。

(4) 消息缓冲队列通信机制。消息队列通信机制是一种常用的直接通信方式，在学习时应较好地理解它是如何在诸进程间实现互斥和同步的，其发送和接收过程又是如何完成的。

6. 线程的基本概念

线程是 20 世纪 80 年代中期在操作系统领域出现的一个非常重要的概念,它能有效地提高系统的性能。目前,不仅在操作系统中,而且在数据库管理系统和其他应用软件中,都普遍引入了线程的概念。故在学习时,应对下述几个问题有较好的理解。

(1) 为什么要引入线程。在学习时,读者必须清晰地认识到,为什么进程的并发执行需要付出较大的时空开销,这对系统的并发程度又将产生什么样的影响;而线程机制是如何解决上述问题的,它带来了哪些好处。

(2) 线程具有哪些特征。线程实体具有轻型、可独立运行、可共享其所隶属的进程所拥有的资源等特征。在学习时,应了解线程自己为什么还必须拥有少量的私有资源,并注意在并发性、调度性、拥有资源和系统开销等方面对线程和传统进程进行比较。

(3) 如何创建和终止线程。在学习时应了解应用程序是如何创建线程和终止线程的,还应注意比较线程的创建和终止与传统的进程的创建和终止有什么异同之处。

7. 内核支持线程和用户级线程

线程的实现方式有内核支持线程和用户级线程两类,在学习时,应了解以下两个方面的内容。

(1) 什么是内核支持线程。内核支持线程的 TCB 被保存在核心空间中,它的运行需获得内核的支持。在学习时,必须了解内核支持线程的创建、撤消和切换等功能是如何实现的,内核支持线程有哪些优点,又有哪些缺点。

(2) 什么是用户级线程。用户级线程是在用户空间实现的。在学习时,必须了解用户级线程有哪些优点,通过用户空间的线程库(即运行时系统)来实现用户级线程有哪些不足之处,而将用户级线程和核心支持线程结合起来(即内核控制的用户线程)又能带来什么样的好处。

2.3 典型问题分析和解答

2.3.1 进程基本概念中的典型问题分析

【例1】 在操作系统中为什么要引入进程概念? 它会产生什么样的影响?

答:在操作系统中引入进程概念,是为了实现多个程序的并发执行。传统的程序与其他程序并发执行时,其执行时结果不可再现,因此,传统的程序不能与其他程序并发执行,只有在为之创建进程后,才能与其他程序(进程)并发执行。这是因为并发执行的程序是“停停走走”地执行,只有在为它创建进程后,在它停下时,方能将其现场信息保存在它的 PCB 中,待下次被调度执行时,再从 PCB 中恢复 CPU 现场而继续执行,而传统的程序却无法满足上述要求。

建立进程所带来的好处是多个程序能并发执行,这极大地提高了资源利用率和系统吞吐量。但管理进程也需付出一定的代价,包括进程控制块及协调各运行的机构所占用的内存空间开销,以及为进行进程间的切换、同步及通信等所付出的时间开销。

【例2】 试比较进程与程序的异同。

答：进程和程序是紧密相关而又完全不同的两个概念。

(1) 每个进程实体中包含了程序段和数据段这两个部分，因此说进程与程序是紧密相关的。但从结构上看，进程实体中除了程序段和数据段外，还必须包含一个数据结构，即进程控制块 PCB。

(2) 进程是程序的一次执行过程，因此是动态的；动态性还表现在进程由创建而产生、由调度而执行、由撤消而消亡，即它具有一定的生命期。而程序则只是一组指令的有序集合，并可永久地存放在某种介质上，其本身不具有运动的含义，因此是静态的。

(3) 多个进程实体可同时存放在内存中并发地执行，这正是引入进程的目的。而程序(在没为它创建进程时)的并发执行具有不可再现性，因此程序不能正确地并发执行。

(4) 进程是一个能够独立运行、独立分配资源和独立接受调度的基本单位。而程序(在没为它创建进程时)因其不具有 PCB，故是不可能在多道程序环境下独立运行的。

(5) 进程与程序不一一对应。同一个程序的多次运行，将形成多个不同的进程；同一个程序的一次执行也可以产生多个进程(如 UNIX 中通过 fork 调用产生子进程)；而一个进程在其生命期的不同时候可以执行不同的程序(如 UNIX 中通过 exec 调用更换进程的执行代码)。

【例 3】　某系统的进程状态转换图如图 2.5 所示，请：

(1) 说明引起各种状态转换的典型事件。

(2) 分析状态转换 1，2，3，4 是否可立即引起其他的状态转换。

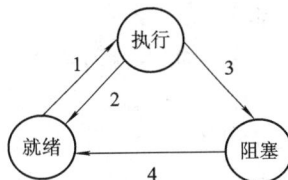

图 2.5　进程状态转换图

答：(1) 引起各种状态转换的典型事件如表 2-1 所示。

表 2-1　引起进程状态转换的典型事件

状态转换	引起转换的典型事件
转换 1	CPU 调度
转换 2	执行进程的时间片用完，或被其他优先权更高的进程抢占 CPU
转换 3	等待某种事件(如 I/O 的完成，或被他人占用的临界资源变为可用状态)
转换 4	进程所等待的事件发生(如 I/O 完成，或所等待的临界资源变为可用状态)

(2) 状态转换 1 不会立即引起其他状态转换。

状态转换 2 必然立即引发状态转换 1。状态转换 2 发生后，进程调度程序必然要选出一个新的就绪进程投入运行，该新进程可能是其他进程，也可能是刚从执行状态转换成就绪状态的那个进程。

状态转换 3 可能立即引发状态转换 1。状态转换 3 发生后，若就绪队列非空，则进程调度程序将选出一个就绪进程投入执行。

状态转换 4 可能引发状态转换 1。状态转换 4 发生后，若 CPU 空闲，并且没有其他进程竞争 CPU，则该进程将被立即调度。另外，状态转换 4 还可能同时引发状态转换 1 和 2。若系统采用抢占调度方式，而新就绪的进程具备抢占 CPU 的条件(如其优先权很高)，则它可立即得到 CPU 转换成执行状态，而原来正在执行的进程则转换成就绪状态。

【例 4】　PCB 的作用是什么？为什么说 PCB 是进程存在的唯一标志？

答：进程控制块是操作系统用来描述和管理进程的数据结构，其作用是使一个在多道程序环境下、不能独立运行的程序，成为一个能独立运行的基本单位，即一个能与其他进程并发执行的进程。

在创建进程时，系统将为它配置一个 PCB，在进行进程调度时，系统将根据 PCB 中的状态和优先级等信息来选择新进程，然后将老进程的现场信息保存到它的 PCB 中，再根据新进程 PCB 中所保存的处理机状态信息来恢复运行的现场；执行中的进程，如果需要访问文件或者需要与合作进程实现同步或通信，也都需要访问 PCB；当进程因某种原因而暂停执行时，也必须将断点的现场信息保存到它的 PCB 中；当进程结束时，系统将回收它的 PCB。可见，在进程的整个生命期中，系统总是通过其 PCB 对进程进行控制和管理，亦即，系统是根据其 PCB 而不是任何别的什么而感知到某进程的存在，所以说，PCB 是进程存在的唯一标志。

2.3.2　进程同步基本概念中的典型问题分析

【例5】　为什么诸进程对临界资源的访问必须互斥？

答：临界资源本身的特性决定了它们只能被诸进程互斥地访问，如果并发执行的多个进程同时访问临界资源，将会造成系统的混乱或程序执行结果的不确定性，这样，用户得到的便可能是不希望得到的、或者是不正确的处理结果。如多个用户同时使用同一台打印机，将使他们的输出结果交织在一起，而难于区分；又如两个用户使用程序段：

```
mov ax, (counter)
inc ax
mov (counter), ax
```

对初值为 0 的共享变量 counter 进行计数(加 1)操作，则最终 counter 的值可能是正确的结果 2，也可能是错误的结果 1，即计算结果出现了不确定性。所以，诸进程对临界资源的访问必须互斥地进行。

【例6】　如何保证诸进程互斥地访问临界资源？

答：为了互斥地访问临界资源，系统必须保证进程互斥地进入临界区。为此，必须在临界区前增加一段称作进入区的代码，以检查是否有其他进程已进入临界区使用临界资源，若有，则进程必须等待；否则，允许进程进入临界区，同时设置标志表示有进程正在临界区内。同样，在临界区后必须增加一段称作退出区的代码，用于将已有进程进入临界区访问临界资源的标志改为无进程进入临界区使用临界资源。进入区、退出区具体可用多种同步机制实现，如锁、信号量机制等。

【例7】　何谓"忙等"？它有什么缺点？

答：所谓"忙等"是指"不让权"的等待，即进程因某事件的发生而无法继续执行时，它仍占有 CPU，并通过不断地执行循环测试指令来等待该事件的完成。

"忙等"的主要缺点是浪费 CPU 的时间，另外，它还可能引起预料不到的后果。例如考虑某个采取高优先权优先调度原则的系统，目前有两个进程 A 和 B 共享某个临界资源，A 的优先权较高，B 的优先权较低，且 B 已处于临界区内，而 A 欲进入自己的临界区，则 A、B 都不可能继续向前推进，陷入"死等"状态。

【例8】进程之间存在着哪几种制约关系？各是什么原因引起的？下列活动分别属于哪种制约关系？

(1) 若干同学去图书馆借书；

(2) 两队举行篮球比赛；

(3) 流水线生产的各道工序；

(4) 商品生产和社会消费。

答：进程之间存在着直接制约和间接制约这两种制约关系，其中直接制约(同步)是由于进程间的相互合作而引起的；而间接制约(互斥)则是由于进程间共享临界资源而引起的。

(1) 若干同学去图书馆借书是间接制约，其中书是临界资源；

(2) 两队举行篮球比赛是间接制约，其中篮球是临界资源；

(3) 流水线生产的各道工序是直接制约，各道工序间需要相互合作，每道工序的开始都依赖于前一道工序的完成；

(4) 商品生产和社会消费是直接制约，两者也需要相互合作：商品生产出来后才可以被消费；商品被消费后才需要再生产。

【例9】我们为某临界区设置一把锁 W，当 W=1 时，表示关锁；W=0 时表示锁已打开。试写出开锁和关锁原语，并利用它们实现互斥。

分析：在用锁来实现互斥时，必须为每个临界资源设置一把锁 W，值得注意的是，锁 W 只能有开或关两种状态，相应地 W 只能取 0 或 1 两个值。进行关锁操作时，若 W 处于开的状态，则表示相应的临界资源空闲，进程只需将锁的状态置为关，便可直接进入临界区；否则，若 W 已处于关状态，则表示其他进程正在使用临界资源，故执行关锁操作的进程必须等待。进行开锁操作时，则必须将锁的状态置为开状态，以允许其他进程使用临界资源。

答：相应的关锁原语 lock(W) 和开锁原语 unlock(W) 可描述为：

```
lock(W):    while (W==1);    // do no-op
            W=1;
unlock(W):  W=0
```

在利用关锁原语和开锁原语实现进程互斥时，可将临界区 CS 放在其间，即：

```
lock(W);
    CS;
unlock(W);
```

注意：这里所介绍的关锁和开锁原语存在"忙等"问题，如何将它们修改为"让权等待"，作为留给读者进一步思考的习题。

【例10】下述算法是解决两进程互斥访问临界区问题的一种方法。试从"互斥"、"空闲让进"、"有限等待"等三方面讨论它的正确性。如果它是正确的，则证明之；如果它不正确，请说明理由。

```
int c1=c2=1;
p1(){
    while(1){
        remain section1;
```

```
            do{
                c1=1-c2;
            }while( c2==0);
            Critical section;
            c1=1;
        }
    }
    p2(){
        while(1){
            remain section2;
            do{
                c2=1-c1;
            }while( c1==0);
            Critical section;
            c2=1;
        }
    }
    main(){
        cobegin
            p1();
            p2();
        coend
    }
```

分析: 在通过对共享变量的测试来实现进程互斥时，必须注意共享变量本身也应当是临界资源，如果多个进程对它们进行同时共享，则可能会导致程序互斥算法的失败。在做这类题目时，可将检查的重点放在将条件测试指令和前面(或后面)对测试指令中所用的共享变量的修改操作相分割的情况下，该变量又刚好被其他进程修改的时候。

答: 本题中，p1、p2 通过共享变量 c1 和 c2 来达到资源互斥使用的目的，其中，c1=1 表示 p1 不在临界区内，c2=1 表示 p2 不在临界区内。通过检查可知:

(1) 该算法不能保证互斥访问临界区。请考虑图 2.6 的进程执行次序。

① 由于 c1、c2 的初值都为 1，若 p1 先获得 CPU 并申请进入临界区，则它可以进入临界区。在 p1 进入临界区后，c1=0，c2=1;

② 此时若进行进程调度并由 p2 获得 CPU，而 p2 也试图进入临界区，执行完 c2=1－c1 后，c1=0，c2=1;

③ 此时若又进行 CPU 调度，并且 p1 重新获得 CPU，并在退出临界区后执行 c1=1，则 c1=1，c2=1;

④ 若再进行 CPU 调度，并且由 p2 获得 CPU，因 c1=1，p2 进入临界区，而此时 c1=1，c2=1;

⑤ 若再进行 CPU 调度并由 p1 获得 CPU，当 p1 再申请进入临界区时，由于 c2=1，

p1 将顺利进入临界区。可见，在这种情况下，p1 和 p2 将同时进入临界区。

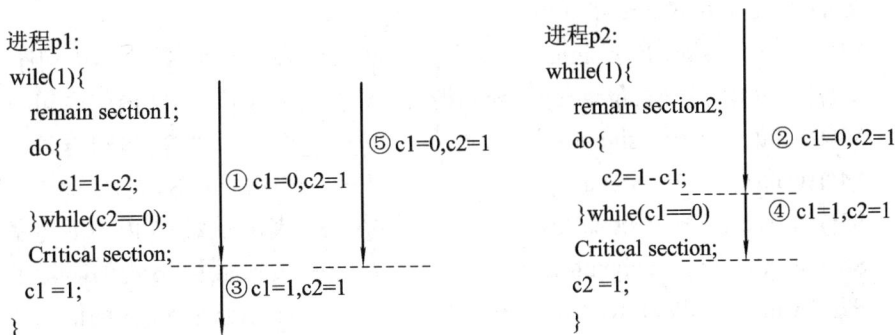

```
进程p1:                                          进程p2:
wile(1){                                        while(1){
    remain section1;                                remain section2;
    do{                    ① c1=0,c2=1              do{                    ② c1=0,c2=1
        c1=1-c2;           ⑤ c1=0,c2=1                  c2=1-c1;
    }while(c2==0);                                  }while(c1==0)         ④ c1=1,c2=1
    Critical section;                              Critical section;
    c1 =1;                 ③ c1=1,c2=1              c2=1;
}                                                }
```

图 2.6 两进程的执行顺序

(2) 该算法能保证空闲让进。因为，c_1 和 c_2 的初值均为 1，而 c_1 只有在 p1 申请进入自己的临界区时才可能变为 0，一旦 p1 退出临界区，它的值又将被置为 1；同样，c_2 只有在 p2 申请进入自己的临界区时才可能变为 0，一旦 p2 退出临界区，它的值又将被置为 1。所以，当临界资源空闲时，不管它是否曾经被使用过，c_1 和 c_2 的值均为 1；此时，若 p1 进程申请进入自己的临界区，则先执行 $c_1=1-c_2$ 将 c_1 置为 0，并因 $c_2==0$ 条件不成立而结束循环测试，随后进入自己的临界区；对 p2 进程，情况也是如此。

(3) 在该算法中，若一进程在临界区内执行，则另一进程将处于"忙等"状态。因此，在某些特殊的情况下，还可能不能保证"有限等待"(具体请参考例题 7)。

2.3.3 信号量机制及应用中的典型问题分析

【例 11】 试写出相应的程序来描述图 2.7 所示的前趋关系。

分析: 在解决这类问题时，首先应找出所有的直接前趋关系。然后，对每一种直接前趋关系，如 $S_i \rightarrow S_j$，专门设置一初值为 0 的信号量，并在 S_i 结束之后执行对该信号量的 signal 操作，而在 S_j 开始之前执行对该信号量的 wait 操作，这样便可保证程序段 S_i 执行完后才执行程序段 S_j。

答: 图 2.7 所示的前趋图中存在着如下的前趋关系 $S_1 \rightarrow S_2$、$S_1 \rightarrow S_3$、$S_2 \rightarrow S_4$、$S_2 \rightarrow S_5$、$S_3 \rightarrow S_6$、$S_4 \rightarrow S_7$、$S_5 \rightarrow S_7$、$S_6 \rightarrow S_7$，因此，如图 2.8 所示，可分别为它们设置初值为 0 的信号量 a、b、c、d、e、f、g、h。

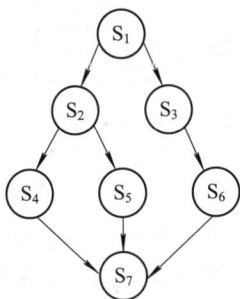

图 2.7 前趋关系

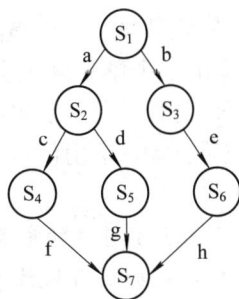

图 2.8 前趋关系与信号量

具体的算法可描述如下：

```
semaphore a=b=c=d=e=f=g=h=0;
S1(){ ……;  signal(a); signal(b); }           //…… 表示原来 S1 内的语句序列
S2(){wait(a); ……; signal(c); signal(d); }    //…… 表示原来 S2 内的语句序列
S3(){wait(b); ……; signal(e); }               //…… 表示原来 S3 内的语句序列
S4(){wait(c); ……; signal(f); }               //…… 表示原来 S4 内的语句序列
S5(){wait(d); ……; signal(g); }               //…… 表示原来 S5 内的语句序列
S6(){wait(e); ……; signal(h); }               //…… 表示原来 S6 内的语句序列
S7(){wait(f); wait(g); wait(h); ……; }        //…… 表示原来 S7 内的语句序列
main(){
     cobegin
          S1(); S2(); S3(); S4(); S5(); S6(); S7();
     coend
}
```

【例 12】 有 8 个程序段 p1、…、p8，它们在并发执行时有如图 2.9 所示的制约关系，试用信号量实现这些程序段间的同步。

分析： 该问题其实是一个前趋关系问题，我们可将图 2.9 所示的制约关系用前趋图来描述，如图 2.10 所示。

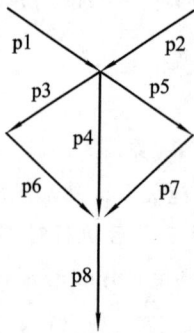

图 2.9 进程并发执行的制约关系

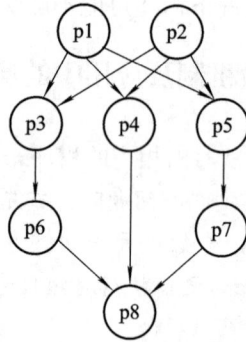

图 2.10 对应的前趋图

答：省略。

【例 13】 如图 2.11 所示，有一计算进程和打印进程，它们共享一个单缓冲区，计算进程不断地计算出一个整形结果并将它放入单缓冲区中，打印进程则负责从单缓冲区中取出每一个结果进行打印，请用信号量来实现它们的同步关系。

图 2.11 共享单缓冲区的计算进程和打印进程

分析 1： 可从临界资源的角度来思考，先找临界资源，并为每种临界资源设置信号量，在访问临界资源之前加 wait 操作来申请资源，访问完临界资源后加 signal 操作来释放临界资源。本题中有两类临界资源，第一类是计算进程争用的空闲缓冲区，初始状态下有一个空闲缓冲可供使用，故可为它设置初值为 1 的信号量 empty；第二类是打印进程争用的已放入缓冲中的打印结果，初始状态下缓冲中无结果可供打印，故可为它设置初值为 0 的信号量 full。

答 1：具体的同步算法可描述为：

```
semaphore    full=0, empty=1;
int buffer;
cp(){
    int nextc;
    while(1){
        compute the next number in nextc;;
        wait(empty);
        buffer=nextc;
        signal(full);
    }
}
pp(){
    int nextp;
    while(1){
        wait(full);
        nextp=buffer;
        signal(empty);
        print the number in nextp;
    }
}
main(){
    cobegin
        cp();   pp();
    coend
}
```

其实，本题是一个 n=1 的生产者—消费者问题，与常规的生产者—消费者问题的算法比较一下，可以发现：单缓冲的情况下，缓冲区只需用简单变量来描述，而不必再用数组；另外，也不再需要 in(out)指针来指示产品放到(取自)哪个缓冲区，而且，由于此时生产者、消费者不可能同时访问缓冲区，所以原来的 mutex 信号量也不再需要。

分析 2：还可从同步的角度来思考，对某种同步关系，如进程 A 在某处必须等待进程 B 完成某个动作 D 后才能继续执行，可为它设置一初值为 0 的信号量，并在 A 需要等待 B 的位置插入 wait 操作，在 B 完成动作 D 之后插入 signal 操作。本题中存在两种同步关系：(1) 打印进程必须等待计算进程将计算结果放入缓冲之后，才能取结果打印，因此，可为它们设置初值为 0 的信号量 S_A；(2) 除第一个计算结果可直接放入缓冲区外，计算进程必须等打印进程将缓冲中的前一个结果取走，缓冲区变空后，才能将下一个计算结果放入缓冲区，因此，可为它们设置初值为 0 的信号量 S_B。

答 2：计算进程和打印进程的算法可描述为：

```
semaphore S_A=0, S_B =0;
int buffer ;
cp(){
    int nextc;
    compute the first number in nextc;
    buffer=nextc;
    signal(S_A);
    while(1){
        compute the next number in nextc;
        wait(S_B);
        buffer=nextc;
        signal(S_A);    }
}
pp(){
    int nextp;
    while(1){
        wait(S_A);
        nextp=buffer;
        signal(S_B);
        print the number in nextp;
    }
}
```

2.3.4　经典进程同步问题中的典型问题分析

【例 14】在生产者—消费者问题中，如果将两个 wait 操作，即 wait(full)和 wait(mutex)互换位置，或者 wait(empty)和 wait(mutex)互换位置，其后果如何？如果将两个 signal 操作互换位置，即 signal(full)和 signal(mutex)互换位置，或者 signal(empty)和 signal(mutex)互换位置，其后果又如何？

答：在生产者—消费者问题中，如果将两个 wait 操作，即 wait(full)和 wait(mutex)互换位置，或者 wait(empty)和 wait(mutex)互换位置，都可能引起死锁。考虑系统中缓冲区全满时，若一生产者进程先执行了 wait(mutex)操作并获得成功，当再执行 wait(empty)操作时，它将因失败而进入阻塞状态，它期待消费者执行 signal(empty)来唤醒自己，在此之前，它不可能执行 signal(mutex)操作，从而使企图通过 wait(mutex)进入自己的临界区的其他生产者和所有的消费者进程全部进入阻塞状态，从而引起系统死锁。类似地，消费者进程若先执行 wait(mutex)，后执行 wait(full)同样可能造成死锁。

signal(full)和 signal(mutex)互换位置，或者 signal(empty)和 signal(mutex)互换位置，则不会引起死锁，其影响只是改变临界资源的释放次序。

【**例 15**】 有三个进程 PA、PB 和 PC 协作解决文件打印问题。PA 将文件记录从磁盘读入内存的缓冲区 1，每执行一次读一个记录；PB 将缓冲区 1 的内容复制到缓冲区 2 中，每执行一次复制一个记录；PC 将缓冲区 2 的内容打印出来，每执行一次打印一个记录。缓冲区的大小与记录大小一样。请用信号量来保证文件的正确打印。

分析：本题又是生产者—消费者问题的一个变形，对缓冲区 1 来说，PA 是生产者，PB 是消费者；对缓冲区 2 来说，PB 是生产者，PC 是消费者。需要说明的有两点：① 缓冲区 1 和缓冲区 2 都只能存放一个记录，故无须设置 in、out 指针，原来生产者—消费者问题中的 mutex 信号量也因此可以省去；② PB 进程既是消费者，又是生产者。

答：该文件打印过程的同步算法可描述为：

```
semaphore    empty1=1, full1=0, empty2=1, full2=0;
PA(){
    while(1){
        从磁盘读一个记录;
        wait(empty1);
        将记录存放到缓冲区 1 中;
        signal(full1);
    }
}
PB(){
    while(1){
        wait(full1);
        从缓冲区 1 中取出一个记录;
        signal(empty1);
        wait(empty2);
        将记录复制到缓冲区 2 中;
        signal(full12);
    }
}
PC(){
    while(1){
        wait(full2);
        从缓冲区 2 中取出一个记录;
        signal(empty2);
        将取出的记录打印出来;
    }
}
main(){
    cobegin    PA();  PB();    PC();    coend
}
```

【例16】 进程 A1、A2、…、An1 通过 m 个缓冲区向进程 B1、B2、…、Bn2 不断地发送消息。发送和接收工作遵循如下规则：

(1) 每个发送进程一次发送一个消息，写入一个缓冲区，缓冲区大小与消息长度相同；

(2) 对每一个消息，B1、B2、…、Bn2 都需各接收一次，读入自己的数据区内；

(3) m 个缓冲区都满时，发送进程等待；没有可读的消息时，接收进程等待。

试用 wait、signal 操作描述它们的同步关系。

分析： 本题仍然是生产者—消费者问题的一个变形。由于每个缓冲区都只写一次，但要读 n2 次，故我们可将每个缓冲区看成是由 n2 格组成的。只有当某个缓冲区的 n2 格都空闲时，才允许写入，而且写一次缓冲相当于将该缓冲的 n2 格全部写一遍。Bj 进程从缓冲中取消息时，它只取相应缓冲的第 j 格。由于每个 Bj 取消息的速度不同，故需为它们分别设置指针 outj，用来指示从哪个缓冲区的第 j 格中取消息。

答： 我们将每个缓冲区看成是由 n2 格组成的，可为本题设置下列信号量：mutex，初值为 1，用来实现对缓冲区的互斥访问；empty[i](i=1，…，n2)，初值均为 m，每个 empty[i] 对应于缓冲池的第 i 格中的所有空闲缓冲区；full[i] (i=1，…，n2)，初值均为 0，对应缓冲池第 i 格中装有消息的缓冲区。另外还需提供整型变量 in，用来指示将消息放入哪个缓冲区，out[j](j=1，…，n2)用来指示 Bj 从哪个缓冲区中取消息，这些变量的初值均为 0。Ai，Bj 的算法描述如下：

```
Ai(){     //i=1, …, n1
    int k;
    while(1){
        for( k=1; k<= n2; k++)   wait(empty[k]);
        wait(mutex);
        将 Ai 的消息放入第 in 个缓冲区中;
        in=(in+1) % m;
        signal(mutex);
        for( k=1; k<= n2; k++)   signal(full[k]);
    }
}
Bj(){     //j=1, …, n2
    while(1){
        wait(full[j]);
        wait(mutex);
        从第 out[j]个缓冲区的第 j 格中取出消息;
        Out[j]=(out[j]+1) %m;
        signal(mutex);
        signal(empty[j]);
        将消息写到数据区中;
    }
}
```

【例17】 桌上有个能盛得下五个水果的空盘子。爸爸不停地向盘中放苹果或桔子，儿子不停地从盘中取出桔子享用，女儿不停地从盘中取出苹果享用。规定三人不能同时从盘子中取放水果。试用信号量实现爸爸、儿子和女儿这三个循环进程之间的同步。

分析： 本题是生产者—消费者问题的变形，相当于一个能生产两种产品的生产者(爸爸)向两个消费者(儿子和女儿)提供产品的同步问题，因此，需设置两个不同的 full 信号量 apple 和 orange，初值均为 0。

答： 为了描述上述同步问题，可定义如下的信号量：

semaphore empty=5，orange=0，apple=0，mutex=1；

爸爸、儿子和女儿的算法可描述为：

```
Dad(){
    while(1){
        wait(empty);
        wait(mutex)
        将水果放入盘中；
        signal(mutex);
        if(放入的是桔子) signal(orange);
        else signal(apple);
    }
}
Son(){
    while(1){
        wait(orange);
        wait(mutex)
        从盘中取一个桔子；
        signal(mutex);
        signal(empty);
        享用桔子；
    }
}
Daughter(){
    while(1){
        wait(apple);
        wait(mutex)
        从盘中取一个苹果；
        signal(mutex);
        signal(empty);
        享用苹果；
    }
}
```

【例 18】 设有两个生产者进程 A、B 和一个销售者进程 C，他们共享一个无限大的仓库，生产者每次循环生产一个产品，然后入库供销售者销售；销售者每次循环从仓库中取出一个产品进行销售。如果不允许同时入库，也不允许边入库边出库；而且要求生产 A 产品和 B 产品的件数满足以下关系：$-n \leq A$ 的件数 $-B$ 的件数 $\leq m$，其中 n、m 是正整数，但对仓库中 A 产品和 B 产品的件数无上述要求。请用信号量机制写出 A、B、C 三个进程的工作流程。

分析: 本题中存在着以下的同步和互斥关系：① 生产者 A、B 和消费者 C 之间，不能同时将产品入库和出库，故仓库是一个临界资源。② 两个生产者之间必须进行同步，当生产的 A、B 产品的件数之差大于等于 m 时，生产者 A 必须等待；小于等于-n 时，生产者 B 必须等待。可想象成有两种令牌，分别跟允许 A 和 B 生产的产品数量相关，A 和 B 必须取得对应的令牌后才能生产产品，故这两类令牌也就是两种临界资源。③ 生产者和销售者之间也必须进行同步，只有当生产者生产出产品并入库后，销售者才能进行销售。

答: 为了互斥地入库和出库，需为仓库设置一初值为 1 的互斥信号量 mutex；为了使生产的产品件数满足：$-n \leq A$ 的件数 $-B$ 的件数 $\leq m$，需设置两个信号量，其中 SAB 表示当前允许 A 生产的产品数量，其初值为 m，SBA 表示当前允许 B 生产的产品数量，其初值为 n；还需设置一个初值为 0 的资源信号量 S，对应于仓库中的产品量。具体的同步算法如下：

```
semaphore SAB=m, SBA=n, S=0, mutex= 1;
PA(){
    while(1){
        wait(SAB);
        produce a product A；
        signal(SBA);
        wait(mutex);
        add the product A to the storehouse;
        signal(mutex);
        signal(S);
    }
}
PB(){
    while(1){
        wait(SBA);
        produce a product B；
        signal(SAB);
        wait(mutex);
        add the product B to the storehouse;
        signal(mutex);
        signal(S);
    }
```

```
        }
    PC(){
        while(1){
            wait(S);
            wait(mutex);
            take a product A or B from storehouse;
            signal(mutex);
            sell the product;
        }
    }
    main(){
        cobegin
            PA();   PB();   PC();
        coend
    }
```

请进一步思考：如果本题不要求仓库中产品件数满足：−n≤A 的件数−B 的件数≤m，那算法又应如何描述呢？

【例 19】 试用记录型信号量写出一个不会死锁的哲学家进餐问题的算法。

分析： 此题有多种解决方法。其中之一是只允许 4 个哲学家同时进餐，以保证至少有一个哲学家可以进餐，最终才可能由他释放出其所用过的两只筷子，从而使更多的哲学家可以进餐。为此，需设置一个信号量 Sm 来限制同时进餐的哲学家数目，使它不超过 4，故 Sm 的初值也应置成 4(也可想象成桌上有 4 块令牌，只有拿到令牌的哲学家才能进餐，那样，令牌就是一种临界资源，故可为它们设置一个初值为 4 的信号量 Sm)。

答： 除了为每只筷子设置一个初值为{1，NULL}的记录型信号量 chopstick[i](i=0，…，4)外，还需再设置一个初值为{4，NULL}的记录型信号量 Sm，以限制同时就餐的哲学家人数不超过 4。第 i 个哲学家的活动可描述为：

```
    Pi(){
        while(1){
            wait(&Sm);
            wait(&chopstick[i]);
            wait(&chopstick[(i+1)% 5]);
            eat;
            signal(&chopstick[i]);
            signal (&chopstick[(i+1)% 5]);
            signal(&Sm);
            think;
        }
    }
```

请进一步思考：哲学家进餐问题中，只允许每个哲学家拿起左右两边的那两只筷子，如果允许他们拿起 5 只筷子中的任意两只,那应如何修改上述算法?

【例20】 嗜睡的理发师问题:一个理发店由一个有 N 张沙发的等候室和一个放有一张理发椅的理发室组成。没有顾客要理发时,理发师便去睡觉。当一个顾客走进理发店时,如果所有的沙发都已被占用,他便离开理发店;否则,如果理发师正在为其他顾客理发,则该顾客就找一张空沙发坐下等待;如果理发师因无顾客正在睡觉,则由新到的顾客唤醒理发师为其理发。在理发完成后,顾客必须付费,直到理发师收费后才能离开理发店。试用信号量实现这一同步问题。

分析: 本题中,顾客进程和理发师进程之间存在着多种同步关系: (1) 只有在理发椅空闲时,顾客才能坐到理发椅上等待理发师理发,否则顾客便必须等待;只有当理发椅上有顾客时,理发师才可以开始理发,否则他也必须等待。这种同步关系类似于单缓冲(对应于理发椅)的生产者—消费者问题中的同步关系,故可通过信号量 empty 和 full 来控制。(2) 顾客理完发后必须向理发师付费,并等理发师收费后顾客才能离开;而理发师则需等待顾客付费,并在收费后通知顾客离开,这可分别通过两个信号量 payment 和 receipt 来控制。(3) 为了控制顾客的人数,使顾客能在所有的沙发都被占用时离开理发店,还必须设置一个整型变量 count 来对占用沙发的顾客进行计数,该变量将被多个顾客进程互斥地访问并修改,故必须为它设置一个互斥信号量 mutex。(4) 由于沙发全被占用时,顾客自动离开,也就是说,所有进店的顾客必能得到一张沙发,故不再为沙发设置互斥信号量。

答: 为解决上述问题,需设置一个整型变量 count 用来对占用沙发的顾客进行计数,并需设置 5 个信号量,其中,mutex 用来实现顾客进程对 count 变量的互斥访问,其初值为 1;empty 表示是否有空闲的理发椅,其初值为 1;full 表示理发椅上是否坐有等待理发的顾客,其初值为 0; payment 用来等待付费,其初值为 0;receipt 用来等待收费,其初值为 0。具体的算法描述如下:

```
int count=0;
semaphore mutex=1, empty=1, full=0;
semaphore payment=0, receipt = 0;
guest(){
    wait(mutex);
    if(count>=N){                    //沙发已被全部占用
        signal(mutex);
        离开理发店;
    }else{
        count++;
        signal(mutex);
        在沙发中就座;
        wait(empty);                 //等待理发椅变空
        离开沙发, 坐到理发椅上;
        wait(mutex);
        count--;
        signal(mutex);
```

```
        signal(full);          //唤醒理发师
        理发;
        付费;
        signal(payment);       //通知理发师付费
        wait(receipt);         //等理发师收费
        signal(empty);         //离开理发椅
        离开理发店;
    }
}
Barber(){
    while(1){
        wait(full);            //如没顾客就在此睡觉
        替顾客理发;
        wait(payment);         //等顾客付费
        收费;
        signal(recipt);        //通知顾客收费完成
    }
}
```

上述算法只考虑了理发店只有一个理发师的情况，如何将它改成多个理发师、并配有一收银员的算法，作为留给读者进一步思考的习题。

【例21】 请给出一个写者优先的"读者—写者"问题的算法描述。

分析：与读者优先不同的方案有三种。第一种是读者和写者的地位是完全平等的，即无论是读者还是写者，都按他们到达的时间先后决定优先次序。第二种方案中，写者的优先权得到了提高，先于写者到达的读者比写者优先，但当一个写进程声明要进行写操作时，其后续读者必须等写操作完成之后，才能进行读；而且，如果在写完成之前，又有新的写者到达，那新的写者的优先权将高于已在等待的读者。第三种方案写者的优先权更高，某个写者到达时，即使他是目前唯一的写者，那些先于他到达但还没来得及读的读者都将等待他完成写操作。

答：为了使写者优先，可在原来的读优先算法基础上增加一个初值为1的信号量S，使得当至少有一个写者准备访问共享对象时，它可使后续的读者进程等待写完成；初值为0的整型变量writecount，用来对写者进行计数；初值为1的互斥信号量wmutex，用来实现多个写者对writecount的互斥访问。读者动作的算法描述如下：

```
reader(){
    while(1){
        wait(S);
        wait(rmutex); // rmutex 用来实现对 readcount 的互斥访问
            if (readcount==0)  wait(mutex); //mutex 用来实现对读写对象互斥访问
            readcount++;
        signal(rmutex);
```

```
            signal(S);
            perform read operation;
            wait(rmutex);
                readcount--;
                if (readcount==0) signal(mutex);
            signal(rmutex);
        }
    }
```

写者动作的算法描述如下:

```
    writer(){
        while(1){
            wait(wmutex);    // wmutex 用来实现对 writecount 的互斥访问
                if( writecount==0) wait(S);
                writecount++;
            signal(wmutex);
            wait(mutex);
            perform write operation;
            signal(mutex);
            wait(wmutex);
                writecount--;
                if( writecount==0) signal(S);
            signal(wmutex);
        }
    }
```

上述算法是按第二种方案写的,对于第一种方案,只需去掉算法中跟 writecount 变量相关的部分,让所有的写者(而不仅仅是第一个写者),在到达时都执行 wait(S)就可以了。第三种方案,可对读者进程再增加一个初值为 1 的信号量 RS,并在 wait(S)前先执行 wait(RS)操作,signal(S)后再执行 signal(RS),则可以使读者不会在 S 上排成长队,从而使写者的优先权得到进一步提升。

【例 22】 请用信号量解决以下的"过独木桥"问题:同一方向的行人可连续过桥,当某一方向有人过桥时,另一方向的行人必须等待;当某一方向无人过桥时,另一方向的行人可以过桥。

分析: 独木桥问题是读者—写者问题的一个变形,同一个方向的行人可以同时过桥,这相当于读者可以同时读。因此,可将两个方向的行人看做是两类不同的读者,同类读者(行人)可以同时读(过桥),但不同类读者(行人)之间必须互斥地读(过桥)。

答: 可为独木桥问题定义如下的变量:

```
    int countA=0, count B =0; //countA、countB 分别表示 A、B 两个方向过桥的行人数量

    semaphore bridge=1;    //用来实现不同方向行人对桥的互斥共享
```

semaphore mutexA=mutexB=1; //分别用来实现对 countA、countB 的互斥共享

A 方向的所有行人对应相同的算法，他们的动作的算法可描述为：

```
PA(){
    wait(mutexA);
        if(countA==0) wait(bridge);
        countA++;
    signal(mutexA);
    过桥;
    wait(mutexA);
        countA--;
        if(countA==0) signal(bridge);
    signal(mutexA);
}
```

B 方向行人的算法与上述算法类似，只需将其中的 mutexA、countA 换成 mutexB 和 countB 即可。

【例23】 有一间酒吧里有 3 个音乐爱好者队列，第 1 队的音乐爱好者只有随身听，第 2 队的音乐爱好者只有音乐磁带，第 3 队的音乐爱好者只有电池。而要听音乐就必须随身听、音乐磁带和电池这三种物品俱全。酒吧老板一次出售这三种物品中的任意两种。当一名音乐爱好者得到这三种物品并听完一首乐曲后，酒吧老板才能再一次出售这三种物品中的任意两种，于是第 2 名音乐爱好者得到这三种物品，并开始听乐曲。全部买卖就这样进行下去。试用信号量实现他们的同步关系。

分析：(1) 根据题意，当酒吧老板提供两种物品时，必须被同一个音乐爱好者取走，我们应把每两种物品看成是一个组合起来的临界资源。第 1 队的音乐爱好者等待的组合资源是音乐磁带和电池，为它设置一个信号量 S1；第 2 队的音乐爱好者等待的组合资源是随身听和电池，为它设置一个信号量 S2；第 3 队的音乐爱好者等待的组合资源是随身听和音乐磁带，为它设置一个信号量 S3。S1、S2、S3 的初值均为 0。(2) 只有当一个音乐爱好者听完一首乐曲后，酒吧老板才能再次出售商品，为这种同步关系也必须设置一个初值为 0 的信号量 music_over。

答：他们的同步关系可用算法描述如下：

```
semaphore   S1=S2=S3=0;
semaphore music_over=0;
fan1(){
    wait(S1);
    买音乐磁带和电池;
    听乐曲;
    signal(music_over);
}
fan2(){
    wait(S2);
```

```
        买随身听和电池;
        听乐曲;
        signal(music_over);
    }
    fan3(){
        wait(S3);
        买到随身听和音乐磁带;
        听乐曲;
        signal(music_over);
    }
    boss(){
        while(1){
            提供任意两种物品出售;
            if(提供的是音乐磁带和电池) signal(S1);
            else if(提供的是随身听和电池) signal(S2);
            else signal(S3);
            wait(music_over);
        }
    }
    main(){
        cobegin
            fan1();   fan2();   fan3();   boss();
        coend
    }
```

2.3.5　消息传递通信机制中的典型问题分析

【例24】 消息缓冲队列通信机制应具有哪几方面的功能?

答: 在消息缓冲队列通信机制中, 应具有如下几方面的功能。

(1) 构成消息。发送进程在自己的工作区设置发送区 a, 将消息正文和有关控制信息填入其中。

(2) 发送消息。将消息从发送区 a 复制到消息缓冲区, 并把它插入到目标进程的消息队列中。

(3) 接收消息。由目标进程从自己的消息队列中找到第一个消息缓冲区, 并将其中的消息内容拷贝到本进程的接收区 b 中。

(4) 互斥与同步。互斥是保证在一段时间内只有一个进程对消息队列进行操作; 同步是指在接收进程和发送进程之间进行协调, 为此, 应在接收进程的 PCB 中, 设置用于实现互斥和同步的信号量。

【例25】 试比较直接通信方式和间接通信方式。

答：可从以下几个方面来比较直接通信方式和间接通信方式。

(1) 发送和接收原语。直接通信原语通常为 send(receiver，message)、receive(sender，message)；间接通信原语通常为 send(mailbox，message)、receive(mailbox，message)，而且它还需要提供有关信箱创建和撤消的原语。

(2) 提供对方的标识符。直接通信要求发送双方显式地提供对方的标识符，对接收进程，如果允许它同时接收多个进程发来的消息，则接收原语中的发送进程标识符可以是通信完成后返回的值；间接通信则不要求它们显式地提供对方的标识符，而只需提供信箱标识。

(3) 通信链路。直接通信时，进程只需提供对方的标识符便可进行通信，在收发双方之间建立通信链路由系统自动完成，并且在收发双方之间有且仅有一条通信链路；间接通信时，仅当一对进程共享某个信箱时，它们之间才有通信链路，每对进程间可以有多条链路。

(4) 实时性。直接通信通常只能提供实时的通信；而间接通信则既可实现实时通信，也可实现非实时通信。

2.3.6 线程中的典型问题分析

【例 26】 试从调度性、并发性、拥有资源、独立性、系统开销以及对多处理机的支持等方面，对进程和线程进行比较。

答：进程和线程之间在调度性、并发性、拥有资源、独立性、系统开销及对多处理机的支持方面的比较如下。

(1) 调度性。在传统的操作系统中，拥有资源的基本单位、独立调度和分派的基本单位都是进程。而在引入线程的 OS 中，则把线程作为调度和分派的基本单位，进程只是拥有资源的基本单位，而不再是调度和分派的基本单位。

(2) 并发性。在引入线程的 OS 中，不仅进程间可以并发执行，而且在一个进程内的多个线程间，也可以并发执行，因而比传统的 OS 具有更好的并发性。

(3) 拥有资源。在这两种 OS 中，拥有资源的基本单位都是进程。线程除了一点在运行中必不可少的资源(如线程控制块、程序计数器、一组寄存器值和堆栈)外，本身基本不拥有系统资源，但它可共享其隶属进程的资源。

(4) 独立性。每个进程都能独立地申请资源和独立地运行；但同一进程的多个线程则共享进程的内存地址空间和其他资源，它们之间的独立性比进程之间的独立性要低。

(5) 开销。由于创建或撤消进程时，系统都要为之分配和回收资源，如内存空间等。进程切换时所要保存和设置的现场信息也要明显地多于线程，因此，OS 在创建、撤消和切换进程时所付出的开销显著地大于线程。另外，由于隶属于同一个进程的多个线程共享同一地址空间和打开文件，从而使它们之间的同步和通信的实现也变得更为容易。

(6) 支持多处理机系统。传统的进程，只能运行在一个处理机上；多线程的进程，则可以将进程中的多个线程分配到多个处理机上，从而获得更好的并发执行效果。

【例 27】 什么是内核支持线程和用户级线程？并对它们进行比较。

答：内核支持线程是在内核支持下实现的，即每个线程的线程控制块设置在内核中，所有对线程的操作(如创建、撤消和切换等)，都是通过系统功能调用由内核中的相应处理程序完成。而用户级线程仅存在于用户空间中，即每个线程的控制块设置在用户空间中，所有对线程的操作也在用户空间中完成，而无需内核的帮助。

可从以下几个方面比较内核支持线程和用户级线程。

(1) 内核支持。用户级线程可在一个不支持线程的 OS 中实现，而内核支持线程则不然，它需要得到 OS 内核的支持。

(2) 处理器的分配。在多处理机环境下，对纯粹的用户级线程来说，内核一次只为一个进程分配一个处理器，即进程无法享用多处理机带来的好处；而在设置有内核支持线程时，内核可调度一个应用中的多个线程同时在多个处理器上并行运行，从而提高程序的执行速度和效率。

(3) 调度和线程执行时间。对设置有内核支持线程的系统，内核的调度方式和算法与进程的调度十分相似，只不过调度的单位是线程；而对只设置了用户级线程的系统，内核调度的单位则仍为进程，当一进程得到 CPU 时，隶属于该进程的多个线程可通过用户态的线程调度分享内核分配给进程的 CPU 时间。因此，在条件相同的情况下，内核支持的线程通常比用户级线程得到更多的 CPU 执行时间。

(4) 切换速度。用户级线程的切换，通常发生在一个应用程序的诸线程之间，由于不需陷入内核，而且切换的规则也相当简单，因此切换速度比内核支持线程至少快一个数量级。

(5) 系统调用。在典型的 OS 中，许多系统调用都会引起阻塞。当一个用户级线程执行这些系统调用时，被阻塞的将是整个进程；而当一个内核支持线程执行这些系统调用时，内核只阻塞这个线程，但仍可调度其所属进程的其他线程执行。

2.4　习　　题

2.4.1　选择题

1. 从静态的角度看，进程是由(A)、(B)、(C)三部分组成的，其中(C)是进程存在的唯一标志。当几个进程共享(A)时，(A)应当是可重入代码。

A，B，C：(1) JCB；(2) PCB；(3) DCB；(4) FCB；(5) 程序段；(6) 数据段；
　　(7) I/O 缓冲区。

2. 进程和程序的一个本质区别是(A)。

A：(1) 前者分时使用 CPU，后者独占 CPU；(2) 前者存储在内存，后者存储在外存；
　　(3) 前者在一个文件中，后者在多个文件中；(4) 前者为动态的，后者为静态的。

3. 进程的三个基本状态是(A)、(B)、(C)。由(A)到(B)是由进程调度所引起的；由(B)到(C)是正在执行的进程发生了某事件，使之无法继续执行而引起的。

A，B，C：(1) 挂起；(2) 阻塞；(3) 就绪；(4) 执行；(5) 完成。

4. 正在等待他人释放临界资源的进程处于(A)状态，已分配到除 CPU 外的所有资源的进程处于(B)状态，已获得 CPU 的进程处于(C)状态。

A，B，C：(1) 挂起；(2) 阻塞；(3) 就绪；(4) 执行；(5) 完成。

5. 某进程所要求的一次打印输出结束，该进程被(A)，其进程的状态将从(B)。

A：(1) 阻塞；(2) 执行；(3) 唤醒；(4) 挂起。

B：(1) 就绪到运行；(2) 阻塞到就绪；(3) 运行到阻塞；(4) 阻塞到运行。

6. 下列进程状态转换中，绝对不可能发生的状态转换是(A)；一般不会发生的状态转换是(B)。

　　A，B：(1) 就绪→执行；(2) 执行→就绪；(3) 就绪→阻塞；(4) 阻塞→就绪；

　　　　　(5) 阻塞→执行；(6) 执行→阻塞。

7. 在一个单处理机系统中，存在 5 个进程，最多可有(A)个进程处于就绪队列；如果这 5 个进程中有一个系统进程 IDLE(也叫空转进程，因为它只是不断循环地执行空语句)，则最多可有(B)个进程处于阻塞状态。

　　A，B：(1) 5；(2) 4；(3) 3；(4) 2；(5) 1；(6) 0。

8. 正在执行的进程由于其时间片用完被暂停执行，此时进程应从执行状态变为(A)状态；处于静止阻塞状态的进程，在进程等待的事件出现后，应变为(B)状态；若进程正处于执行状态时，因终端的请求而暂停下来以便研究其运行情况，这时进程应转变为(C)状态，若进程已处于阻塞状态，则此时应转变为(D)状态。

　　A，B，C，D：(1) 静止阻塞；(2) 活动阻塞；(3) 静止就绪；(4) 活动就绪；(5) 执行。

9. 为使进程由活动就绪转变为静止就绪，应利用(A)原语；为使进程由执行状态转变为阻塞状态，应利用(B)原语；为使进程由静止就绪变为活动就绪，应利用(C)原语；从阻塞状态变为就绪状态应利用(D)原语。

　　A，B，C，D：(1) create；(2) suspend；(3) active；(4) block；(5) wakeup。

10. 下列信息中，不属于 CPU 现场信息的依次是(A)和(B)。

　　A，B：(1) 指令计数器；(2) 进程的就绪、阻塞、执行等基本状态；

　　　　　(3) 堆栈的栈顶指针；(4) 段表控制寄存器；

　　　　　(5) 保存在堆栈中的函数参数、函数返回地址。

11. 下列信息中，(A)不属于 PCB 的内容。

　　A：(1) 进程打开文件的描述符表；(2) 进程调度信息；

　　　　(3) 程序段、数据段的内存基址和长度；(4) 完整的程序代码。

12. 在将 CPU 的执行状态分为用户态和核心态的系统中，应该在核心态卜执行的指令依次为(A)、(B)和(C)。而从用户状态转换到系统状态是通过(D)实现的。

　　A，B，C：(1) 屏蔽所有中断；(2) 将数据压入堆栈；(3) 设置时钟；

　　　　　　(4) 存取内存中某地址单元的值；(5) 停机。

　　D：(1) 执行进程直接修改程序状态字；(2) 中断屏蔽；(3) 访管指令或中断；

　　　　(4) 进程调度。

13. 在分时系统中，导致进程创建的典型事件是(A)；在批处理系统中，导致进程创建的典型事件是(B)；由系统专门为运行中的应用进程创建新进程的事件是(C)。在创建进程时，(D)不是创建所必需的步骤。

　　A：(1) 用户注册；(2) 用户登录；(3) 用户记账；(4) 用户通信。

　　B：(1) 作业录入；(2) 作业调度；(3) 进程调度；(4) 中级调度。

C：(1) 分配资源；(2) 进行通信；(3) 共享资源；(4) 提供服务。

D：(1) 为进程建立 PCB；(2) 为进程分配内存等资源；(3) 为进程分配 CPU；
(4) 将进程插入就绪队列。

14. 从下面对临界区的论述中，选出一条正确的论述。

(1) 临界区是指进程中用于实现进程互斥的那段代码。

(2) 临界区是指进程中用于实现进程同步的那段代码。

(3) 临界区是指进程中用于实现进程通信的那段代码。

(4) 临界区是指进程中用于访问共享资源的那段代码。

(5) 临界区是指进程中访问临界资源的那段代码。

15. 进程 A 和 B 共享同一临界资源，并且进程 A 正处于对应的临界区内执行。请从下列描述中选择一条正确的描述。

(1) 进程 A 的执行不能被中断，即临界区的代码具有原子性。

(2) 进程 A 的执行能被中断，但中断 A 后，不能将 CPU 调度给 B 进程。

(3) 进程 A 的执行能被中断，而且只要 B 进程就绪，就可以将 CPU 调度给 B 进程。

(4) 进程 A 的执行能被中断，而且只要 B 进程就绪，就必定将 CPU 调度给 B 进程。

16. (A)是一种只能由 wait 和 signal 操作所改变的整型变量，(A)可用于实现进程的(B)和(C)，(B)是排它性访问临界资源。

A：(1) 控制变量；(2) 锁；(3) 整型信号量；(4) 记录型信号量。

B，C：(1) 同步；(2) 通信；(3) 调度；(4) 互斥。

17. 对于记录型信号量，在执行一次 wait 操作时，信号量的值应当(A)，当其值为(B)时，进程应阻塞。在执行 signal 操作时，信号量的值应当(C)，当其值为(D)时，应唤醒阻塞队列中的进程。

A，C：(1) 不变；(2) 加 1；(3) 减 1；(4) 加指定数值；(5) 减指定数值。

B，D：(1) 大于 0；(2) 小于 0；(3) 大于等于 0；(4) 小于等于 0。

18. 用信号量 S 实现对系统中 4 台打印机的互斥使用，S.value 的初值应设置为(A)，若 S.value 的当前值为-1，则表示 S.L 队列中有(B)个等待进程。

A：(1) 1；(2) 0；(3) -1；(4) 4；(5) -4。

B：(1) 1；(2) 2；(3) 3；(4) 4；(5) 5；(6) 6；(7) 0。

19. 设有 10 个进程共享一个互斥段，如果最多允许有 1 个进程进入互斥段，则所采用的互斥信号量初值应设置为(A)，而该信号量的取值范围为(B)；如果最多允许有 3 个进程同时进入互斥段，则所采用的互斥信号量初值应设置为(C)。

A，C：(1) 10；(2) 3；(3) 1；(4) 0。

B：(1) 0~1；(2) -1~0；(3) 1~-9；(4) 0~-9。

20. 在生产者-消费者问题中，应设置互斥信号量 mutex、资源信号量 full 和 empty。它们的初值应分别是(A)、(B)、(C)。

A，B，C：(1) 0；(2) 1；(3) -1；(4) -n；(5) +n。

21. 对生产者-消费者问题的算法描述如下，请选择正确的答案编号填入方框中。

```
Producer(){                          consumer(){
    while(1){                            while(1){
```

```
        (A);                              (E);
        (B);                              (B);
    buffer(in)=m;                     m=buffer(out);
    in=(in+1)% n;                     out=(out+1)% n;
        (C);                              (C);
        (D);                              (F);
       }                               }
   }                               }
```

A，B，C，D，E，F：(1) wait(mutex)；(2) signal(mutex)；(3) wait(empty)；(4) signal(full)；
(5) wait(full)；(6) signal(empty)。

22. 在直接通信方式中，系统通常提供的两条通信原语如下，请选择适当的参数填入。

send ((A)，(B))；

receive((C)，(B))；

A，B，C：(1) sender；(2) receiver；(3) text；(4) message；(5) mailbox。

23. 使用 mail 命令的信箱通信属于(A)，因为信息是被发送到接收方的(B)中；使用 write 命令，实现的是(C)通信，因为信息是被送到收方的(D)；使用共享文件进行通信的方式属于(E)通信。

A，C，E：(1) 共享存储器；(2) 实时通信；(3) 消息缓冲通信；(4) 非实时通信；
(5) 管道通信。

B，D：(1) 消息缓冲队列；(2) 内存；(3) 信箱；(4) 消息缓冲区；(5) 屏幕；
(6) 共享存储区。

24. 试选择(A)－(D)，以便能正确地描述图 2.12 所示的前趋关系。

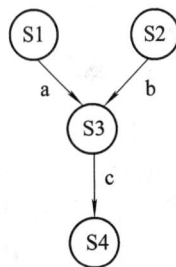

图 2.12 前趋图

```
Semaphore a=b=c=0;
p1(){ S1; (A); }
p2(){ S2; (B); }
p3(){ wait(a); wait(b); S3; (C); }
p4(){ (D); S4; }
main(){
    cobegin
        p1(); P2(); p3(); p4();
    coend
}
```

A，B，C，D：(1) signal(a)；(2) signal(b)；(3) wait(c)；(4) signal(c)；(5) wait(a)；
(6) wait(b)。

25. 有两个程序：A 程序按顺序使用 CPU 10 秒、设备甲 5 秒、CPU 5 秒、设备乙 10 秒、CPU 10 秒；B 程序按顺序使用设备甲 10 秒、CPU 10 秒、设备乙 5 秒、CPU 5 秒、设备乙 10 秒。在顺序环境下，执行上述程序，CPU 的利用率约为(A)，若允许它们采用非抢占方式并发执行，并不考虑切换等开销，则 CPU 的利用率约为(B)。

A，B：(1) 30%；(2) 40%；(3) 50%；(4) 60%；(5) 70%；(6) 80%；(7) 90%。

26. 从下面的叙述中选出一条正确的叙述。

(1) 操作系统的一个重要概念是进程，不同进程所执行的代码也不同。

(2) 操作系统通过 PCB 来控制和管理进程，用户进程可从 PCB 中读出与本身运行状态相关的信息。

(3) 当进程由执行状态变为就绪状态时，CPU 现场信息必须被保存在 PCB 中。

(4) 当进程申请 CPU 得不到满足时，它将处于阻塞状态。

(5) 进程是可与其他程序并发执行的程序在一个数据集合上的运行过程，所以程序段是进程存在的唯一标志。

27. 从下面的叙述中选出 4 条正确的叙述。

(1) 一个进程的状态发生变化总会引起其他一些进程的状态发生变化。

(2) 进程被挂起(suspend)后，状态变为阻塞状态。

(3) 信号量的初值不能为负数。

(4) 线程是 CPU 调度的基本单位，但不是资源分配的基本单位。

(5) 在进程对应的代码中使用 wait、signal 操作后，可以防止系统发生死锁。

(6) 管程每次只允许一个进程进入。

(7) wait、signal 操作可以解决一切互斥问题。

(8) 程序的顺序执行具有不可再现性。

28. 在引入线程的操作系统中，资源分配和调度的基本单位是(A)，CPU 调度和分派的基本单位是(B)。

A，B：(1) 程序；(2) 进程；(3) 线程；(4) 作业。

2.4.2 填空题

1. 在单用户单任务环境下，用户独占全机，此时机内资源的状态，只能由运行程序的操作加以改变，此时的程序执行具有 ① 性和 ② 性特征。

2. 并发进程之间的相互制约，是由于它们 ① 和 ② 而产生的，因而导致程序在并发执行时具有 ③ 特征。

3. 程序并发执行与顺序执行时相比产生了一些新特征，分别是 ① 、 ② 和 ③ 。

4. 引入进程的目的是 ① ，而引入线程的目的是 ② 。

5. 进程由 ① 、 ② 和 ③ 组成，其中 ④ 是进程存在的唯一标志。

6. 进程最基本的特征是 ① 和 ② ，除此之外，它还有 ③ 、和 ④ 特征。

7. 由于进程的实质是程序的一次执行，故进程有 ① 的基本特征，该特征还表现在进程由 ② 而产生，由 ③ 而执行，由 ④ 而消亡，即进程具有一定的生命期。

8. 引入进程带来的好处 ① 和 ② 。

9. 当前正在执行的进程由于时间片用完而暂停执行时，该进程应转变为 ① 状态；若因发生某种事件而不能继续执行时，应转为 ② 状态；若应终端用户的请求而暂停执行时，它应转为 ③ 状态。

10. 用户为阻止进程继续运行，应利用 ① 原语，若进程正在执行，应转变为 ② 状态；以后，若用户要恢复其运行，应利用 ③ 原语，此时进程应转变为 ④ 状态。

11. 系统中共有 5 个用户进程，且当前 CPU 在用户态下执行，则最多可有 ① 个用户进程处于就绪状态，最多可有 ② 个用户进程处于阻塞状态；若当前在核心态下执行，则最多可有 ③ 个用户进程处于就绪状态，最多可有 ④ 个用户进程处于阻塞状态。

12. 为了防止 OS 本身及关键数据(如 PCB 等)，遭受到应用程序有意或无意的破坏，通常也将处理机的执行状态分成① 和②两种状态。

13. 进程同步主要是对多个相关进程在 ① 上进行协调。

14. 同步机制应遵循的准则有是 ① 、 ② 、 ③ 和 ④ 。

15. 在记录型信号量机制中，S.value > 0 时的值表示 ① ；每次 wait 操作意味着 ② ，因此应将 S.value ③ ，当 S.value ④ 时，进程应阻塞。

16. 在记录型信号量机制中，每次 signal 操作意味着 ① ，因此应将 S.value ② ，当 S.value≤0 时，表示 ③ ，此时应 ④ 。

17. 在利用信号量实现进程互斥时，应将 ① 置于 ② 和 ③ 之间。

18. 在每个进程中访问 ① 的那段代码称为临界区。为实现对它的共享，应保证进程 ② 地进入自己的临界区，为此在每个进程的临界区前应设置 ③ ，临界区后应设置 ④ 。

19. 利用共享的文件进行进程通信的方式被称作 ① ，除此之外，进程通信的类型还有 ② 、 ③ 和 ④ 三种类型。

20. 客户机—服务器系统通信机制主要的实现方法有是 ① 、 ② 和 ③ 三种。

21. 为实现消息缓冲队列通信，应在 PCB 中增加 ① 、 ② 、 ③ 三个数据项。

22. 引入线程概念后，操作系统以 ① 作为资源分配的基本单位，以 ② 作为 CPU 调度和分派的基本单位。

23. 在采用用户级线程的系统中，OS 进行 CPU 调度的对象是 ① ；在采用内核支持的线程的系统中，CPU 调度的对象是 ② 。

24. 线程之所以能减少并发执行的开销是因为 ① 。

第三章　处理机调度与死锁

本章主要讲述 OS 中处理机调度以及死锁的基本概念，具体包括处理机调度的层次和目标、进程调度的基本算法、实时调度、以及死锁的基本概念和处理方法等内容。

3.1　基本内容

3.1.1　处理机调度的基本概念

在多道程序环境下，内存中存在的进程数目往往多于处理机的数目，因此，需要通过处理机调度，动态地将 CPU 按某种算法分配给处于就绪状态的一个进程。

1. 处理机调度的层次

一个作业从提交开始，往往要经历下述三级调度。

1) 高级调度

高级调度又称为作业调度或长程调度。在批处理系统中，用户提交的作业先被存放在磁盘的后备队列中，高级调度用于决定把外存后备队列中的哪些作业调入内存，为它们分配必要的资源，并创建进程。在批处理系统中，大多数配有作业调度，但在分时和实时系统中，却往往不配置作业调度。作业调度的运行频率较低，通常为几分钟一次。

2) 低级调度

低级调度又称为进程调度或短程调度，用来决定就绪队列中哪个进程先获得处理机，并将处理机分配给选中的进程，让它投入执行。进程调度是最基本的调度，在三种类型的操作系统中都必须配置进程调度。进程调度的运行频率很高，典型的情况是几十毫秒运行一次，所以进程调度算法不能太复杂，以免占用太多的 CPU 时间。

进程调度的任务主要有保存当前进程的处理机现场，按照某种调度算法选取投入执行的新进程，以及把处理器分配给新进程三个方面。

进程调度可采取下述两种方式：

(1) 非抢占方式。采用这种调度方式时，一旦进程获得 CPU，它将一直执行，直至该进程完成或发生某事件而阻塞时，才将 CPU 分配给其他进程。这种方式的优点是简单、系统开销小，但它难以满足紧急任务的要求，故不适宜用于要求比较严格的实时系统中。

(2) 抢占方式。采用这种调度方式时，当一进程正在处理机上执行时，系统可根据某种原则暂停它的执行，并将已分配给它的处理机重新分配给另一个进程。

抢占的原则有：

① 优先权原则。就绪的高优先权进程有权抢占低优先权进程的 CPU。

② 短作业优先原则。就绪的短作业(进程)有权抢占长作业(进程)的 CPU。

③ 时间片原则。一个时间片用完后，系统重新进行进程调度。

3) 中级调度

中级调度又称为内存调度或中程调度，它按一定的算法将外存中已具备运行条件的进程换入内存，而将内存中处于阻塞状态的某些进程换至外存。中级调度的目的是解决内存紧张问题，它常用在分时系统及具有虚拟存储器的系统中。它的运行频率介于上述两种调度之间。

2. 处理机调度的目标

调度方式和算法的选择取决于操作系统的类型及其目标，一般系统都要求调度能达到系统吞吐量大、处理机利用率高、各类资源能平衡利用以及对不同类型的作业具有公平性等目标。但是不同类型的系统通常还会有自己的要求，譬如，批处理系统希望周转时间短，分时系统要求响应时间快，而实时系统则要求能保证其截止时间等，因此它们将采用不同的调度方式和调度算法。

3.1.2 调度算法

1. 先来先服务算法(FCFS)

该算法是一种最简单的调度算法，它既可用于作业调度，也可用于进程调度。在进程调度中采用 FCFS 算法时，将选择最先进入就绪队列的进程投入执行。FCFS 算法属于非抢占调度方式，其特点是简单、易于实现，但不利于短作业和 I/O 型的作业的运行。FCFS 算法很少作为进程调度的主算法，但常作为辅助调度算法。

2. 短作业优先(SJF)

该算法既可用于作业调度，也可用于进程调度。短作业优先调度算法是选择就绪队列中估计运行时间最短的进程投入执行，它既可采用抢占方式，也可采用非抢占方式，抢占的 SJF 算法通常也叫作最短剩余时间优先算法。SJF 算法能有效地缩短作业的平均周转时间，提高系统的吞吐量，但不利于长作业和紧迫作业的运行。由于估计的运行时间不一定准确，它不一定能真正做到短作业优先。

3. 优先级调度算法(PSA)

该算法也是一种既可用于作业调度，也可用于进程调度的算法。在用于进程调度时，系统根据进程的紧迫程度赋予每个进程一个优先权，并将选择就绪队列中优先权最高的进程投入执行。它既可采用抢占方式，也可采用非抢占方式。

进程优先权的设置通常分成静态和动态两种。

(1) 静态优先权。静态优先权是指在创建进程时，根据进程的类型、进程对资源的要求和用户的要求等确定它的优先权，以后该优先权便不再变化。静态优先权法简单易行，但随着进程的推进，其优先权可能与进程的情况不再相符。

(2) 动态优先权。动态优先权是指在创建进程时所确定的优先权，可以随着进程的推进而改变。例如,可以规定:就绪进程的优先权,随着等待时间的增长以速度 a 增加;正在执行进程的优先权以速度 b 下降,这样既可避免一个低优先权的进程长期处于饥饿状态,又可防止一个长作业长期垄断处理机。

4. 高响应比优先调度算法(HRRN)

该算法实际上是一种动态优先权调度算法,它以响应比作为作业或进程的动态优先权,其目的是既照顾短作业,又考虑到作业的等待时间,使长作业不会长期等待;但每次调度前,都要进行响应比的计算,会增加系统开销。

$$响应比 = \frac{响应时间}{要求服务时间} = \frac{等待时间 + 要求服务时间}{要求服务时间}$$

5. 时间片轮转法(RR)

在分时系统中都采用时间片轮转算法进行进程调度。时间片是指一个较小的时间间隔,通常为 10 ms~100 ms。在简单的轮转算法中,系统将所有的就绪进程按 FIFO 规则排成一个队列,将 CPU 分配给队首进程,且规定它最多只能连续执行一个时间片,若时间片用完时进程仍未完成,也必须将其插入就绪队列末尾,并把 CPU 交给下一个进程。时间片轮转法只用于进程调度,它属于抢占调度方式,其特点是简单易行、平均响应时间短,但它不利于处理紧急作业。

6. 多级队列调度算法

多级队列调度算法将系统中不同类型或性质的就绪进程固定分配到不同的就绪队列中,每个就绪队列可采用自己的调度算法;而在队列之间,通常采用固定优先权的抢占调度方式。这种调度算法可针对不同用户进程的需求,提供不同的调度策略。

7. 多级反馈队列调度算法(FB)

(1) 在采用多级反馈队列调度算法的系统中,设置了多个不同优先级的就绪队列,并赋予各个队列大小不同的时间片,使优先级愈高的队列时间片愈小。

(2) 新就绪的进程总是先进入第一级(即最高优先级)队列的末尾,并按 FCFS 原则等待调度;当轮到该进程执行时,如它能在规定的时间片内完成,便可准备撤离系统,否则将它转入第二级队列末尾,再同样按 FCFS 原则等待调度;如果它在第二级队列上运行一个时间片后仍未完成,再依次将它转入第三级队列,……,如此下去,当一个长作业从第一级队列降到最后一级队列时,便在该队列中采取时间片轮转方式运行。

(3) 系统总是调度第一级队列上的进程执行,仅当第一级队列空时,才调度第二级队列上的进程执行。以此类推,仅当第 1~(i − 1)级队列均空时,才调度第 i 级队列上的进程执行。

多级反馈队列调度算法属于抢占调度方式,它能较好地满足终端型作业用户、短批处理作业用户和长批处理作业用户等各种类型用户的需要。

3.1.3 实时调度

1. 实现实时调度的基本条件

实时系统中的任务通常都联系着一个截止时间,实时调度的关键是保证满足实时任务对截止时间的要求。

为了保证满足实时任务对截止时间的要求，实时系统必须具备足够强的处理能力和快速的切换机制。通常，在提交实时任务时，系统将该任务的截止时间、所需的处理时间、资源要求和优先级等信息一起提交给调度程序，若系统能及时处理该任务，调度程序便接收该任务，否则，拒绝接收该任务。

2. 实时调度方式和算法的选择

对不同的实时系统，其调度方式和算法的选择也各不相同。在一些小型实时系统或要求不太严格的实时控制系统中，常采用简单易行的非抢占式轮转调度方式，它仅可获得数秒至数十秒的响应时间；而在有一定要求的实时控制系统中，可采用非抢占式优先权调度算法，它仅可获得数秒至数百毫秒级的响应时间。在要求比较严格(响应时间为数十毫秒以下)的实时系统中，应采用比较复杂的抢占调度方式，其中，基于时钟中断的抢占式优先权调度算法，可获得几十毫秒至几毫秒的响应时间，可用于大多数的实时系统；而立即抢占的优先权调度算法，可将响应时间降到几毫秒至 100 微秒，甚至更低，适用于要求更严格的实时系统。

3. 常用的几种实时调度算法

(1) 最早截止时间优先(EDF)算法。EDF 算法根据任务的开始截止时间来确定任务的优先级，即任务的开始截止时间愈早，其优先级愈高。在实现该算法时，要求系统中保持一个实时任务就绪队列，该队列按各任务的截止时间的早晚排序。EDF 算法既可采用非抢占调度方式，也可采用抢占调度方式。在采用抢占调度方式时，如果新到达的任务的开始截止时间比正在执行的任务早，则它将立即抢占 CPU。

(2) 最低松弛度优先(LLF)算法。LLF 算法根据实时任务的松弛度(松弛度 = 任务必须完成的时间 − 任务本身的运行时间 − 当前时间)来确定任务的优先权，即任务的松弛度越低，其优先权越高。在实现该算法时，要求系统中有一个按松弛度排序的实时任务就绪队列。该算法通常采用抢占方式，当一任务的最低松弛度为 0 时，它便立即抢占 CPU，以保证它的截止时间要求。

4. 优先级倒置

优先级倒置指的是高优先级进程(或线程)被低优先级进程(或线程)延迟或阻塞的现象。例如，正在执行的进程 A 的优先级比较低，目前它已经进入与临界资源 R 相关的临界区内执行；此时，如果有一个优先权较高的进程 B 就绪，则 B 可以抢占 A 的 CPU 接着运行，如果 B 申请进入临界区内使用被 A 占用的临界资源 R，则 B 进程进入阻塞状态，等 A 进程释放临界资源 R。在这个阻塞过程中，考虑到很可能有某些优先权高于 A 但小于 B 的进程就绪，它们比 A 优先获得 CPU，那么 B 被延长的时间更是不可预知和无法限定的。为了解决优先级倒置问题，当高优先级的 B 进程被低优先级的 A 进程阻塞时，可以让 A 进程暂时继承 B 进程的优先权，从而避免 A 进程被优先权高于 A 但低于 B 的进程抢占。

3.1.4 死锁的基本概念

如图 3.1 所示的系统，有一台打印机 R_1 和一台读卡机 R_2，供进程 P_1 和 P_2 共享。假定 P_1 已占用打印机 R_1，P_2 已占用读卡机 R_2。此时，若 P_2 继续要求打印机，P_1 要求读卡机，

则 P_1 和 P_2 间便会形成僵局,它们都在等待着对方释放出自己所需的资源,但同时又不可能释放出自己已占用的资源,从而进入死锁状态。

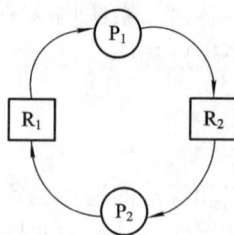

图 3.1 死锁实例

1. 死锁的定义

一个进程集合中的每一个进程都在等待只能由该集合中的其他进程才能引发的事件,那么该组进程进入死锁状态(Deadlock)。由于集合中的每个进程都在等待集合中的另一个进程释放资源,但由于它们都已经处于等待状态而无法运行,所以它们谁也不会释放资源,结果是这组进程都将无法再向前推进。

2. 产生死锁的原因

(1) 竞争资源。当系统中供多个进程共享的资源不足,而这些资源又属于不可抢占资源时,将引起进程对资源的竞争而产生死锁。在图 3.1 所示的实例中,由于打印机和读卡机的数量不足,而引起 P_1 和 P_2 进程对它们的竞争并进入了死锁状态。

(2) 进程推进顺序非法。进程在运行过程中具有异步性特征,如果它们之间的推进顺序不当,也同样会导致进程产生死锁。在上面的例子中,若进程 P_1 和 P_2 按下述顺序推进:P_1 申请(R_1)→P_1 申请(R_2)→P_1 释放(R_1)→P_1 释放(R_2)→P_2 申请(R_2)→P_2 申请(R_1)→P_2 释放(R_2)→P_2 释放(R_1),则两个进程均可顺利完成,而不会进入死锁状态。

3. 产生死锁的必要条件

(1) 互斥条件。进程所竞争的资源必须被互斥使用。

(2) 请求与保持条件。当前已拥有资源的进程,仍能申请新的资源,而且,当该进程因新的资源被其他进程占用而阻塞时,它对自己已获得的资源仍保持不放。

(3) 不剥夺条件。进程已获得的资源,只能在使用完时自行释放,而不能被抢占。

(4) 环路等待条件。存在一个至少包含两个进程的循环等待链,链中的每个进程都正在等待下一个进程所占有的资源。

3.1.5　处理死锁的基本方法

1. 预防死锁

预防死锁是通过破坏产生死锁的某个必要条件来防止死锁的发生。四个必要条件中,后三个条件都可被破坏,而第一个条件,即"互斥"条件,对某些像打印机这样的设备,可通过 Spooling 技术予以破坏,但其他资源,因受它们的固有特性的限制,不仅不能被破坏,反而应通过同步机制加以保证。

(1) 摒弃"请求与保持"条件。要摒弃"请求与保持"条件,可规定所有进程都必须一次性申请其在运行过程中所需的全部资源。该方法虽然简单易行，但分配给一个进程的资源可能有相当长的一段时间没被使用，故易造成资源的严重浪费，而且，进程必须等待获得全部资源后才可开始运行，这又会导致进程迟迟不能运行。因此可将上述方法加以改进，允许一个进程只获得运行初期所需的资源后，便可开始运行；运行过程中，它可逐步释放已分配给自己的资源，当这些资源全部释放之后，它可以再次请求新的所需资源。改进后的方法不仅能提高资源的利用率，还能减少进程等待的时间，使它们更快地完成。

(2) 摒弃"不剥夺"条件。要摒弃"不剥夺"条件，可规定一个已经保持了某些资源的进程，在提出新的资源请求而不能立即得到满足时，必须释放它已获得的所有资源。该方法实现起来比较复杂，且要付出很大代价，因为一个资源在使用一段时间后被释放，可能会造成前阶段工作的失效；而反复地申请和释放资源，又会使进程的执行无限推迟，从而进一步增加系统的开销，降低系统的吞吐量。

(3) 摒弃"环路等待"条件。要摒弃"环路等待"条件，可将系统中的资源按类型赋予不同的序号，并规定所有的进程必须严格按照资源序号递增的顺序申请资源，这样，占据较低序号资源的进程可能等待占据较高序号资源的进程释放资源，但不可能存在反向的等待，因此，不会形成进程的循环等待链。这种方式的资源利用率和系统吞吐量都比前两种方式有显著的提高，其主要问题是：为方便用户编程，资源的编号必须相对稳定，这就限制了新设备类型的增加；另外，尽管在为资源类型分配序号时，已考虑到大多数进程实际使用这些资源的顺序，但仍有很多进程使用资源的顺序与系统规定的顺序不同，从而造成资源的浪费。

2. 避免死锁

在预防死锁的几种方法中，都施加了较强的限制条件，而在避免死锁的方法中，所施加的限制条件较弱，因而，有可能获得令人满意的性能。在该方法中把系统的状态分为安全状态和不安全状态，只要能使系统始终都处于安全状态，便可避免死锁的发生。

1) 安全与不安全状态

所谓安全状态，是指系统能按某种进程顺序，如 $<P_1, P_2, \cdots, P_n>$，来为每个进程分配其所需资源，直至最大需求，使每个进程都可顺利地完成，这样的序列 $<P_1, P_2, \cdots, P_n>$ 被称为安全序列。若系统不存在这样一个安全序列，则称系统处于不安全状态。

虽然并非所有不安全状态都将导致死锁状态，但当系统进入不安全状态后，便有可能进入死锁状态；反之，只要系统处于安全状态，系统便可避免进入死锁状态。因此，在避免死锁的方法中，允许进程动态地申请资源，并在每次分配资源时进行安全性检查，若此次分配不会导致系统进入不安全状态，便将资源分配给进程；否则，进程将进入等待状态。

2) 利用银行家算法避免死锁

最有代表性的避免死锁的算法是 Dijkstra 的银行家算法。为实现银行家算法，系统中必须设置若干数据结构，具体设置如下所述：

① 可用资源向量 Available。这是一个含有 m 个元素的数组，其中的每个元素代表一类可利用的资源数目(如 Available[j]=K，表示现在系统中可用的 R_j 类资源有 K 个)。

② 最大需求矩阵 Max。这是一个 n × m 的矩阵，它定义了系统中每个进程对 m 类资源的最大需求(如 Max[i, j]=K，表示进程 i 需要 R_j 类资源的最大数目为 K)。

③ 分配矩阵 Allocation。这是一个 n × m 的矩阵，它定义了系统中每个进程已分配到的各类资源的数目(如 Allocation[i, j] = K，表示进程 i 已获得 K 个 R_j 类资源)。

④ 需求矩阵 Need。这是一个 n × m 的矩阵，用来表示每个进程尚需的各类资源数(如 Need[i, j]=K，表示进程 i 还需要 R_j 类资源 K 个，方能完成任务)。

上述三个矩阵间存在着下述关系：

$$Need[i, j] = Max[i,j] - Allocation[i,j]$$

当 P_i 进程发出资源请求 $Request_i$ 后，系统将按银行家算法来进行检查，并决定是否要将资源分配给 P_i 进程。具体的银行家算法的描述如下：

① 如果 $Request_i \leqslant Need_i$，则转向步骤②；否则认为出错，因为它所请求的资源已经超过实际的需要。

② 如果 $Request_i \leqslant Available$，则转向步骤③；否则，表示尚无足够资源，进程 P_i 必须等待。

③ 系统试探着把资源分配给进程 P_i，并按下面的方式修改数据结构中的值：

Available[j] =Available[j] - $Request_i$[j]；

Allocation[i,j] = Allocation[i,j] + $Request_i$[j]；

Need[i,j] = Need[i, j] - $Request_i$[j]；

④ 系统执行安全性算法，检查此次资源分配后，系统是否处于安全状态。若安全，则正式将资源分配给进程 P_i，以完成本次分配；否则，将本次的试探分配作废，恢复原来的资源分配状态，让进程 P_i 等待。

3) 安全性算法

安全性算法的描述如下：

① 设置两个工作向量：工作向量 work，它含有 m 个元素，表示安全性检查过程中系统可提供给进程的各类资源数目，其初值等于 Available；工作向量 Finish，它含有 n 个元素，表示系统是否有足够的资源分配给各个进程，使之运行完成，Finish[i] 的初值均为 false。

② 从进程集合中找到一个能满足下述两个条件的进程：

Finish[i] = false；

$Need_i \leqslant work$；

如找到，则执行步骤③；否则，执行步骤④。

③ 当进程 P_i 获得资源后，顺利执行，直至完成，并释放出分配给它的资源，故应执行：

work[j] = work[j] + Allocation[i, j]；

Finish[i] = true；

转步骤②；

④ 如果所有进程的 Finish[i]=true，则表示系统处于安全状态；否则系统处于不安全状态。

3. 死锁的检测与解除

如果事先不采取措施来防止死锁的发生，则系统会存在死锁的可能，此时，系统必须提供死锁检测和解除的手段。

1) 资源分配图

资源分配图是描述进程和资源间申请和分配关系的一个有向图。图中的结点可分为进程和资源两类，通常用圆圈代表一个进程结点，方框代表一个资源结点。由于一类资源可能有多个，因此，常用方框中的一个点表示其中的一个资源。图中的边也可分成分配边和请求边两类，分配边由资源结点指向进程结点，表示相应的一个资源已被分配给对应进程；而请求边则是由进程结点指向资源结点，表示相应进程申请一个对应的资源。

将既没有请求边也没有分配边与之相连的进程结点称作孤立结点。将有请求边，但目前可用资源无法满足其要求的进程结点称作阻塞结点。

2) 死锁定理

可通过将资源分配图简化的办法来检测系统状态 S 是否为死锁状态。

简化方法为：在资源分配图中找一个既不阻塞又不孤立的进程结点 Pi；系统可分配给它所需的资源，故它能够继续运行直至完成，再释放它所占用的资源，这相当于消去它的请求边和分配边，使之成为孤立结点。重复上述简化的动作，若能消去所有的边，使所有进程都成为孤立结点，则称资源分配图是可以完全简化的；否则，就称该资源分配图是不可完全简化的。

有关文献证明所有的简化顺序将得到相同的结果。S 状态为死锁状态的充分条件是：当且仅当 S 状态的资源分配图是不可完全简化的。该条件被称为死锁定理。

3) 死锁的检测

检测死锁的一个常见算法描述如下(算法中 Available、Allocation、Request、Work 的含义与上一节相同，L 为一初值为空的进程表)：

① 将不占有资源的进程(即 Allocation$_i$ = 0 的进程)记入 L 表中，并令 Work 等于 Available。

② 从进程集合中找一个未记入 L 表中，并且 Request$_i$ ≤ Work 的进程，若不存在这样的进程，则转步骤③；否则，将该进程记入 L 表中，增加工作向量 Work = Work + Allocation$_i$，并重复执行步骤②。

③ 若不能把所有进程都记入 L 表中，则表示这些进程将发生死锁。

4) 死锁的解除

当发现有进程死锁时，应立即将它们从死锁状态中解脱出来。常用的两种方法是：

① 剥夺资源。从其他进程剥夺足够数量的资源给死锁进程，以解除死锁状态。

② 撤消进程。最简单和最常用的方法是撤消全部死锁进程；也可以按某种顺序逐个地撤消死锁进程，直至有足够的资源可用，使死锁状态清除为止。

处理死锁的每种方式都需要付出一定的代价，并可能对用户作一些不便的限制。因此，有些系统采用对死锁视而不见的鸵鸟算法，以求在效率和正确性之间进行折衷处理。如果死锁发生的频率非常低，这种处理方式是一种很明智的选择。

3.2 重点、难点学习提示

本章的学习目的主要是使学生理解和掌握处理机调度的相关内容以及死锁的基本概念，为此，应对以下几个重点与难点问题进行认真而深入的学习。

1. 进程调度算法

优先级调度算法、基于时间片的轮转调度算法、多级队列和多级反馈队列调度算法都是目前被广泛使用的进程调度算法，读者应对它们有较深入的理解和掌握。

(1) 什么是优先级调度算法。这是指将处理机分配给就绪队列中优先权最高的进程的调度算法。在学习时应了解，系统是根据哪些因素来确定一个进程的优先权的，在采用动态优先权的系统中，又将根据哪些因素来调整运行进程的优先权。

(2) 什么是高响应比优先调度算法。这是指以响应比作为进程的优先权的进程调度算法。在学习时应了解高响应比优先调度算法是为了解决什么问题而引入的，它有何优缺点。

(3) 什么是时间片轮转算法。这是指让就绪进程以 FCFS 的方式按时间片轮流使用CPU 的调度方式。在学习时应了解时间片的概念是为了解决什么问题而引入的，它是如何解决上述问题的。

(4) 多级队列和多级反馈队列调度算法。这两种算法都设置了多个就绪队列，在学习时应了解它们分别是按什么规则将进程插入不同的就绪队列的？各个就绪队列中的进程又是按什么方法进行调度的？为什么多级反馈队列调度算法能较好地满足各种类型用户的需要。

2. 常用的几种实时调度算法

根据确定实时任务优先权方法的不同，可形成以下两种常用的实时调度算法。

(1) 最早截止时间优先(EDF)算法。在学习时，应了解 EDF 算法是根据什么来确定任务的优先权的，或者说它是如何保证满足各任务对截止时间的要求的。

(2) 最低松弛度优先(LLF)算法。在学习时，应了解 LLF 算法又是根据什么来确定任务的优先级的，在什么情况下，一个进程应抢占被另一进程占用的 CPU。

3. 死锁的基本概念

处于死锁状态的一组进程，其中每个进程都在等待只能由该集合中的其他进程才能引发的事件。可见，死锁状态不同于一般的阻塞状态。在学习时，读者应对下述两个问题有较深刻的理解和掌握。

(1) 产生死锁的原因是什么。产生死锁的根本原因是竞争资源和进程推进顺序非法，在学习时应了解这两个根本原因与 OS 的两个基本特征并发和共享之间存在着什么样的联系。

(2) 产生死锁的必要条件有哪些。产生死锁的必要条件有互斥条件、请求与保持条件、不剥夺条件和环路等待条件，在学习时请思考如果其中的一个条件不满足，为什么不会产生死锁。

4. 预防死锁的方法

预防死锁是通过摒弃死锁产生的必要条件来达到防止死锁产生的目的。在学习时应了解下述几个方面的内容：

(1) 摒弃"互斥"条件。应了解"互斥"条件为什么不应被摒弃，对某些(极少数的)互斥共享的设备(如打印机)又可通过什么技术来摒弃互斥条件。

(2) 摒弃"请求和保持"条件。应了解可通过哪些方法来摒弃"请求和保持"条件，它们对进程的运行和系统资源的利用率造成了什么样的影响。

(3) 摒弃"不剥夺"条件。应了解可通过哪些方法来摒弃"不剥夺"条件，这些方法有什么缺点。

(4) 摒弃"环路等待"条件。应了解可通过哪些方法来摒弃"环路等待"条件，它对系统和用户带来了哪些不便，对资源的利用率又有什么影响。

(5) 各种方法的比较。从实现的简单性和资源的利用率等方面比较上述几种预防死锁的方法，以了解哪种方法实现最简便，哪种方法可使资源利用率受损最少。

5. 利用银行家算法避免死锁

银行家算法是一种最有代表性的避免死锁的算法，在学习时应对下述几个方面的内容有较好的理解。

(1) 避免死锁的实质在于如何防止系统进入不安全状态。在学习时，首先必须理解不安全状态不等于死锁状态，也不是必定会导致死锁；然后进一步理解，为什么处于不安全状态极有可能导致死锁状态的产生？如何保证系统不进入不安全状态？

(2) 在银行家算法中用到了可利用资源向量 Available、最大需求矩阵 Max、分配矩阵 Allocation、需求矩阵 Need 等数据结构，而在安全性检查算法中则还要用到工作向量 Work 和完成向量 Finish 等数据结构，应对它们的物理意义和相互关系有较好的理解。

(3) 安全性检查算法的目的是寻找一个安全序列。在学习时应了解，满足什么条件的进程 P_i，其对资源的最大需求可以得到满足，故可顺利完成；当 P_i 完成后，应如何修改工作向量 Work 和完成向量 Finish。

(4) 在利用银行家算法避免死锁时应了解，什么时候系统可以为提出资源请求的进程试行分配资源；什么时候才可以正式将资源分配给进程。

3.3 典型问题分析和解答

3.3.1 进程调度及调度算法中的典型问题分析

【例1】 引起进程调度的因素有哪些？

答：引起进程调度的因素有：

(1) 正在执行的进程正常终止或异常终止。

(2) 正在执行的进程因某种原因而阻塞。具体包括：
- 提出 I/O 请求后被阻塞；
- 在调用 wait 操作时因资源不足而阻塞；
- 因其他原因执行 block 原语而阻塞等。

(3) 在引入时间片的系统中，时间片用完。

(4) 在抢占调度方式中，就绪队列中某进程的优先权变得比当前正在执行的进程高，或者有优先权更高的进程进入就绪队列。

【例2】 试说明低级调度的主要功能。

答：低级调度用于决定就绪队列中的哪个进程应获得处理机，并由分派程序把处理机分配给该进程。其主要功能有：

(1) 保存当前进程的处理机现场信息。

(2) 按某种算法选择投入执行的新进程。

(3) 恢复新进程的现场，从而将处理机分配给新进程。

【例3】 在采用优先级调度算法的系统中，请回答以下问题：

(1) 没有执行进程是否一定就没有就绪进程？

(2) 没有执行进程，没有就绪进程，或者两者都没有，是否可能？各是什么情况？

(3) 执行进程是否一定是可运行进程中优先权最高的？

答：(1) 是。如果有就绪进程，那么调度程序必定会把 CPU 分配给其中的一个进程，因此必定会有执行进程。

(2) 有可能系统中有执行进程但无就绪进程，此时，除了执行进程外，系统中可能没有其他进程，或者有其他进程但这些进程都分别在等某个事件(如 I/O 操作)完成而均处于阻塞状态；前一种情况下，如果正在执行的进程终止或也因等待某个事件而进入阻塞状态，若其他进程还没被唤醒，则系统变为既没有执行进程也没有就绪进程的状态。

(3) 不一定。在采用非抢占优先级调度算法时，某个进程正在执行的过程中，若有一个优先权更高的进程进入就绪状态，由于不进行 CPU 抢占，执行进程便不再是可运行进程中优先权最高的进程。若采用抢占策略，则执行进程一定是可运行进程中优先权最高的。

【例4】 假设一个系统中有 5 个进程，它们的到达时间和服务时间如表 3-1 所示，忽略 I/O 以及其他开销时间，若分别按先来先服务(FCFS)、非抢占及抢占的短作业优先(SJF)、高响应比优先(HRRN)、时间片轮转(RR，时间片 = 1)、多级反馈队列调度算法(FB，第 i 级队列的时间片 = 2^{i-1})以及立即抢占的多级反馈队列调度算法(FB，第 i 级队列的时间片 = 2^{i-1})进行 CPU 调度，请给出各进程的完成时间、周转时间、带权周转时间、平均周转时间和平均带权周转时间。

表 3-1　进程到达和需服务时间

进程	到达时间	服务时间
A	0	3
B	2	6
C	4	4
D	6	5
E	8	2

分析：进程调度的关键是理解和掌握调度所采用的算法，FCFS 算法选择最早进入就绪队列的进程投入执行；SJF 算法选择估计运行时间最短的进程投入执行，采用抢占方式时，若新就绪的进程运行时间比正在执行的进程的剩余运行时间短，则新进程将抢占 CPU；HRRN 算法选择响应比(响应比 = $\dfrac{运行时间 + 等待时间}{运行时间}$)最高的进程投入执行；RR 算法中，就绪进程按 FIFO 方式排队，CPU 总是分配给队首的进程，并只能执行一个时间片；FB 算法将就绪进程排成多个不同优先权及时间片的队列，新就绪进程总是按 FIFO 方式先进入优先权最高的队列，CPU 也总是分配给较高优先权队列上的队首进程，若执行一个时间片仍未完成，则转入下一级队列的末尾，最后一级队列则采用时间片轮转方式进行调度。

答：对上述 5 个进程按各种调度算法调度的结果如图 3.2 所示，从中可以计算出各进程的完成时间、周转时间和平均周转时间(如表 3-2 所示)。

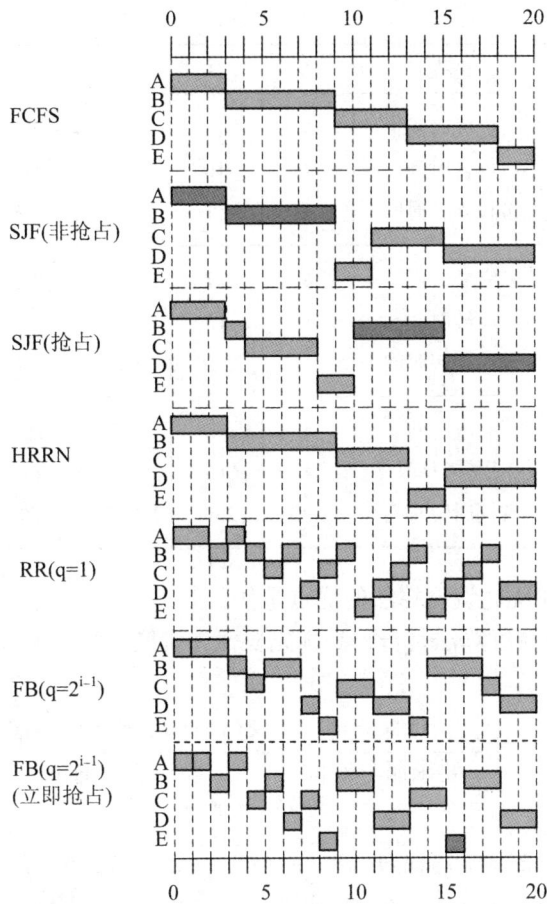

图 3.2　各种算法的进程调度结果

表 3-2　进程的完成时间和周转时间

	进　程	A	B	C	D	E	平均
FCFS	完成时间	3	9	13	18	20	
	周转时间	3	7	9	12	12	8.6
	带权周转时间	1.00	1.17	2.25	2.40	6.00	2.56
SJF(非抢占)	完成时间	3	9	15	20	11	
	周转时间	3	7	11	14	3	7.6
	带权周转时间	1.00	1.17	2.75	2.80	1.50	1.84
SJF(抢占)	完成时间	3	15	8	20	10	
	周转时间	3	13	4	14	2	7.2
	带权周转时间	1.00	2.16	1.000	2.80	1.00	1.59
HRRN	完成时间	3	9	13	20	15	
	周转时间	3	7	9	14	7	8
	带权周转时间	1.00	1.17	2.25	2.80	3.50	2.14

	进程	A	B	C	D	E	平均
RR(q=1)	完成时间	4	18	17	20	15	
	周转时间	4	16	13	14	7	10.8
	带权周转时间	1.33	2.67	3.25	2.80	3.50	2.71
FB($q=2^{i-1}$)	完成时间	3	17	18	20	14	
	周转时间	3	15	14	14	6	10.4
	带权周转时间	1	2.50	3.50	2.80	3.00	2.56
FB($q=2^{i-1}$) (立即抢占)	完成时间	4	18	15	20	16	
	周转时间	4	16	11	14	8	10.6
	带权周转时间	1.33	2.67	2.75	2.80	4.00	2.87

【例5】 高响应比优先调度算法的优点是什么？

答：高响应比优先调度算法是一种高优先权优先调度算法，由于其中的优先权，即响应比等于：

$$响应比 = \frac{响应时间}{要求服务时间} = \frac{等待时间+要求服务时间}{要求服务时间}$$

因此，它具有以下的优点：

(1) 如果作业(进程)的等待时间相同，则要求服务时间最短的作业(进程)的优先权最高，因此它有利于短作业(进程)，从而可降低作业(进程)的平均周转时间，提高系统吞吐量。

(2) 如果作业(进程)的要求服务时间相同，则其优先权将取决于作业到达(或进程进入就绪状态)的先后次序，因此体现了公平的原则。

(3) 如果作业(进程)较长，它的优先权将随着等待时间的增长而提高，从而使长作业(进程)不会长期得不到服务。

【例6】 为什么说多级反馈队列调度算法能较好地满足各方面用户的需要？

答：对终端型作业用户而言，他们提交的作业大多属于交互型作业，作业通常较小，系统只要能使这些作业在第一个队列所规定的时间片内完成，便可使他们都感到满意。对短批处理作业用户而言，开始时他们的作业像终端型作业一样，如果仅在第一个队列中执行一个时间片即可完成，便可获得与终端型作业一样的响应时间；对于稍长的作业，通常也只需在第二队列和第三队列各执行一个时间片即可完成，其周转时间仍然很短。对长批处理作业用户而言，他们的作业将依次在第1，2，…，n 个队列中运行，然后再按轮转方式运行，用户不必担心其作业长期得不到处理；而且每往下降一个队列，其得到的时间片将随着增加，故可进一步缩短长作业的等待时间。

【例7】 有一个内存中只能装入两道作业的批处理系统，作业调度采用短作业优先的调度算法，进程调度采用以优先数为基础的抢占式调度算法。有如表3-3所示的作业序列，表中所列的优先数是指进程调度的优先数，且优先数越小优先级越高。

表 3-3 作业的达到时间、估计运行时间和优先数

作业名	到达时间	估计运行时间	优先数
A	10:00	40 分	5
B	10:20	30 分	3
C	10:30	50 分	4
D	10:50	20 分	6

(1) 列出所有作业进入内存的时刻以及结束的时刻。

(2) 计算作业的平均周转时间。

答：根据题意，作业的调度和运行情况如图 3.3 所示，从图中可以看出。

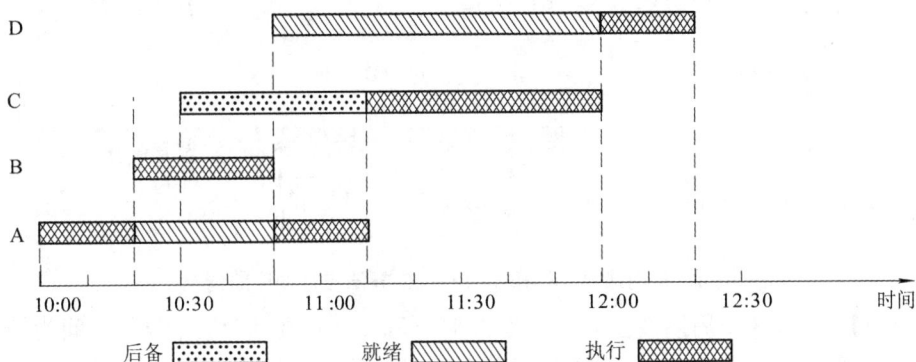

图 3.3 4 个作业的调度和运行情况

(1) A、B、C、D 各作业进入内存的时刻分别是 10:00、10:20、11:10、10:50；它们完成的时刻分别是 11:10、10:50、12:00、12:20。

(2) A、B、C、D 的周转时间分别是 70 分钟、30 分钟、90 分钟、90 分钟，故它们的平均周转时间为 70 分钟。

3.3.2 实时调度中的典型问题分析

【例 8】对下面的 5 个非周期性实时任务，按最早开始截止时间优先调度算法应如何进行 CPU 调度？

进程	到达时间	执行时间	开始截止时间
A	10	20	110
B	20	20	20
C	40	20	50
D	50	20	90
E	60	20	70

答：对上面 5 个非周期性实时任务，按最早开始截止时间优先调度算法进行 CPU 调度的结果如图 3.4 所示，可见，在采用非抢占调度方式时，系统没能保证 B 任务对截止时间的要求。

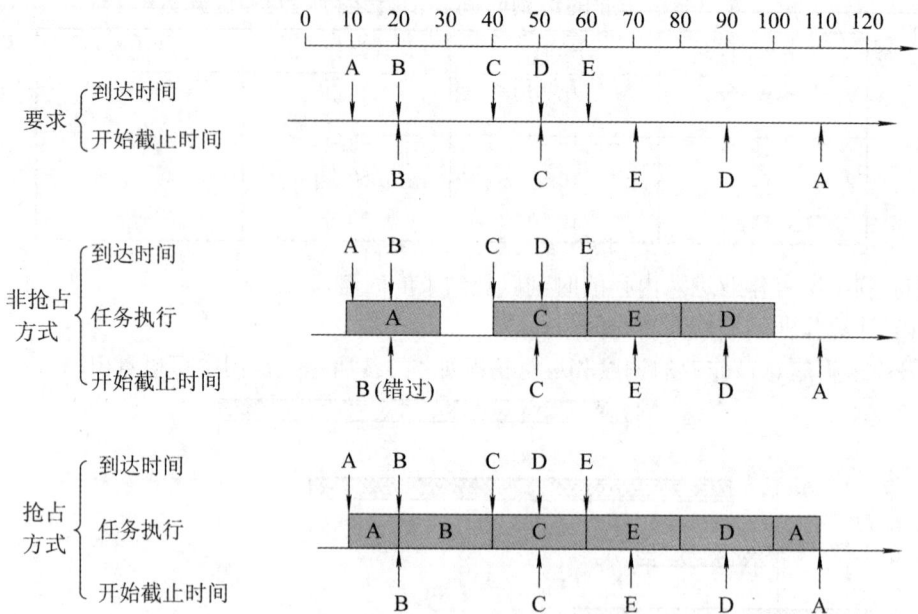

图 3.4　利用最早开始截止时间优先算法进行调度的情况

【例9】　若有 3 个周期性任务，任务 A 要求每 20 ms 执行一次，执行时间为 10 ms；任务 B 要求每 50 ms 执行一次，执行时间为 10 ms；任务 C 要求每 50 ms 执行一次，执行时间为 15 ms，应如何按最低松弛度优先算法对它们进行 CPU 调度？

答：对上面的 3 个周期性任务，利用最低松弛度优先算法进行调度的情况如图 3.5 所示。

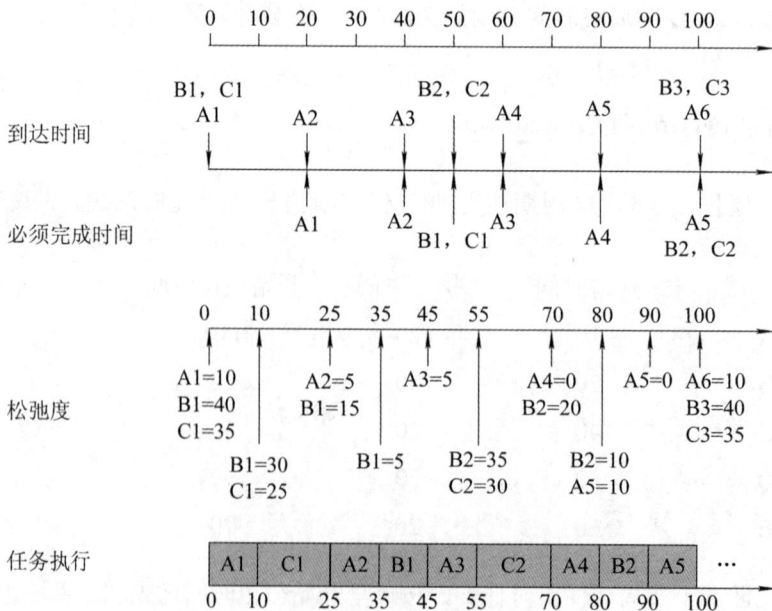

图 3.5　利用最低松弛度算法进行调度的情况

3.3.3 死锁中的典型问题分析

【例10】 在哲学家就餐问题中，如果将先拿起左边的筷子的哲学家称为左撇子，而将先拿起右边的筷子的哲学家称为右撇子，请说明在同时存在左撇子和右撇子的情况下，任何就座安排都不会产生死锁。

分析：这类题目的关键是必须证明产生死锁的四个必要条件的其中一个不可能成立。在本题中，互斥条件、请求与保持条件、不剥夺条件显然是成立的，因此必须证明"循环等待"条件不成立。

答：对本题，死锁产生的必要条件"循环等待"不可能成立。如果存在所有左边的哲学家等待右边的哲学家放下筷子的循环等待链，则每个哲学家肯定已获得左边的筷子，但还没得到右边的筷子，这与存在右撇子的情况不符；同样，也不可能存在相反的循环等待链。而且，系统中也不可能存在五个以下哲学家的循环等待链，因为，不相邻的哲学家之间不竞争资源。因此，不可能产生死锁。

【例11】 (1) 3个进程共享4个同种类型的资源，每个进程最大需要2个资源，请问该系统是否会因为竞争该资源而死锁？

(2) n个进程共享m个同类资源，若每个进程都需要用该类资源，而且各进程对该类资源的最大需求量之和小于 m + n。说明该系统不会因竞争该类资源而死锁。

(3) 在(2)中，如果没有"每个进程都需要用该类资源"的限制，情况又会如何？

答：(1) 该系统不会因为竞争该类资源而死锁。因为，必有一个进程可获得2个资源，故能顺利完成，并释放出其所占用的2个资源给其他进程使用，使他们也顺利完成。

(2) 用 Max_i、$Need_i$ 和 $Allocation_i$ 来分别表示第 i 个进程对该类资源的最大需求量、还需要量和已分配到的量，根据题意它们将满足下述条件：

$Need_i > 0$(对所有 i)

$$\sum_{i=1}^{n} Max_i < m+n$$

若系统已因竞争该类资源而进入死锁状态，则意味着已有一个以上的进程因申请不到该类资源而无限阻塞，而 m 个资源肯定已全部分配出去，即

$$\sum_{i=1}^{n} Alloction_i = m$$

因此：
$$\sum_{i=1}^{n} Need_i = \sum_{i=1}^{n} Max_i - \sum_{i=1}^{n} Alloction_i < m+n-m$$

即
$$\sum_{i=1}^{n} Need_i < n$$

这样，至少必须存在一个进程，其 $Need_i \leq 0$，这显然与题意不符，所以该系统不可能因竞争该类资源而进入死锁状态。

(3) 此时系统可能发生死锁，如 n = 4，m = 3 时，若 P1 的 Max 为 0，而其余三个进程的 Max 都为 2，则仍然满足最大需求量之和(即 6)小于 m + n(即 7)的要求，但当除 P1 以外的其余三个进程各得到 1 个资源时，这三个进程便可能进入死锁状态。

【例 12】 不安全状态是否必然导致系统进入死锁状态？

答：不安全状态不一定导致系统进入死锁状态。因为，安全性检查中使用的向量 Max 是进程执行前提供的，而在实际运行过程中，一进程需要的最大资源量可能小于 Max，如：一进程对应的程序中有一段进行错误处理的代码，其中需要 n 个 A 种资源，若该进程在运行过程中没有碰到相应错误而不需调用该段错误处理代码，则它实际上将完全不会请求这 n 个 A 种资源。

【例 13】 在银行家算法中，若出现下面的资源分配情况：

Process	MAX				Need				Available			
P0	0	0	4	4	0	0	1	2	1	6	2	2
P1	2	7	5	0	1	7	5	0				
P2	3	6	10	10	2	3	5	6				
P3	0	9	8	4	0	6	5	2				
P4	0	6	6	10	0	6	5	6				

(1) 请计算分配矩阵的值，并判断该状态是否安全？

(2) 若进程 P2 提出请求 Request(1, 2, 2, 2)，系统能否将资源分配给它？

(3) 如果系统立即满足 P2 的上述请求，请问系统是否立即进入死锁状态？

答：(1) Allocaiton = MAX − Need，所以该时刻 Allocation 的值如下：

Process	Allocation			
P0	0	0	3	2
P1	1	0	0	0
P2	1	3	5	4
P3	0	3	3	2
P4	0	0	1	4

利用安全性算法对上面的状态进行分析(见表 3-4)，找到了一个安全序列{P0，P3，P4，P1，P2}，故系统是安全的。

表 3-4　安全性检查过程

资源情况 进程	Work				Need				Allocation				Work+Allocation				Finish
	A	B	C	D	A	B	C	D	A	B	C	D	A	B	C	D	
P0	1	6	2	2	0	0	1	2	0	0	3	2	1	6	5	4	True
P3	1	6	5	4	0	6	5	2	0	3	3	2	1	9	8	6	True
P4	1	9	8	6	0	6	5	6	0	0	1	4	1	9	9	10	True
P1	1	9	9	10	1	7	5	0	1	0	0	0	2	9	9	10	True
P2	2	9	9	10	2	3	5	6	1	3	5	4	3	12	14	14	True

(2) P2 发出请求向量 Request(1, 2, 2, 2)后，系统按银行家算法进行检查：

① Request$_2$(1, 2, 2, 2)≤Need$_2$(2, 3, 5, 6)

② Request$_2$(1, 2, 2, 2)≤Available(1, 6, 2, 2)

③ 系统先假定可为 P2 分配资源，并修改 Available，Allocation$_2$ 和 Need$_2$ 向量：

Available=(0, 4, 0, 0)

Allocation$_2$=(2, 5, 7, 6)

Need$_2$=(1, 1, 3, 4)

④ 进行安全性检查：此时对所有的进程，条件 Need$_i$≤Available(0, 4, 0, 0)都不成立，即 Available 不能满足任何进程的请求，故系统进入不安全状态。

因此，当进程 P2 提出请求 Request(1, 2, 2, 2)后，系统不能将资源分配给它。

(3) 系统立即满足进程 P2 的请求(1, 2, 2, 2)后，并没有马上进入死锁状态。因为，此时上述进程并没有申请新的资源，并因得不到资源而进入阻塞状态。只有当上述进程提出新的请求，导致所有没执行完的多个进程因得不到资源而阻塞并形成循环等待链时，系统才进入死锁状态。

【例 14】 假定某计算机系统有 R1 设备 3 台，R2 设备 4 台，它们被 P1、P2、P3 和 P4 这 4 个进程互斥共享，且已知这 4 个进程均以下面所示的顺序使用现有设备：

→申请 R1→申请 R2→申请 R1→释放 R1→释放 R2→释放 R1→

请问系统运行过程中是否可能产生死锁？如果有可能的话，请举出一种情况，并画出表示该死锁状态的进程-资源图。

答：系统运行过程中有可能产生死锁。根据题意，系统中只有 R1 设备 3 台，它要被 4 个进程共享，且每个进程对它的最大需求均为 2，那么，当 P1、P2、P3 进程各得到 1 个 R1 设备时，它们可以继续运行，并均可以顺利地申请到一个 R2 设备，但当它们第 2 次申请 R1 设备时，因系统已无空闲的 R1 设备，它们将全部阻塞，并进入循环等待的死锁状态。此时的进程-资源图如图 3.6 所示。

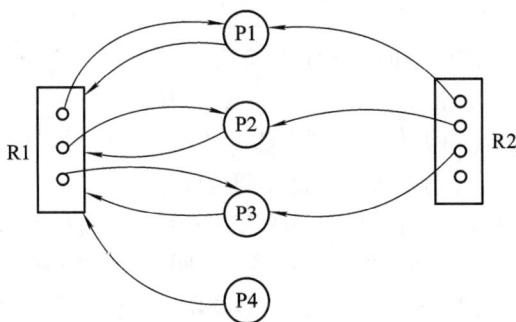

图 3.6 死锁状态的进程-资源图实例

【例 15】 死锁检测程序的运行频率较高或较低，各有什么优缺点？

答：死锁的检测可非常频繁地在每次资源请求时进行，其优点是：可以尽早地检测到死锁及其所涉及的进程，并有可能找到引起系统死锁的那个(或那几个)进程。其缺点是频繁的检测会耗费相当多的 CPU 时间，增加系统的开销。相反，每隔较长时间或当 CPU 利用率下降到较低程度时进行死锁的检测，则可以降低运行死锁检测程序的开销，但在检测到死锁时可能涉及到很多进程，也难以找到引起死锁的那个进程，从而难以从死锁状态恢复过来。

【例16】 解除死锁，在选择撤消进程或被抢占资源的进程时，可考虑哪些因素?

答：解除死锁，在选择撤消进程或被抢占资源的进程时，可考虑下列因素：

(1) 优先权；

(2) 进程已执行的时间；

(3) 估计的剩余执行时间；

(4) 已产生的输出量；

(5) 已获得的资源量和资源类型；

(6) 还需要的资源量；

(7) 进程的类型(批处理型或交互型)；

(8) 需要被撤消的进程数等。

3.4 习 题

3.4.1 选择题

1. 在三种基本类型的操作系统中，都设置了(A)，在批处理系统中还应设置(B)；在分时系统中除了(A)以外，通常还设置了(C)，在多处理机系统中则还需设置(D)。

　　A，B，C，D：(1) 剥夺调度；(2) 作业调度；(3) 进程调度；(4) 中级调度；

　　　　(5) 多处理机调度。

2. 在面向用户的调度准则中，(A)是选择实时调度算法的重要准则，(B)是选择分时系统中进程调度算法的重要准则，(C)是批处理系统中选择作业调度算法的重要准则，而(D)准则则是为了照顾紧急作业用户的要求而设置的。

　　A，B，C，D：(1) 响应时间快；(2) 平均周转时间短；(3) 截止时间的保证；

　　　　(4) 优先权高的作业能获得优先服务；(5) 服务费低。

3. 作业调度是从处于(A)状态的队列中选取作业投入运行，(B)是指作业进入系统到作业完成所经过的时间间隔，(C)算法不适合作业调度。

　　A：(1) 运行；(2) 提交；(3) 后备；(4) 完成；(5) 阻塞；(6) 就绪。

　　B：(1) 响应时间；(2) 周转时间；(3) 运行时间；(4) 等待时间；(5) 触发时间。

　　C：(1) 先来先服务；(2) 短作业优先；(3)最高优先权优先；(4)时间片轮转。

4. 下列算法中，(A)只能采用非抢占调度方式，(B)只能采用抢占调度方式，而其余的算法既可采用抢占方式，也可采用非抢占方式。

　　A，B：(1) 高优先权优先法；(2) 时间片轮转法；(3) FCFS 调度算法；

　　　　(4) 短作业优先算法。

5. 我们如果为每一个作业只建立一个进程，则为了照顾短作业用户，应采用(A)；为照顾紧急作业的用户，应采用(B)；为能实现人机交互作用应采用(C)；为了兼顾短作业和长时间等待的作业，应采用(D)；为了使短作业、长作业及交互作业用户都比较满意，应采用(E)；为了使作业的平均周转时间最短，应采用(F)算法。

　　A，B，C，D，E，F：(1) FCFS 调度算法；(2) 短作业优先；(3) 时间片轮转法；

(4) 多级反馈队列调度算法；(5) 基于优先权的剥夺调度算法；(6) 高响应比优先。

6. 下列调度方式和算法中，最容易引起进程长期等待的是(A)。

A：(1) 时间片轮转算法；(2) 非抢占式静态优先权优先算法；

(3) 抢占式静态优先权优先算法；(4) 非抢占式动态优先权优先算法；

(5) 抢占式动态优先权优先算法。

7. 下列选项中，降低进程优先级的最合理的时机是(A)。

A：(1) 进程的时间片用完；(2) 进程刚完成 I/O 操作，进入就绪队列；

(3) 进程长期处于就绪队列中；(4) 进程从就绪状态转为运行状态。

8. 支持多道程序设计的操作系统在运行过程中，不断地选择新进程运行来实现 CPU 的共享，但其中(A)不是引起操作系统选择新进程的直接原因。

A：(1) 执行进程的时间片用完；(2) 执行进程出错；(3) 执行进程要等待某一事件发生；

(4) 有新进程进入就绪队列。

9. 从下面关于优先权大小的论述中，选择一条正确的论述。

(1) 计算型作业的优先权，应高于 I/O 型作业的优先权。

(2) 用户进程的优先权，应高于系统进程的优先权。

(3) 长作业的优先权，应高于短作业的优先权。

(4) 资源要求多的作业，其优先权应高于资源要求少的作业。

(5) 在动态优先权中，随着作业等待时间的增加，其优先权将随之下降。

(6) 在动态优先权时，随着进程执行时间的增加，其优先权降低。

10. 假设就绪队列中有 10 个进程，以时间片轮转方式进行进程调度，时间片大小为 300 ms，CPU 进行进程切换要花费 10 ms，则系统开销所占的比率约为(A)；若就绪队列中进程个数增加到 20 个，其余条件不变，则系统开销所占的比率将(B)。

A：(1) ％1；(2) ％3；(3) ％5；(4) ％10；(5) ％30。

B：(1) 增加；(2) 减少；(3) 不变。

11. EDF 算法选择(A)为下一个执行的进程，LLF 算法则优先选择(B)为下一个执行的进程。

A：(1) 松弛度最低的进程；(2) 运行时间最短的进程；(3) 优先权最高的进程；

(4) 截止时间最早的进程。

12. 实时系统中的优先级倒置是指(A)。

A：(1) 优先数越大优先权越低；(2) 优先权低的进程优先获得 CPU；

(3) 高优先级进程被低优先级进程延迟或阻塞；

(4) 正在执行的高优先权进程老是被低优先权的进程抢占 CPU。

13. 系统产生死锁是指(A)。产生死锁的基本原因是(B)和(C)，产生死锁的四个必要条件是互斥条件、(D)、不剥夺条件和(E)。

A：(1) 系统发生重大故障；(2) 若干进程同时处于阻塞状态；

(3) 若干进程正在等待永远不可能得到的资源；

(4) 请求的资源数大于系统提供的资源数；

(5) 若干进程等待被其他进程所占用而又不可能被释放的资源。

B：(1) 资源分配不当；(2) 系统资源不足；(3) 作业调度不当；(4) 资源的独占性。

C：(1) 进程推进顺序不当；(2) 进程调度不当；(3) 系统中进程太多；
(4) CPU 运行太快。

D：(1) 请求和阻塞条件；(2) 请求和释放条件；(3) 请求和保持条件；
(4) 释放和阻塞条件；(5) 释放和请求条件。

E：(1) 线性增长条件；(2) 环路条件；(3) 无序释放条件；(4) 有序释放条件；
(5) 无序请求条件。

14. 在多道程序的环境中，不会因竞争(A)而产生死锁。

A：(1) 可被抢占的资源；(2) 不可抢占的资源；(3) 消耗性资源；
(4) 可重复使用的资源。

15. 设 m 为同类资源 R 的数目，n 为系统中并发进程数。当 n 个进程共享 m 个互斥资源 R 时，每个进程对 R 的最大需求是 w；则下列情况会出现死锁的是(A)。

A：(1) m=2, n=1, w=2；(2) m=2, n=2, w=1；(3) m=4, n=3, w=2；(4) m=4, n=2, w=3。

16. 下述解决死锁的方法中，属于死锁预防策略的是(A)，属于死锁避免策略的是(B)。

A，B：(1) 银行家算法；(2) 资源有序分配法；(3) 资源分配图化简法；
(4) 撤消进程法。

17. 死锁的四个必要条件中，一般情况下，无法破坏的是(A)。

A：(1) 环路等待资源；(2) 非抢夺式分配；(3) 占有且等待资源；(4) 互斥使用资源。

18. 死锁的预防是通过破坏产生死锁的四个必要条件来实现的，下列方法中，(A)破坏了"请求与保持"条件，(B)破坏了"循环等待"条件。

A，B：(1) 银行家算法；(2) 一次性分配策略；(3) 资源有序分配策略；
(4) Spooling 技术。

19. 某系统中有 13 台磁带机，K 个进程共享这些设备，每个进程最多请求使用 3 台，则系统不会死锁的 K 值是(A)。

A：(1) 不小于 3；(2) 不大于 6；(3) 不大于 13；(4) 在 6 与 10 之间。

20. 从下面关于安全状态和非安全状态的论述中，选出一条正确的论述。

(1) 安全状态是没有死锁的状态，非安全状态是有死锁的状态。

(2) 安全状态是可能有死锁的状态，非安全状态也可能有死锁的状态。

(3) 安全状态是可能没有死锁的状态，非安全状态是有死锁的状态。

(4) 安全状态是没有死锁的状态，非安全状态是有可能死锁的状态。

3.4.2 填空题

1. 高级调度又称作 ① 调度，其主要功能是 ② ；低级调度又称作 ③ 调度，其主要功能是 ④ 。

2. 作业调度必须做 ① 和 ② 两个决定。

3. 进程调度的主要任务是 ① 、 ② 和 ③ ，进程调度的方式主要有 ④ 和 ⑤ 两种方式。

4. 在抢占调度方式中，抢占的原则主要有： ① 、 ② 和 ③ 。

5. 在设计进程调度程序时，应考虑 ① 、 ② 和 ③ 三个问题。

6. 为了使作业的平均周转时间最短，应该选择 ① 调度算法；为了使当前执行的进程总是优先权最高的进程，则应选择 ② 调度算法；而分时系统则常采用 ③ 调度算法。

7. 分时系统中，时间片选得太小会造成 ① 的现象，因此，时间片的大小一般选择为 ② 。

8. 在采用动态优先权时，为了避免一个低优先权的进程处于饥饿状态，可以 ① ；而为了避免一个高优先权的长作业长期垄断CPU，则可以 ② 。

9. 高响应比优先调度算法综合考虑了作业的 ① 和 ② ，因此会兼顾到长、短作业。

10. 死锁产生的主要原因是 ① 和 ② 。

11. 死锁产生的必要条件是 ① 、 ② 、 ③ 和 ④ 。

12. 通过破坏死锁产生的四个必要条件可进行死锁的预防，其中 ① 条件一般是不允许破坏的，一次性分配所有资源破坏的是其中的 ② 条件，资源的有序分配破坏的是其中的 ③ 条件。

13. 避免死锁，允许进程动态地申请资源，但系统在进行分配时应先计算资源分配的 ① 。若此次分配不会导致系统进入 ② ，便将资源分配给它，否则便让进程 ③ 。

14. 解决死锁问题的方法有预防、避免、检测并解除等，一次性分配所有的资源采用的是其中的 ① 方法，银行家算法采用的是其中的 ② 方法。

15. 根据死锁定理，一个状态为死锁状态的充分条件是当且仅当该状态的资源分配图是 ① 时。

16. ① 和 ② 是解除死锁的两种常用方法。

第四章 存储器管理

本章主要讲述存储器管理的基本概念和存储器的各种管理方式，具体包括存储器的层次结构、程序的装入和链接，以及分区式、页式、段式、段页式存储管理等内容。

4.1 基本内容

4.1.1 存储器管理的基本概念

1. 存储器的层次结构

现代计算机系统中常采用多层结构，使得存储器系统不仅具有能与处理机速度相匹配的、非常快的访问速度，而且还拥有非常大的容量以及便宜的价格。

一般的通用计算机至少将存储器分为 CPU 寄存器、主存和辅存三个层次，而在较高档的计算机中，还将存储器进一步细分为寄存器、高速缓存、主存储器、固定磁盘、可移动存储介质等多个层次。

在多层结构的存储器系统中，层次越高(越靠近 CPU)，存储介质的访问速度越快，价格也越高，相对所配置的存储容量也越小。本章主要讨论主存储器(也叫做内存)，它是 CPU 可以直接访问的存储器，但它的访问速度，远低于 CPU 执行指令的速度，因此，在主存的上面引入了具有更快速度的寄存器和高速缓存。磁盘等辅助存储器属于设备管理的管辖范畴，存储在它们中的信息可以被长期保存，对它们的访问必须通过 I/O 系统，并且对它们的访问速度远低于对主存的访问速度，为了缓和两者在访问速度上的不匹配，通常还在主存中设置磁盘缓存，用于暂时存放频繁使用的一部分磁盘数据和信息，以减少访问磁盘的次数。

2. 程序的装入

在编辑源程序时，用户通常使用符号名(即符号地址)来访问指令和数据，符号名的集合被称作名字空间。

源程序必须经过编译、链接，并装入内存后，才能运行。内存由一系列储存信息的物理单元(字节或字)组成，每个单元都有自己的地址，我们将每个内存单元的这种实际地址称作物理地址或绝对地址，而将内存单元的集合称作存储空间或绝对地址空间。

1) 绝对装入方式

如果在编译时，事先能够知道程序将驻留在内存的什么位置，则编译程序可直接将程序的符号地址转换成绝对地址，产生使用绝对地址的目标模块，进而链接成使用绝对地址的装入模块。这样，装入程序便可按照装入模块中的地址将程序和数据装入内存，而不需要对模块中的地址部分进行修改，此即绝对装入方式。

2) 可重定位装入方式与静态重定位

在多道程序的环境下，编译程序通常不直接将符号地址翻译成绝对地址，而是产生从 0 开始编址的目标模块，并由链接程序将多个目标模块及它们所要调用的库函数一起链接成一个从 0 开始编址的、完整的装入模块。可见，此时装入模块中指令和数据的地址是相对于装入模块的首字节而编址的，因此，被称作相对地址或逻辑地址，相对地址的集合被叫做相对地址空间，或者逻辑地址空间，也简称为地址空间。

分配给一个装入模块的内存空间的起始地址一般不会是 0，此时，必须将装入模块中指令和数据的相对地址调整成相应内存单元的绝对地址后，程序才能正确运行，这种地址转换的过程称做重定位。

如果重定位是在装入时，由重定位装入程序一次性完成的，则被称做静态重定位，而相应的装入方式则称作可重定位装入方式。如图 4.1 所示，作业装入内存后，其 Load 指令中的地址 2500，已由重定位装入程序根据作业在内存中的起始地址 10 000 调整为 12 500。

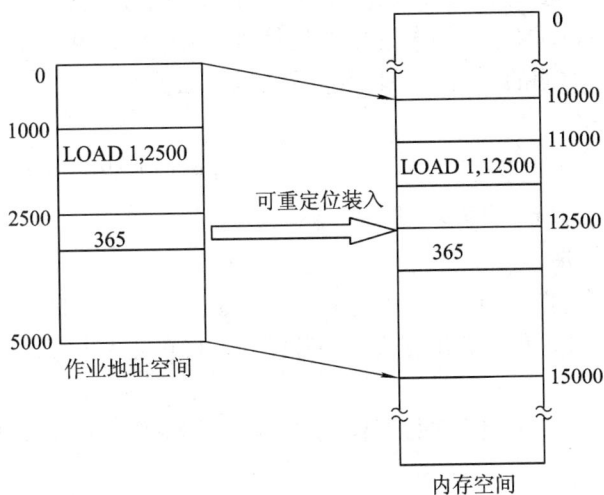

图 4.1　静态重定位

3) 动态运行时装入方式

可重定位装入方式虽然允许将装入模块装入到内存中任何允许的位置。但并不允许程序运行时在内存中移动位置。然而，实际情况是，运行中的进程经常有可能在内存中移动，比如在进行对换或紧凑后，因此，重定位不应该在装入时进行，而应该将它推迟到程序真正执行时进行，我们将这种重定位称作动态重定位，而相应的装入方式称做动态运行时装入方式。

对地址的动态重定位需要一定的硬件支持，其实现方式有多种，图 4.2 示出了其中最简单的方式，即在系统中增设一个重定位寄存器，用来存放正在执行的作业在内存中的起始地址，每次访问指令和数据时，由硬件自动将相对地址与重定位寄存器中的起始地址相加，形成实际的物理地址。其余的实现方式将在分页系统和分段系统中介绍。

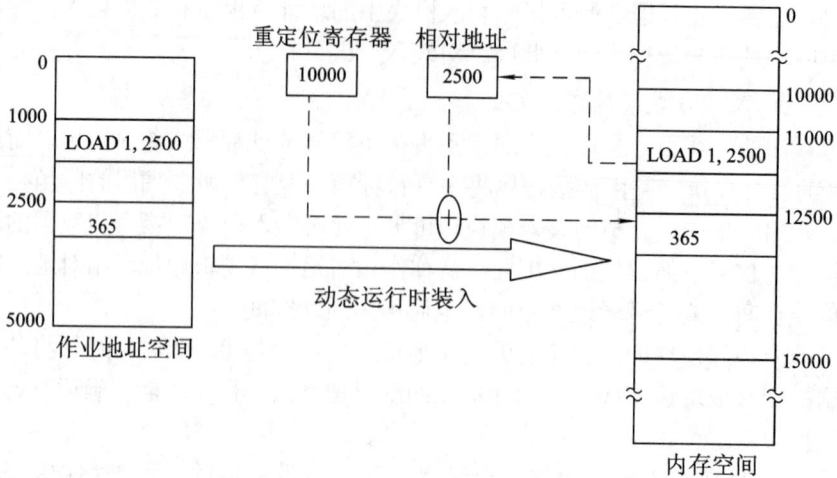

图 4.2　动态重定位过程

3. 程序的链接

链接是将编译后得到的各个目标模块以及所需的库函数连接在一起，形成一个完整的装入模块。链接程序必须将各目标模块中的相对地址和外部调用符号转换成装入模块中的相对地址。根据链接时间的不同，可把链接分成以下三种方式。

1) 静态链接方式

静态链接方式是指，在程序运行之前，将各目标模块及它们所需的库函数，链接成一个完整的装入模块，以后不再拆开的方式。

2) 装入时动态链接

装入时动态链接是指链接在装入时进行，即在装入一个目标模块时，若发生一个外部模块调用事件，则由装入程序找出相应的外部模块，将它装入内存，并把它链接到调用者模块上去。

这种链接方式的优点是便于对程序模块进行修改和更新，并且可以对外存中的目标模块实现共享。

3) 运行时动态链接

运行时动态链接是指链接在运行时进行，即在执行过程中，若发现一个被调用模块尚未装入内存，便立即由 OS 找出该模块，将它装入内存，并把它链接到调用者模块上。

这种链接方式除了便于实现目标模块的修改、更新和共享外，还会加快程序的装入过程；由于它不会将本次执行过程中调用不到的模块装入内存，因此能提高内存的利用率。

4.1.2　连续分配方式

连续分配方式，是指为一个用户程序分配一段连续的内存空间，它又可进一步分成单一连续分配、固定分区分配、动态分区分配以及动态重定位分配四种方式。

1. 单一连续分配

这是最简单的一种存储管理方式，只适用于单用户、单任务的操作系统。它将内存分成系统区和用户区两部分，系统区仅供 OS 使用，通常位于内存的低端；而用户区则供用户使用，其中仅能存放一道作业。

单一连续分配方式的优点是管理简单、开销小，但因内存中只能存放一道作业，所以其资源利用率很低。

2. 固定分区分配

固定分区分配方式在系统初启时，将内存的用户空间划分成若干个区域(即分区)，这些分区的大小和边界在系统运行期间不再变化，并只允许在每个分区中装入一道作业。

为了实现分区分配，系统中必须建立一张固定分区说明表(如图 4.3 所示)，其中给出了每个分区的起始地址、大小以及表示该分区是否已分配出去的状态信息。当一用户程序要求装入时，由内存分配程序检索该表，从中找出一个能满足要求的未分配分区给用户程序使用，并将对应表项的状态改为"已分配"；若未找到合适的分区，则拒绝为该用户程序分配内存。当一用户程序要释放内存时，只需将相应表项的状态改为"未分配"即可。

分区号	大小(K)	始址(K)	状态
1	12	20	未分配
2	32	32	已分配
3	64	64	已分配
4	128	128	未分配

(a) 分区说明表

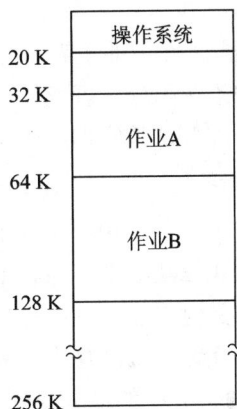

(b) 存储空间分配情况

图 4.3　固定分区分配方式

固定分区分配方式可以使多道程序共存于内存中，但内存中程序的道数仍将受到分区个数的限制；当用户程序与分配到的分区大小不符时，将造成分区内存储空间的浪费，这些浪费的存储空间被称为内部碎片；用户程序的大小也将受到分区大小的严格限制。

3. 动态分区分配

为了克服固定分区的不足，引入了动态分区(或可变分区)分配方式。它在每次装入作业时，动态地为作业从可用内存中划分出一个分区，其大小刚好能满足作业的实际需要。因此，内存中分区的个数和每个分区的大小将随着系统中运行的作业情况而变化。

动态分区分配方式常采用空闲分区表或空闲分区链来管理可用内存，其中的每个表项或结点对应于内存的一个空闲分区，记录有该空闲分区的大小和起始地址等信息。

为把一个作业装入内存，须按一定的分配算法，从空闲分区表或空闲分区链中选出一个分区分配给作业，目前常用的分配算法有以下三种：

(1) 首次适应算法。将空闲分区按起始地址递增的次序排列，每次分配均从空闲分区表或空闲分区链首开始顺序查找，并从第一个能满足要求的空闲分区中划分出作业所要求的空间分配出去。该算法优先使用内存低址部分的空闲分区,从而能在高址部分保留较大的空闲分区,但它会在内存的低端留下很多难以利用的小空闲分区,而每次分配时,对空闲分区的查找都必须经过这些分区,从而会增加查找的开销。

(2) 循环首次适应算法。该算法由首次适应算法演变而成,它将空闲分区按起始地址递增的顺序排成循环链表,每次分配均从上次分配的位置之后开始查找。它使内存中的空闲分区分布得更均匀,从而减少查找空闲分区的开销,但会使存储器中缺乏大的空闲分区。

(3) 最佳适应算法。将空闲分区按大小递增的次序排列,将能满足要求的最小空闲分区分配出去。尽管该算法被称为"最佳",但情况并非总是如此,因为每次分配后所切割下来的剩余部分总是最小的,它会在内存中留下大量难以利用的小空闲分区。

(4) 最坏适应算法。将空闲分区按大小递减的次序排列,将能满足要求的最大空闲分区分配出去。该算法产生碎片的几率最小,但会使内存区缺乏大的空闲分区。

为了减小大量难以利用的小空闲分区造成的查找开销,在进行内存分配时,可事先设定一限值,当找到的分区中剩余空间小于该值时,将不再进行分区的分割,而是把整个分区分配给请求者。

当作业运行完毕时,需要进行内存的回收。系统将检查是否有空闲分区与回收区相邻,如有,则修改空闲分区表或空闲分区链将它们进行合并。回收区或合并后得到的新空闲分区将根据分配算法按它的起始地址或分区大小插入空闲分区表或空闲分区链。

4. 伙伴系统

固定分区限制了内存中作业的道数,并且由于存在内部碎片而降低了内存的利用率;动态分区方式算法复杂,回收空闲分区时需要进行分区合并,系统开销大,因此引入了伙伴系统,它是对上述两种内存方式的一种折衷方案。

在伙伴系统中,内存块的大小为 2^S 字节,$L \leqslant S \leqslant U$,其中,$2^L$ 为可分配的最小块的尺寸,而 2^U 为可分配的最大块的尺寸,通常 2^U 是可供分配的整个内存空间的大小。

开始时,可用于分配的空间大小为 2^U 字节,当有一个进程申请 K 字节时,如果 $2^{U-1} < K \leqslant 2^U$,则分配整个分区给该进程。否则,将分区划分为两个大小相等(均为 2^{U-1} 字节)的伙伴。如果 $2^{U-2} < K \leqslant 2^{U-1}$,那么将两个伙伴中的其中一个分配给该进程;否则,其中的一个伙伴又被分成大小相等的两块。继续这个过程,直到产生可供分配的合适块为止。

当一个进程释放内存时,回收过程需要查找该分区的伙伴是否也空闲,如果空闲,则将两个空闲分区合并起来形成一个大的空闲分区。一次回收也可能要进行多次合并。

5. 可重定位分区分配

在动态分区分配方式中,经过一段时间的分配和回收后,内存中会产生很多小的空闲分区。此时,可能有用户程序因找不到足够大的空闲分区而难以装入,但所有空闲分区容量的总和却足以满足该程序的要求。

上述这些不能被利用的空闲分区被称为"外部碎片"或"外零头",并可采用以下办法加以解决:将内存中的所有作业进行移动,从而将原来分散的多个空闲分区移到同一端拼接成一个大的空闲分区,以装入用户的作业。这种技术称为"紧凑"或"拼接"。

可重定位分区分配方式就是在动态分区分配方式的基础上增加紧凑功能,即在找不到足够大的空闲分区、而空闲分区总和却能满足用户的要求时,对内存空间进行紧凑。由于紧凑时，作业要在内存中移动位置，因此，它需要得到动态重定位技术的支持，这也就是称它为动态重定位分区分配的原因。

6. 分区的保护

连续分配方式中，为了防止一个用户作业破坏操作系统或其他用户作业，常采用界限寄存器或保护键的方法来进行分区的保护。

(1) 界限寄存器。它可以是一对上、下限寄存器，也可以是一对基址、限长寄存器，用来存放正在执行的作业在内存的结束地址和起始地址，或起始地址和长度。每当进行内存访问时，硬件自动将所访问的内存地址与上、下限寄存器的值进行比较，或者，将逻辑地址与限长寄存器的值进行比较，若发生地址越界，则产生越界中断。

(2) 保护键。它为每个分区分配一个单独的保护键，相当于一把锁；同时为每个进程分配一个相应的保护键，相当于一把钥匙。每当进行内存访问时，都要检查钥匙和被访问单元的锁是否匹配，若不匹配，则发生保护性中断。

在单一连续分配方式中，由于用户程序对操作系统的破坏只会影响到它本身的运行，因此，也可以不采取任何存储保护措施，以降低硬件开销。

7. 对换

所谓"对换"，是指把内存中暂时不能运行的进程或暂时不用的程序或数据，调到外存上，以便腾出足够的内存空间，再把具备运行条件的进程或进程所需要的程序和数据，调入内存。这种技术能从逻辑上扩充内存空间，从而使整个系统资源的利用更为充分有效。

如果对换是以整个进程为单位，便称之为"整体对换"或"进程对换"，这种对换广泛应用于分时系统中；如果对换是以"页"或"段"为单位，则分别称之为"页面对换"或"分段对换"，又称为"部分对换"，它们是实现虚拟存储器的基础，这部分内容将在虚拟存储器中介绍。

为了实现进程对换，系统必须能实现下面三方面的功能：

(1) 对换空间的管理。对对换空间管理的主要目标是提高进程换入、换出的速度，因此通常将对换空间设置在高速的磁盘中，并采取简单的连续分配方式。

(2) 进程的换入。系统应定时地查看所有进程的状态，从中找出"就绪"但已换出的进程，将它们按某种次序(如换出时间越久者越先换入)依次换入，直至无可换入的进程为止。

(3) 进程的换出。当有就绪进程要换入，但已无足够的内存空间时，系统便要进行换出。选择换出进程时，首先将选择处于阻塞状态且优先级最低的进程，若找不到这样的进程，则要根据换入进程的优先权、在外存的驻留时间等因素，考虑是否将某个低优先权的就绪进程换出。

4.1.3 基本分页存储管理方式

动态分区分配方式会形成许多"外部碎片"，虽然它们可以通过"紧凑"技术加以解决，但需为之付出很大的时间开销。因此，OS 中又引入了分页存储管理方式，它将一个作业离散地存放到内存中，从而使系统无须紧凑，便能很好地解决碎片问题。

1. 分页存储管理的基本方法

基本分页存储管理方式中，系统将一个进程的逻辑地址空间分成若干个大小相等的片，称为页面或页。相应地，将内存空间分成若干个与页面同样大小的块，称为物理块或页框。内存的分配以块为单位，并允许将一个进程的若干页分别装入到多个可以不相邻接的物理块中。

为了地址映射的方便，页面的大小通常设置成 2 的幂。如果页面的大小为 2^k 字节，逻辑地址的长度为 n 位，则如图 4.4 所示，可将线性的逻辑地址分成两部分：右边的 k 位为页内位移量(或页内地址)W，左边的 n − k 位为页号 P。

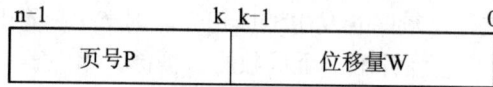

n−1	k k−1	0
页号P	位移量W	

图 4.4　分页系统的地址结构

在进程运行时，为了能在内存中找到每个页面对应的物理块，系统为每个进程建立了一张页面映射表，简称页表。进程的每个页占页表的一个表项，其中记录了相应页对应的内存块的块号，以及用于分页保护的存取控制信息。

图 4.5 给出了分页系统的一个内存分配实例，其中页面大小为 4K，用户作业的大小为 11 K。由于进程的最后一页不足一块，因此造成了存放该页的物理块中部分空间的浪费，这部分被浪费的空间称为"页内碎片"。

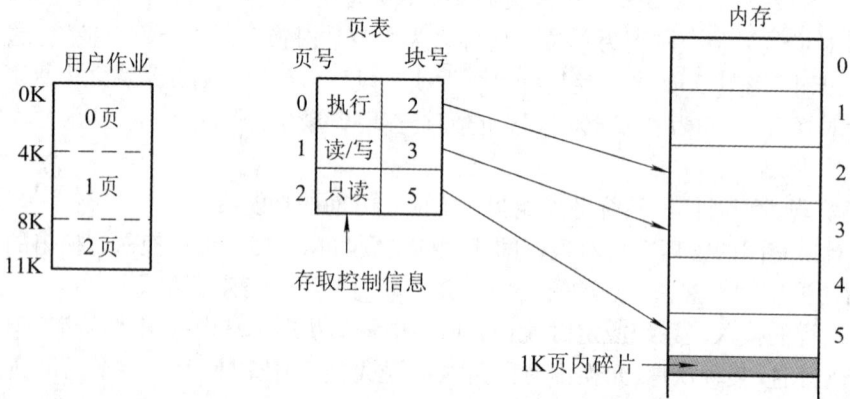

图 4.5　分页系统中内存分配实例

2. 地址变换机构

1) 基本的地址变换机构

页式存储管理系统中，逻辑地址到物理地址的转换是在进程执行的过程中，由硬件地址变换机构借助于页表自动进行的。

通常，将作业的页表存放在内存中，而在系统中只设置一个页表寄存器。当一进程因CPU 调度而转入执行状态时，其页表的内存始址和长度将从该进程的 PCB 中装入页表寄存器。当进程要访问某个逻辑地址中的指令或数据时，地址变换机构自动地将逻辑地址分为页号和页内地址两部分，并将页号与页表寄存器中的页表长度进行比较，若页号不小于页表长度，便产生越界中断，否则便以页号为索引去检索页表，从中得到该页的物理块号，送入物理地址寄存器与页内地址拼接,形成对应的物理地址。图 4.6 示出了分页系统的地址变换过程。

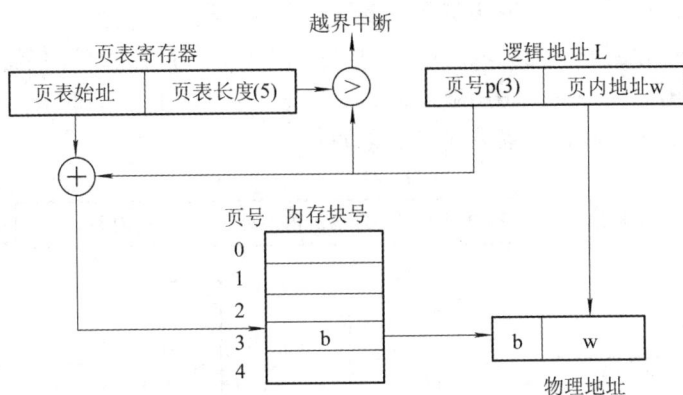

图 4.6 分页系统的地址变换机构

2) 具有快表的地址变换机构

由于页表是存放在内存中的,CPU 每存取一条指令或一个数据,都要两次访问内存:第一次访问内存中的页表,以得到指令或数据所在页对应的内存块号;第二次才可根据物理地址存取指令或数据。这使得计算机的处理速度降低近 1/2。为了提高存取速度,可在地址变换机构中,增设一个具有并行查找能力的高速缓冲寄存器,又称为"联想存储器"或"快表",用以存放当前被频繁访问的页面的页号和对应的页表项。

在进行地址转换时,地址变换机构自动将逻辑地址中的页号并行地与快表中的所有页号进行比较,若其中有与之相匹配的页号,便可直接从快表中读出该页对应的物理块号,并送到物理地址寄存器中。如果在快表中未找到对应的页号,则仍需访问内存中的页表来进行地址转换,同时还必须将得到的页表项与页号一起装入到快表中,若快表已满,则还需根据置换算法淘汰某个快表项,以装入新的内容。

由于成本的关系,快表通常做得较小,一般只能存放 16~512 个页表项。如果快表的命中率是 a,访问一次内存的时间为 t,访问快表的时间为 λ,则通过逻辑地址访问内存中的一个数据的有效访问时间可表示为:$a \times \lambda + (t + \lambda)(1 - a) + t$。但由于程序和数据的访问往往带有局部性,使得快表的命中率可高达 90%,从而可将访问页表所造成的速度损失减少到 10% 以下。

3. 多级页表

现代的大多数计算机系统,都支持非常大的逻辑地址空间,此时,页表就会变得非常大,要为它分配一大段连续的内存空间将变得十分困难。

对于该问题,可利用将页表进行分页,并将各个页表页离散地存放到内存块中的办法加以解决,此时,必须为离散分配的页表再建立一张页表,称为外层页表,用来记录存放各页表页的内存块号,从而形成了两级页表。为了进行地址映射,系统中同样需设置一个外层页表寄存器,用来存放外层页表的内存始址和长度;而逻辑地址将由地址变换机构自动根据页的大小和每页可存放的页表项个数分成页内地址、外部页内地址和外部页号三部分。图 4.7 示出了使用两级页表的地址变换过程,图中逻辑地址为 32 位、页面大小为 4 KB、每个页表项占用 4 个字节数。在使用两级页表的分页系统中，每次访问一个数据需访问三次内存，故同样需增设快表来有效地提高访问速度。如果外层页表仍然很大，则可以将它再进行分页，从而进一步形成三级甚至更多级的页表。利用多级页表，虽然无需再为页表分配大段连续的内存空间，但页表所占用的内存空间仍十分巨大。为了减少页表所占用的内存空间，可使用后面将要介绍的虚拟存储器技术，只把当前所需的页表页调入内存，而其余页表页仍存放在外存，待需要时再进行调入。

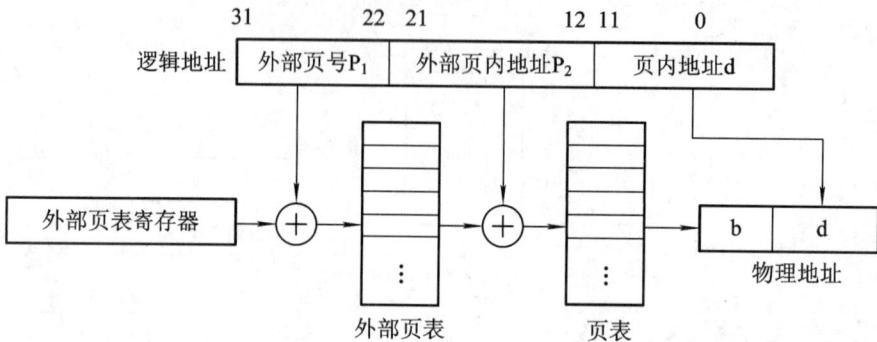

图 4.7 具有两级页表的地址变换过程

4.1.4 分段式存储管理方式

用户通常喜欢将自己的作业按逻辑关系划分成若干段，然后通过段名和段内地址来访问相应的程序或数据，同时，还希望能以段为单位对程序和数据进行共享和保护，并要求分段能动态增长，分页系统虽然能较好地解决动态分区的碎片问题，却难以满足用户的上述要求，也不方便支持动态链接技术，因此又引入了分段式存储管理方式。

1. 分段系统的基本原理

如图 4.8 所示，分段系统中，作业地址空间中的用户程序被划分成若干个段，每个段定义了一组逻辑信息，有自己的段名和段长，并都采用首地址为 0 的一段连续地址空间；

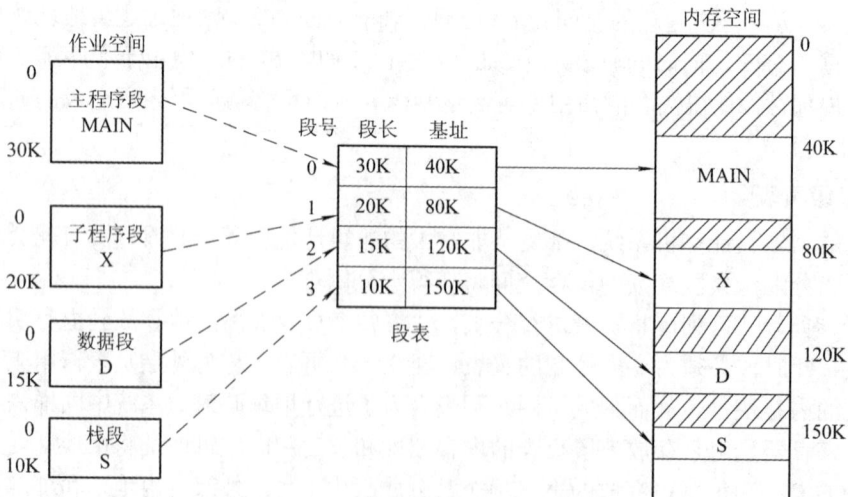

图 4.8 分段系统的地址空间和内存空间

而内存空间的管理则与动态分区相似，只不过将分配对象由整个程序变为段，即为每个段分配一个连续的内存区，而且，在逻辑上连续的多个段在内存中可以不必连续存放。

用户通过段名(或段号)、段内地址来访问指令和数据，因此，分段系统的作业地址空间是二维的。为了实现二维地址空间中的逻辑地址到内存空间中的物理地址的转换，系统为每个进程建立了一张段映射表，简称"段表"。进程的每个段在段表中占一个表项，其中记录了该段在内存中的起始地址(又称为"基址")和段的长度以及对分段进行保护的存取控制信息。

为了实现从进程的逻辑地址到物理地址的变换功能，在系统中设置了一个段表寄存器，用于存放正在执行进程的段表始址和长度。在进行地址转换时，地址变换机构将逻辑地址中的段号与段表寄存器中的段表长度进行比较，若段号不小于段表长度，便产生越界中断；否则便以段号为索引去检索段表，从中得到该段的基址和长度；接着检查段内地址是否超过段长，若超过，则发出越界中断信号；若未超过，则将该段的基址与段内地址相加，从而得到对应的物理地址。

像分页系统一样，由于段表存放在内存中，每访问一个数据也需要访问两次内存，因此，分段系统也要使用快表来提高数据访问的速度。图 4.9 示出了具有快表的分段系统的地址变换过程。

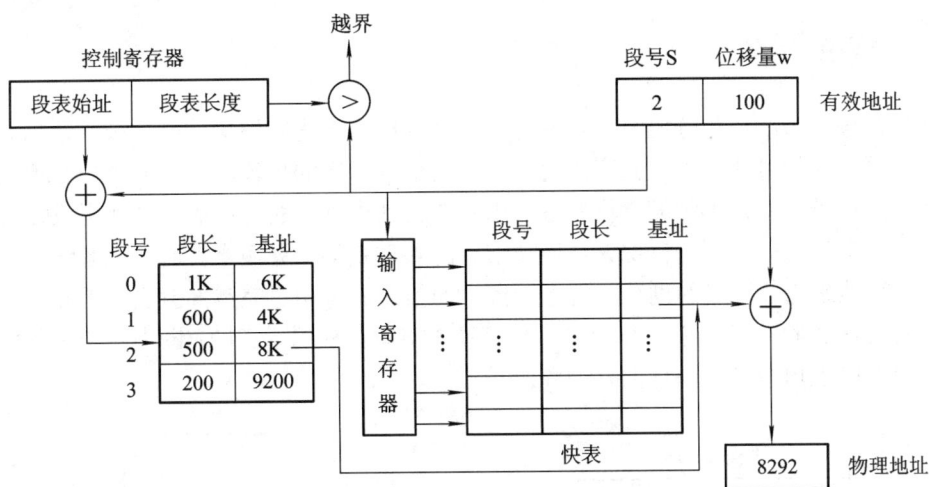

图 4.9 具有块表的分段系统地址变换过程

2. 分页与分段的比较

分页系统和分段系统有许多相似之处，比如：都采用离散分配方式来提高内存利用率，都要通过地址变换机构来实现地址变换。但在概念上两者是完全不同的，它们的区别主要表现在以下三个方面：

(1) 页是信息的物理单位，分页是为了提高内存的利用率。段则是信息的逻辑单位，它含有一组其意义相对完整的信息。分段是为了能更好地满足用户的需要。

(2) 页的大小固定且由系统决定。段的长度不固定，且由用户所编写的程序决定。

(3) 分页的地址空间是一维的，程序员只需利用一个记忆符，便可表示一个地址。分段的地址空间是二维的，程序员在标识一个地址时，既需给出段名，又需给出段内地址。

3. 段页式存储管理方式

为了既能像分页系统那样有效地利用内存，又能像分段系统那样满足用户多方面的需要，OS 中又引入了段页式存储管理方式。

段页式存储管理方式是分页和分段管理的结合，它先将地址空间中的用户程序分成若干个段，再将每个段分成若干个页。而内存空间则被分成与页同样大小的块，并以块为单位来进行内存的分配。

段页式系统的地址空间是二维的，每个逻辑地址包括段号和段内地址两部分，段内地址又被地址变换机构根据页面大小自动分成段内页号和页内地址。为了实现地址变换，系统必须为每个进程建立一张段表，并为每个分段建立一张页表，段表项给出了每个分段所对应的页表的内存始址和长度，页表项则给出了页所对应的内存块号。在进行地址变换时，首先根据段表寄存器中的段表始址和逻辑地址中的段号找到对应的段表项，从中获得该段的页表始址；然后再利用页表始址和逻辑地址中的段内页号来获得对应的页表项，从中获得该页的内存块号；由内存块号与页内地址拼接形成物理地址。

由于段表和页表都存放在内存中，每存取一条指令或一个数据都需三次访问内存，故可在地址变换机构中增设快表，用来存放当前被频繁访问的页面所对应的段号、段内页号和物理块号等信息，以减少访问内存的次数，提高指令执行的速度。

4.1.5 信息的共享

无论是分页系统还是分段系统，都允许多个进程共享程序中的代码或公共数据。分页系统实现页共享的方法是，在共享进程中，将共享页对应的页表项指向同个内存块。由于分页系统的地址空间是一维的，页的划分由系统自动进行，故会造成共享代码或数据与非共享代码或数据共处一页的情况，从而使信息的共享变得十分困难。而分段系统则在用户编程时，自然地进行分段的划分，每个分段中的信息具有相对完整的意义，因此它比分页更容易实现信息的共享。图 4.10 给出了分段系统实现共享的示意图，图中两个进程所对应的共享段的段表项中具有同样的基址和段长。

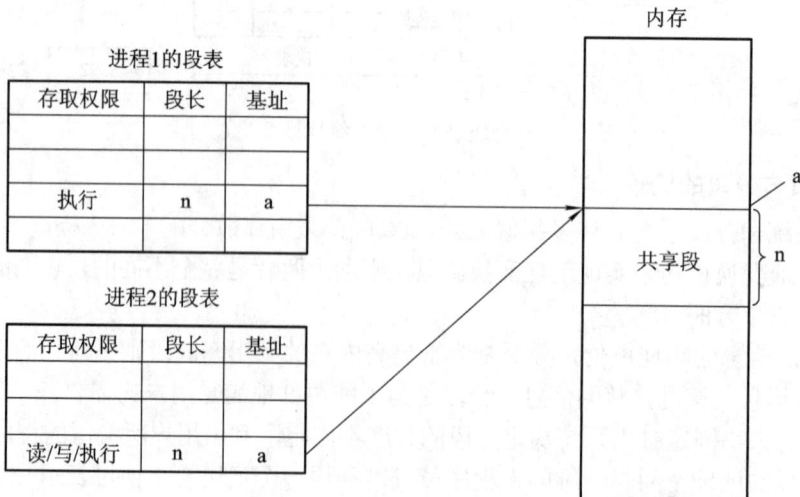

图 4.10　分段系统中的共享

4.2　重点、难点学习提示

本章的目的是学习各种存储器管理的方式和它们的实现方法，为此，应对以下几个重点与难点问题进行认真的学习，并切实掌握其中的内容。

1. 重定位的基本概念

重定位的实质是地址变换，它将作业地址空间中的逻辑地址转换为主存空间中的物理地址，从而保证作业能够正常执行。在学习时，应对下述两个方面的内容有较好的理解。

(1) 读者应了解为什么要引入重定位，由重定位装入程序在装入作业时一次性完成的静态重定位适用于何种场合，它有何优缺点。

(2) 应进一步了解动态重定位是为了解决什么问题而引入的，在连续分配方式、分页系统和分段系统中，分别是如何实现动态重定位的。

2. 动态分区分配方式

动态分区分配方式曾经是一种广为流行的内存分配方式，至今仍在内存分配中占有一席之地。在学习时，读者应了解下述几个问题。

(1) 如何提高内存利用率。动态分区分配方式是根据进程的实际需要，动态地为进程分配内存，读者应了解造成动态分区分配方式内存空间浪费的主要原因是什么，它可以通过什么办法加以解决。

(2) 分配算法。动态分区分配方式可采用空闲分区表或空闲分区链来描述分区的情况，并可采用首次适应、最佳适应等算法来进行内存的分配和回收。读者应了解在采用不同的分配算法时，系统是如何组织空闲分区表或空闲分区链的，它们又是如何进行分区的分配和回收的。

(3) 如何进行分区的保护。该方式可利用界限寄存器或保护键来进行分区的保护，读者应了解它们分别是如何进行越界检查的；在检查到越界情况时，将由谁负责进行具体的处理。

3. 分页和分段存储管理方式

分页和分段存储管理方式不仅能有效地提高内存空间的使用效率，而且还是实现虚拟存储器的基础。在学习时，应对下面几个方面的内容有较深刻的理解和掌握。

(1) 分页存储管理方式。在学习时应了解是在什么推动力的作用下，内存管理由动态分区分配方式发展为分页存储管理方式；分页系统是如何将地址空间中的作业划分为若干个页的，为什么页的大小必须为 2 的幂；分页系统是如何进行内存分配的。

(2) 分页系统的地址转换。读者应掌握分页系统逻辑地址的结构；为了进行逻辑地址到物理地址的转换，分页系统必须为每个作业配置什么样的数据结构并提供哪些硬件支持；为什么引入快表可加快分页系统存取指令和数据的速度。

(3) 分段存储管理方式。读者应了解由分页发展为分段，并进一步发展为段页式存储管理方式的主要推动力是什么，分段和段页式系统是如何管理作业的地址空间和内存空间的，它们的地址变换是如何完成的，并应注意对分段系统和分页系统加以比较。

(4) 信息的共享。分页系统和分段系统都可以实现信息的共享，在学习时应了解为什么分段系统比分页系统更容易实现信息的共享和保护。

4.3 典型问题分析和解答

4.3.1 存储器基本概念中的典型问题分析

【例1】 存储器管理的基本任务，是为多道程序的并发执行提供良好的存储器环境。问"良好的存储器环境"应包含哪几个方面？

答：存储器管理是为多道程序的并发运行提供良好的存储器环境。它包括以下内容：

(1) 能让每道程序"各得其所"，并在不受干扰的环境中运行；还可以使用户从存储空间的分配、保护等繁琐事务中解脱出来。

(2) 向用户提供更大的存储空间，使更多的作业能同时投入运行；或使更大的作业能在较小的内存空间中运行。

(3) 为用户对信息的访问、保护、共享以及动态链接等方面提供方便。

(4) 良好的存储器环境，还应包括能使存储器有较高的利用率。

【例2】 在什么情况下需要进行重定位？为什么要引入动态重定位？

答：源程序经过编译、链接产生的装入模块一般总是从 0 开始编址的，其中的地址都是相对于起始地址的相对地址。在将它装入内存时，其分配到的内存空间的起始地址通常不为 0，因此指令和数据的实际物理地址与装入模块中的相对地址是不一致的，此时，为了使程序能够正确执行，必须将相对地址转换成物理地址，即进行重定位。

进程在运行过程中经常要在内存中移动位置(如对换、紧凑时)，引入动态重定位的目的就是为了满足程序的这种需要。动态重定位的实现需要一定的硬件支持，重定位的过程是由硬件地址变换机构在程序执行每条指令时自动完成的。

【例3】 动态重定位的实现方式有哪几种？

答：动态重定位的实现必须有硬件地址变换机构的支持，其具体的实现方式主要有：

(1) 连续分配方式下的动态重定位。该方式需在整个系统中设置一个重定位寄存器，用来存放正在执行的作业在内存中的起始地址。当 CPU 要存取指令或数据时，硬件的地址变换机构自动将逻辑地址与重定位寄存器的值相加，形成指令或数据的物理地址。

(2) 离散分配方式下的动态重定位。离散分配方式主要是指分页和分段存储管理方式，此时，系统首先必须为每个作业配置一张页(段)表，用来记录作业的每个页(段)对应的内存块号(内存始址和段长)，页(段)表被存放在内存中。而在整个系统中则只需设置一个页(段)表控制寄存器，用来存放正在执行的作业的页(段)表始址和长度。当 CPU 要存取指令或数据时，硬件的地址变换机构自动将逻辑地址分成页号和页内地址两部分(或直接从逻辑地址中获得段号)，并根据页(段)号到控制寄存器所指示的页(段)表中获得对应的物理块号(或段的内存始址)，并与页内地址(或段内存地址)拼接(或相加)，形成物理地址。

【例4】 内存保护是否可以完全由软件实现？为什么？

答：内存保护的主要任务，是确保每道程序都只能在自己的内存区内运行。这就要求系统能对每条指令所访问的地址是否超出自己内存区的范围进行越界检查。若发生越界，系统应能立即发现，并发出越界中断请求，以抛弃该指令。若此检查完全用软件实现，则每执行一条指令时，都需要增加若干条指令去执行是否越界的检查功能，无疑会大大降低程序的执行速度。因此，越界检查通常由硬件实现，并使指令的执行与越界检查功能并行执行，从而不会使程序的运行速度降低。当然，越界以后的处理，仍需要由软件来配合完成。因此，内存保护功能是由硬件和软件协同完成的。

【例5】　提高内存利用率的途径主要有哪些？

答：内存利用率不高，主要表现为以下四种形式：

(1) 内存中存在着大量的、分散的、难以利用的碎片。

(2) 暂时或长期不能运行的程序和数据，占据了大量的存储空间。

(3) 当作业较大时，内存中只能装入少量作业，当它们被阻塞时，将使CPU空闲，从而也就降低了内存的利用率。

(4) 内存中存在着重复的拷贝。

针对上述问题，可分别采用下述方法提高内存的利用率：

(1) 改连续分配方式为离散分配方式，以减少内存中的零头。

(2) 增加对换机制，将那些暂时不能运行的进程，或暂时不需要的程序和数据，换出至外存，以腾出内存来装入可运行的进程。

(3) 引入动态链接机制，当程序在运行中需要调用某段程序时，才将该段程序由外存装入内存。这样，可以避免装入一些本次运行中不用的程序。

(4) 引入虚拟存储器机制，使更多的作业能装入内存，并使CPU更加忙碌。引入虚拟存储器机制，还可以避免装入本次运行中不会用到的那部分程序和数据。

(5) 引入存储器共享机制，允许一个正文段或数据段被若干个进程共享，以减少内存中重复的拷贝。

4.3.2　连续分配方式中的典型问题分析

【例6】　某系统采用动态分区分配方式管理内存，内存空间为640 K，高端40 K用来存放操作系统。在内存分配时，系统优先使用空闲区低端的空间。对下列的请求序列：作业1申请130 K、作业2申请60 K、作业3申请100 K、作业2释放60 K、作业4申请200K、作业3释放100 K、作业1释放130 K、作业5申请140K、作业6申请60 K、作业7申请50 K、作业6释放60 K，请分别画图表示出使用首次适应算法和最佳适应算法进行内存分配和回收后，内存的实际使用情况。

分析：首次适应算法将空闲区按起始地址递增的次序拉链，而最佳适应算法则将空闲区按分区大小递增的次序拉链。在分配时，它们都是从链首开始顺序查找，直至找到一个足够大的空闲分区为止，然后按作业大小从该分区中划出一块内存空间分配给请求者，余下的分区(如果有的话)仍按上述原则留在空闲分区链中；而在释放时，则需分别按地址递增或大小递增的次序将空闲分区插入空闲分区链，并都需要进行空闲分区的合并。表 4-1给出了使用这两种算法进行上述内存分配和回收的具体过程。

答：使用首次适应算法和最佳适应算法进行上述内存的分配和回收后，内存的实际使用情况分别如图 4.11 的(a)和(b)所示。

表 4-1 内存分配和回收的过程

动 作	首次适应算法		最佳适应算法	
	已分配分区 (作业，始址，大小)	空闲分区 (始址，大小)	已分配分区 (作业，始址，大小)	空闲分区 (始址，大小)
作业 1 申请 130K	1，0，130	130，470	1，0，130	130，470
作业 2 申请 60K	1，0，130 2，130，60	190，410	1，0，130 2，130，60	190，410
作业 3 申请 100K	1，0，130 2，130，60 3，190，100	290，310	1，0，130 2，130，60 3，190，100	290，310
作业 2 释放 60K	1，0，130 3，190，100	130，60 290，310	1，0，130 3，190，100	130，60 290，310
作业 4 申请 200K	1，0，130 3，190，100 4，290，200	130，60 490，110	1，0，130 3，190，100 4，290，200	130，60 490，110
作业 3 释放 100K	1，0，130 4，290，200	130，160 490，110	1，0，130 4，290，200	490，110 130，160
作业 1 释放 130K	4，290，200	0，290 490，110	4，290，200	490，110 0，290
作业 5 申请 140K	4，290，200 5，0，140	140，150 490，110	4，290，200 5，0，140	490，110 140，150
作业 6 申请 60K	4，290，200 5，0，140 6，140，60	200，90 490，110	4，290，200 5，0，140 6，490，60	550，50 140，150
作业 7 申请 50K	4，290，200 5，0，140 6，140，60 7，200，50	250，40 490，110	4，290，200 5，0，140 6，490，60 7，550，50	140，150
作业 6 释放 60K	4，290，200 5，0，140 7，200，50	140，60 250，40 490，110	4，290，200 5，0，140 7，550，50	490，60 140，150

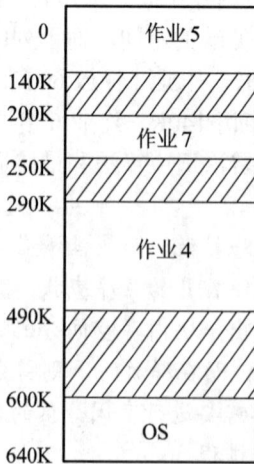

(a) 首次适应算法

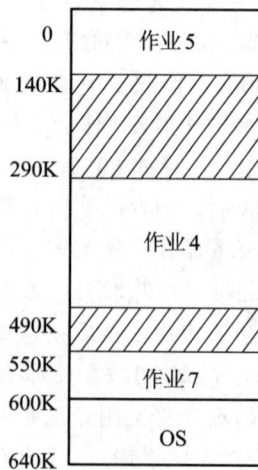

(b) 最佳适应算法

图 4.11　内存的实际使用情况图

【例7】 某系统主存空间为 1024 KB，采用伙伴(Buddy system)系统分配其内存，对于下列请求序列： 作业 1 请求 240 KB、作业 2 请求 120 KB、作业 3 请求 60 KB、作业 2 释放 120 KB、作业 4 请求 130 KB、作业 3 释放 60KB，请画出进行上述分配和回收后，内存实际使用的情况。

分析：伙伴系统中，当一个进程申请 K 字节内存空间时，系统会把一个大小为 2^U 字节的内存块($2^{U-1} < K \leqslant 2^U$)分配给它。如果没找到这样的内存块，但系统中还有更大的空闲块，则需将最接近要求的那个较大空闲块划分为两个大小相等的块(这两个块被称作一对伙伴)，直至找到合适大小的空闲块为止；回收时，如果两个相邻的空闲块为一对伙伴，则需要将它们合并成一个更大的空闲块。

答：对上述 6 个请求序列，进行内存分配和回收后，内存的使用情况分别如图 4.12 的 (a)、(b)、(c)、(d)、(e)所示，其中斜线部分表示内部碎片。

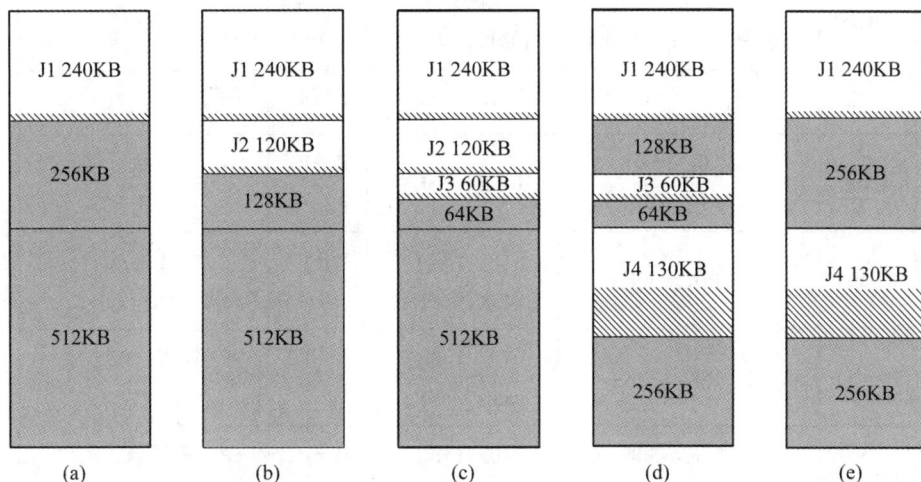

图 4.12 伙伴系统内存分配、回收示意图

【例8】 假设某多道程序设计系统中有供用户使用的内存 100 K，打印机 1 台。系统采用可变分区方式管理内存；对打印机采用静态分配，并假设输入输出操作的时间忽略不计；采用最短剩余时间优先的进程调度算法，进程剩余执行时间相同时采用先来先服务算法；进程调度时机选择在执行进程结束时或有新进程到达时。现有一进程序列如表 4-2 所示。

表 4-2 进程到达序列

进程号	进程到达时间	要求执行时间	要求主存量	申请打印机数
1	0	8	15K	1 台
2	4	4	30K	1 台
3	10	1	60K	0 台
4	11	20	20K	1 台
5	16	14	10K	1 台

假设系统优先分配内存的低地址区域，且不准移动已在主存中的进程，请：

(1) 给出进程调度算法选中进程的次序，并说明理由。

(2) 全部进程执行结束所用的时间是多少？

分析：本题将进程调度算法与内存分配的情况结合起来，思考的关键在于：只有处于就绪状态的进程才能参与 CPU 的竞争，也就是说，一个进程必须得到除了 CPU 以外的所需全部资源，才能被调度。因此，在做题过程中，只要将资源分配情况和进程的状态列出来，就可以很清楚地判断哪个进程在进程调度时可以得到 CPU。

答：(1) 整个过程中内存、打印机的使用情况和进程的状态信息如表 4-3 所示。图 4.13 则示出了进程到达和调度的情况。

表 4-3　资源使用情况和进程的状态

时间段	已分配分区 (进程，始址，大小)	空闲分区 (始址，大小)	打印机 R	进程状态
0~4	(1, 0, 15K)	(15K, 85K)	R→P1	P1 执行
4~8	(1, 0, 15K) (2, 15K, 30K)	(45K, 55K)	R→P1 P2→R	P1 执行 P2 阻塞
8~10	(2, 15K, 30K)	(0, 15K) (45K, 55K)	R→P2	P1 完成 P2 执行
10~11	(2, 15K, 30K)	(0, 15K) (45K, 55K)	R→P2	P1 完成，P2 执行 P3 后备
11~12	(2, 15K, 30K) (4, 45K, 20K)	(0, 15K) (65K, 35K)	R→P2 P4→R	P1 完成，P2 执行 P3 后备，P4 阻塞
12~16	(4, 45K, 20K)	(0, 45K) (65K, 35K)	R→P4	P1 完成，P2 完成 P3 后备，P4 执行
16~32	(4, 45K, 20K) (5, 0, 10K)	(10K, 35K) (65K, 35K)	R→P4 P5→R	P1 完成，P2 完成 P3 后备，P4 执行 P5 阻塞
32~33	(5, 0, 10K) (3, 10K, 60K)	(70K, 30K)	R→P5	P1 完成，P2 完成 P3 执行，P4 完成 P5 就绪
33~47	(5, 0, 10K)	(10K, 90K)	R→P5	P1 完成，P2 完成 P3 完成，P4 完成 P5 执行
47~		(0, 100K)	空闲	P1, P2, P3, P4, P5 全完成

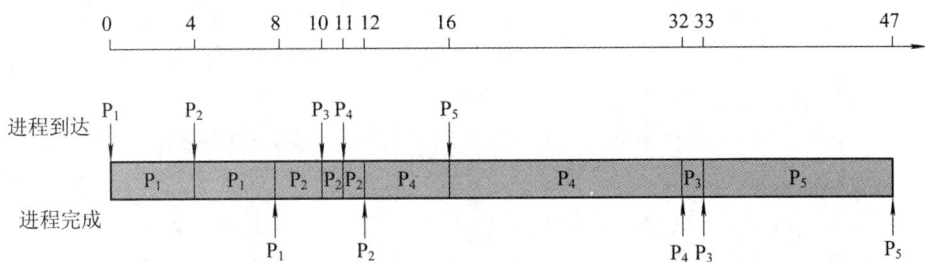

图 4.13 调度示意图

从上可看出，选中进程的顺序为 P_1、P_2、P_4、P_3、P_5。

(2) 时刻 47，所有的进程执行完毕。

【例 9】 在以进程为单位进行对换时，每次是否将整个进程换出？为什么？

答：在以进程为单位进行对换时，并非每次都将整个进程换出。这是因为：

(1) 从结构上讲，进程是由程序段、数据段和进程控制块组成的，其中进程控制块总有部分或全部常驻内存，不被换出。

(2) 程序段和数据段可能正被若干进程共享，此时它们也不能换出。

4.3.3 基本分页系统中的典型问题分析

【例 10】 为实现分页存储管理，需要哪些硬件的支持？

答：为了实现分页存储管理，需要得到页表机制和地址变换机构等硬件支持。

【例 11】 对一个将页表存放在内存中的分页系统：

(1) 如果访问内存需要 0.2 μs，有效访问时间为多少？

(2) 如果加一快表，且假定在快表中找到页表项的机率高达 90%，则有效访问时间又是多少(假定查快表需花的时间为 0)？

分析：每次访问数据时，若不使用快表，则需两次访问内存，即先从内存的页表中读出页对应的块号，然后再根据形成的物理地址去存取数据；使用快表时，若能从快表中直接找到对应的页表项，则可立即形成物理地址去访问相应的数据，否则，仍需两次访问内存。

答：(1) 有效访问时间为：$2 \times 0.2 = 0.4$ μs。

(2) 有效访问时间为：$0.9 \times 0.2 + (1 - 0.9) \times 2 \times 0.2 = 0.22$ μs。

【例 12】 某系统采用页式存储管理策略，拥有逻辑空间 32 页，每页 2 KB，拥有物理空间 1 MB。

(1) 写出逻辑地址的格式。

(2) 若不考虑访问权限等，进程的页表有多少项？每项至少有多少位？

(3) 如果物理空间减少一半，页表结构应相应作怎样的改变？

答：(1) 该系统拥有逻辑空间 32 页，故逻辑地址中页号必须用 5 位来描述；而每页为 2 KB，因此，页内地址必须用 11 位来描述，这样可得到它的逻辑地址格式：

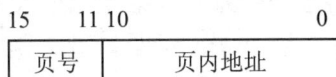

15	11 10		0
页号	页内地址		

(2) 每个进程最多有 32 个页面，因此，进程的页表项最多为 32 项；若不考虑访问权限等，则页表项中只需给出页所对应的物理块块号，1 MB 的物理空间可分成 2^9 个内存块，故每个页表项至少有 9 位。

(3) 如果物理空间减少一半，则页表中页表项数仍不变，但每项的长度可减少 1 位。

【例 13】 已知某分页系统，主存容量为 64 K 字节，页面大小为 1 K，对一个 4 页大的作业，其 0、1、2、3 页分别被分配到主存的 2、4、6、7 块中，试：

(1) 将十进制的逻辑地址 1023、2500、3500、4500 转换成物理地址；

(2) 以十进制的逻辑地址 1023 为例画出地址变换过程图。

分析： 在分页系统中进行地址转换时，地址变换机构将自动把逻辑地址转化为页号和页内地址，如果页号不小于页表长度，则产生越界中断；否则便以页号为索引去检索页表，从中得到对应的块号，并把块号和页内地址分别送入物理地址寄存器的块号和块内地址字段中，形成物理地址。

答： 对上述逻辑地址，可先计算出它们的页号和页内地址(逻辑地址除以页面大小，得到的商为页号，余数为页内地址)，然后通过页表转换成对应的物理地址。

① 逻辑地址 1023。1023/1 K，得到页号为 0，页内地址为 1023，查页表找到对应的物理块号为 2，故物理地址为 $2 \times 1 K + 1023 = 3071$。

② 逻辑地址 2500。2500/1K，得到页号为 2，页内地址为 452，查页表找到对应的物理块号为 6，故物理地址为 $6 \times 1 K + 452 = 6596$。

③ 逻辑地址 3500。3500/1K，得到页号为 3，页内地址为 428，查页表找到对应的物理块号为 7，故物理地址为 $7 \times 1 K + 428 = 7596$。

④ 逻辑地址 4500。4500/1K，得到页号为 4，页内地址为 404，因页号不小于页表长度，故产生越界中断。

(2) 逻辑地址 1023 的地址变换过程如图 4.14 所示，其中的页表项中没考虑每页的访问权限。

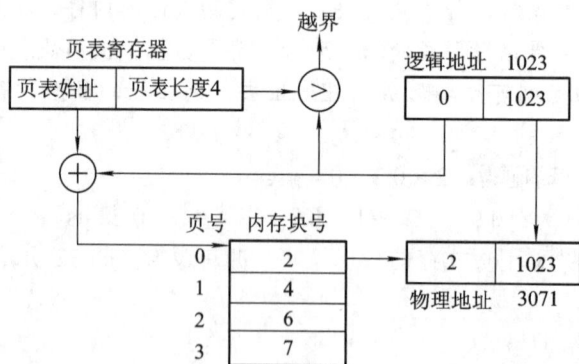

图 4.14　地址变换过程图

【例 14】 已知某系统页面长 4 KB，每个页表项 4 B，采用多层分页策略映射 64 位的用户地址空间。若限定最高层页表只占 1 页，问它可采用几层分页策略。

答： 由题意可知，该系统的用户地址空间为 2^{64} B，而页的大小为 4 KB，故一作业最多可有 $2^{64}/2^{12}$(即 2^{52})个页，其页表的大小则为 $2^{52} \times 4$(即 2^{54})B。因此，又可将页表分成 2^{42}

个页表页，并为它建立两级页表，两级页表的大小为 2^{44}B。依此类推，可知道它的 3、4、5、6 级页表的长度分别是 2^{34}B、2^{24}B、2^{14}B、2^4B，故必须采取 6 层分页策略。

4.3.4 基本分段系统中的典型问题分析

【例 15】 对于表 4-4 所示的段表，请将逻辑地址(0，137)，(1，4000)，(2，3600)，(5，230)转换成物理地址。

表 4-4 段 表

段号	内存始址	段长
0	50K	10K
1	60K	3K
2	70K	5K
3	120K	8K
4	150K	4K

分析：在分段系统中进行地址转换时，地址变换机构首先将逻辑地址中的段号与段表长度作比较，如果段号超长，则产生越界中断；否则便以段号为索引去检索段表，从中得到段在内存的始址和段长；然后再将逻辑地址中的段内地址与段表项中的段长作比较，若不越界，则由段的始址与段内地址相加，形成物理地址。

答：(1) 段号 0 小于段表长 5，故段号合法；由段表的第 0 项可获得段的内存始址为 50K，段长为 10K；由于段内地址 137，小于段长 10K，故段内地址也是合法的，因此可得出对应的物理地址为 50K + 137 = 51337。

(2) 段号 1 小于段表长，故段号合法；由段表的第 1 项可获得段的内存始址为 60K，段长为 3K；经检查，段内地址 4000 超过段长 3K，因此产生越界中断。

(3) 段号 2 小于段表长，故段号合法；由段表的第 2 项可获得段的内存始址为 70K，段长为 5K；故段内地址 3600 也合法。因此，可得出对应的物理地址为 70K+3600=75280。

(4) 段号 5 等于段表长，故段号不合法，产生越界中断。

【例 16】 什么是动态链接？用何种内存分配方法可以实现这种链接技术？

答：动态链接有装入时动态链接和运行时动态链接两种方式。装入时动态链接是指链接在装入时进行，即在装入一个目标模块时，若发生一个外部模块调用事件，则由装入程序去找出相应的外部模块，将它装入内存，并把它链接到调用者模块上去。运行时动态链接是指链接在运行时进行，即在执行过程中，当发现一个被调用模块尚未装入内存时，立即由 OS 去找出该模块，将它装入内存，并把它链接到调用者模块上。

采用分段存储管理方式可实现动态链接。分段方式中，段的划分由程序员或编译程序进行，每一段是一组具有相对完整意义的逻辑信息，因此用户可方便地将某个调用模块组织成一个独立的段，从而让系统在装入程序或运行程序时将相应的模块链接到调用者模块上。

【例 17】 试全面比较连续分配和离散分配。

答：如表 4-5 所示，可从以下六方面对连续分配和离散分配进行比较：

表 4-5　连续分配和离散分配的比较

技术性能	连续分配	离散分配
大批量数据的存取速度	较快	较慢
机制的复杂性	较简单	较复杂
内存碎片	较大	较小
实现虚拟技术	较难	较易
实现动态链接	较难	较易

4.4　习　　题

4.4.1　选择题

1. 从下列关于存储器管理功能的论述中，选出两条正确的论述。

(1) 即使在多道程序设计的环境下，用户也能设计出用物理地址直接访问内存的程序。

(2) 内存分配最基本的任务是为每道程序分配内存空间，其所追求的主要目标是提高存储空间的利用率。

(3) 为了提高内存保护的灵活性，内存保护通常由软件实现。

(4) 交换技术已不是现代操作系统中常用的技术。

(5) 地址映射是指将程序空间中的逻辑地址变为内存空间的物理地址。

(6) 虚拟存储器是物理上扩充内存容量。

2. 使每道程序能在不受干扰的环境下运行，主要是通过(A)功能实现的；使分配到与其地址空间不一致的内存空间的程序，仍能正常运行则主要是通过(B)功能实现的。

A，B：(1) 对换；(2) 内存保护；(3) 地址映射；(4) 虚拟存储器。

3. 静态重定位是在作业的(A)中进行的，动态重定位是在作业(B)中进行的。

A，B：(1) 编译过程；(2) 装入过程；(3) 修改过程；(4) 执行过程。

4. 在进程的地址空间中，有一条将第 1000 单元中的数据装入寄存器 R1 的指令"LOAD　R1，1000"，采用静态重定位技术时，装入内存后，该指令的第二个操作数(A)；采用动态重定位技术时，则(B)。

A：(1) 仍然为 1000；(2) 修改为 1000 和装入该进程的内存起始地址之和；

　　(3) 修改成重定位寄存器的内容；(4) 不确定。

5. 静态链接是在(A)进行的；而动态链接是在(B)或(C)进行的，其中在(C)进行链接，可提高内存利用率；适用于动态链接的存储方式是(D)。

A，B，C：(1) 编译某段程序时；(2) 装入某段程序时；(3) 调用某段程序时；

　　(4) 紧凑时；(5) 装入程序之前。

D：(1) 分段存储管理；(2) 分页存储管理；(3) 可变分区管理；(4) 固定分区管理。

6. 要保证进程在主存中被改变了位置后仍能正确执行，则对主存空间应采用(A)。

A：(1) 静态重定位；(2) 动态重定位；(3) 动态链接；(4) 静态链接。

7. 由连续分配方式发展为分页存储管理方式的主要推动力是(A)；由分页系统发展为分段系统，进而又发展为段页式系统的主要动力是(B)和(C)。

A，B，C：(1) 提高内存利用率；(2) 提高系统吞吐量；(3) 满足用户需要；

(4) 更好地满足多道程序运行的需要；(5) 既满足用户要求，又提高内存利用率。

8. 在动态分区式内存管理中，倾向于优先使用低址部分空闲区的算法是(A)；能使内存空间中空闲区分布得较均匀的算法是(B)；每次分配时，把既能满足要求，又是最小的空闲区分配给进程的算法是(C)。

A，B，C：(1) 最佳适应算法；(2) 最坏适应算法；(3) 首次适应算法；

(4) 循环首次适应算法。

9. 在首次适应算法中，要求空闲分区按(A)的顺序形成空闲分区链；在最佳适应算法中是按(B)的顺序形成空闲分区链；最坏适应算法是按(C)的顺序形成空闲链。

A，B，C：(1) 空闲区起始地址递增；(2) 空闲区起始地址递减；

(3) 空闲区大小递增；(4) 空闲区大小递减。

10. 在动态分区式内存管理中，若某一时刻，系统内存的分配情况如图 4.15 所示。当一进程要申请一块 20K 的内存空间时，首次适应算法选中的是始址为(A)的空闲分区，最佳适应算法选中的是始址为(B)的空闲分区，最坏适应算法选中的是始址为(C)的空闲分区。

图 4.15　内存分配情况

A，B，C，D：(1) 60K；(2) 200K；(3) 270K；(4) 390K。

11. 采用动态分区存储管理系统中，主存总容量为 55 MB，初始状态全空，采用最佳适应算法，内存的分配和回收顺序为：分配 15 MB，分配 30 MB，回收 15 MB，分配 8 MB，分配 6 MB，此时主存中最大的空闲分区大小是(A)；若采用的是首次适应算法，则应该是(B)。

A，B：(1) 7 MB；(2) 9MB；(3) 10 MB；(4) 15 MB。

12. 在伙伴系统中，一对空闲分区为伙伴是指(A)。

A：(1) 两个大小均为 2^k B 的相邻空闲分区；

(2) 两个大小可以相等或者不等，但均是 2 的幂的相邻空闲分区；

(3) 两个大小均为 2^k B 的相邻空闲分区，且前一个分区的起始地址是 2^{k+1} B 的倍数；

(4) 两个大小均为 2^k B 的相邻空闲分区，且后一个分区的起始地址是 2^{k+1} B 的倍数。

13. 在回收内存时可能出现下述四种情况：(1) 释放区与插入点前一分区 F1 相邻接,此时应(A)；(2) 释放区与插入点后一分区 F2 相邻接,此时应(B)；(3) 释放区不与 F1 和 F2 相邻接,此时应(C)；(4) 释放区既与 F1 相邻接,又与 F2 相邻接,此时应(D)。

    A，B，C，D：(1) 为回收区建立一分区表项,填上分区的大小和始址；

    (2) 以 F1 分区的表项作为新表项且不做任何改变；

    (3) 以 F1 分区的表项为新表项,但修改新表项的大小；

    (4) 以 F2 分区的表项作为新表项,同时修改新表项的大小和始址；

    (5) 以 F1 分区的表项为新表项,但修改新表项的大小且还要删除 F2 所对应的表项。

14. 对重定位存储管理方式,应(A),当程序执行时,是由(B)与(A)中的(C)相加得到(D),用(D)来访问内存。

    A：(1) 在整个系统中设置一个重定位寄存器；(2) 为每道程序设置一重定位寄存器；

    (3) 为每道程序设置两个重定位寄存器；

    (4) 为每个程序段和数据段都设置一重定位寄存器。

    B，C，D：(1) 物理地址；(2) 有效地址；(3) 间接地址；(4) 起始地址。

15. 对外存对换区的管理应以(A)为主要目标,对外存文件区的管理应以(B)为主要目标。

    A，B：(1) 提高系统吞吐量；(2) 提高存储空间的利用率；(3) 降低存储费用；

    (4) 提高换入换出速度。

16. 分页系统中,主存分配的单位是(A),而地址转换工作是由(B)完成的。

    A：(1) 字节；(2) 物理块；(3) 作业；(4) 段。

    B：(1) 硬件；(2) 地址转换程序；(3) 用户程序；(4) 装入程序。

17. 在页式存储管理中,其虚拟地址空间是(A)的；在段式存储管理中,其虚拟地址空间是(B)的；在段页式存储管理中,其虚拟地址空间是(C)的。

    A，B，C：(1) 一维；(2) 二维；(3) 三维；(4) 层次。

18. 在没有快表的情况下,分页系统每访问一次数据,要访问(A)次内存；分段系统每访问一次数据,要访问(B)次内存；段页式系统每访问一次数据,要访问(C)次内存。

    A，B，C：(1) 1；(2) 2；(3) 3；(4) 4。

19. 在段页式存储管理中,用于地址映射的映射表是(A)。

    A：(1) 每个进程一张段表,一张页表；(2) 进程的每个段均有一张段表和一张页表；

    (3) 每个进程一张段表,每个段一张页表；

    (4) 每个进程一张页表,每个段一张段表。

20. 通常情况下,在下列存储管理方式中,(A) 支持多道程序设计、管理最简单,但存储碎片多；(B) 使内存碎片尽可能少,而且使内存利用率最高。

    A，B：(1) 段式；(2) 页式；(3) 段页式；(4) 固定分区；(5) 可变分区。

21. 下述存储管理方式中,会产生内部碎片的是(A),会产生外部碎片的是(B)。

    A，B：(1) 页式和段式；(2) 页式和段页式；(3) 动态分区方式和段式；(4) 动态分区方式和段页式。

4.4.2 填空题

1. 使每道程序能在内存中"各得其所"是通过 ① 功能实现的；保证每道程序在不受

干扰的环境下运行,是通过 ② 功能实现的;为缓和内存紧张的情况而将内存中暂时不能运行的进程调至外存,是 ③ 功能实现的;能让较大的用户程序在较小的内存空间中运行,是通过 ④ 功能实现的。

2. 程序装入的方式有① 、 ② 和 ③ 三种方式。

3. 程序的链接方式有① 、 ② 和 ③ 三种方式。

4. 把作业装入内存中随即进行地址变换的方式称为 ① ;而在作业执行期间,当访问到指令和数据时才进行地址变换的方式称为 ② 。

5. 地址变换机构的基本任务是将 ① 中的 ② 变换为 ③ 中的 ④ 。

6. 通常,用户程序使用 ① 地址,处理机执行程序时则必须用 ② 地址。

7. 在首次适应算法中,空闲分区以 ① 的次序拉链;在最佳适应算法中,空闲分区以 ② 的次序拉链。

8. 在连续分配方式中可通过 ① 来减少内存零头,它必须得到 ② 技术的支持。

9. 在伙伴系统中,令 $buddy_k(x)$ 表示大小为 2^k、起始地址为 x 的块的伙伴的地址,则 $buddy_k(x)$的通用表达式为 ① 。

10. 实现进程对换应具备 ① 、 ② 和 ③ 三方面的功能。

11. 分页系统中若页面较小,虽有利于 ① ,但会引起 ② ;而页面较大,虽可减少 ③ ,但会引起 ④ 。

12. 分页系统中,页表的作用是实现 ① 到 ② 的转换。

13. 在分页系统中为实现地址变换而设置了页表寄存器,其中存放了处于 ① 状态进程的 ② 和 ③ ;而其他进程的上述信息则被保存在 ④ 中。

14. 引入分段主要是满足用户的需要,具体包括 ① 、 ② 、 ③ 、 ④ 等方面。

15. 在页表中最基本的数据项是 ① ;而在段表中则是 ② 和 ③ 。

16. 把逻辑地址分成页号和页内地址是由 ① 进行的,故分页系统的作业地址空间是 ② 维的;把逻辑地址分成段号和段内地址是由 ③ 进行的,故分段系统的作业地址空间是 ④ 维的。

17. 在段页式系统中(无快表),为获得一条指令或数据,都需三次访问内存。第一次从内存中取得 ① ;第二次从内存中取得 ② ;第三次从内存中取得 ③ 。

第五章 虚拟存储器

本章主要讲述虚拟存储器的基本概念和实现技术，具体包括程序执行的局部性原理、虚拟存储器的定义和基本特征、请求调页存储管理方式和请求调段存储管理方式等内容。

5.1 基本内容

5.1.1 虚拟存储器的基本概念

1. 虚拟存储器的引入

1) 常规存储管理方式的特征

上一章所介绍的存储管理方式统称为常规存储管理方式，且具有以下两个共同的特征：

(1) 一次性。作业在运行前必须一次性地全部装入内存后方能开始运行。

(2) 驻留性。作业装入内存后，便一直驻留在内存中，直至作业运行结束。

一次性及驻留性，使许多在程序运行中不用或暂时不用的程序或数据占据大量的内存空间，使得一些需要运行的作业无法装入运行；而且若一个程序所要求的内存空间超过了内存实际容量，则该程序必定无法装入内存运行。

2) 局部性原理

程序局部性原理是由 Denning.P 于 1968 年提出的，它是指程序在执行时将呈现出局部性规律，即在一较短的时间内，程序的执行仅局限于某个部分，相应地，它所访问的存储空间也仅局限于某个区域。局部性可表现在以下两个方面：

(1) 时间局部性。如果程序中的某条指令一旦执行，则不久以后该指令可能再次执行；如果某个数据被访问，则不久以后该数据可能被再次访问。产生时间局部性的典型原因是程序中存在着大量的循环操作。

(2) 空间局部性。一旦程序访问了某个存储单元，则不久以后，其附近的存储单元也将被访问，即程序在一段时间内所访问的地址，可能集中在一定的范围内，其典型情况便是程序的顺序执行。

2. 虚拟存储器的定义及特征

基于局部性原理，应用程序在运行之前并不必全部装入内存，仅须将当前要运行的那部分程序和数据装入内存便可启动程序的运行，其余部分仍驻留在外存上；当要执行的指令或访问的数据不在内存时，再由 OS 自动通过请求调入功能将它们调入内存，以使程序能继续执行；如果此时内存已满，则还需通过置换功能，将内存中暂时不用的程序或数据调至磁盘上，腾出足够的内存空间后，再将要访问的程序或数据调入内存，使程序继续执行。这样，便可使一个大的用户程序能在较小的内存空间中运行；也可在内存中同时装入更多的进程使它们并发执行。从用户的角度看，该系统具有的内存容量比实际的内存容量大得多，我们将这种具有请求调入功能和置换功能、能从逻辑上对内存容量加以扩充的存储器系统称为虚拟存储器。

虚拟存储器具有以下主要特征：

(1) 多次性。与常规存储管理的"一次性"相反，虚拟存储器将一个作业分成多次调入内存，多次性是虚拟存储器最重要的特征。

(2) 对换性。与常规存储管理的"驻留性"相反，在作业运行期间，虚拟存储器允许将那些暂不使用的程序或数据从内存调至对换区，待以后需要时再调入内存，从而有效地提高内存利用率。

(3) 虚拟性。虚拟存储器对内存的扩充是逻辑上的，用户所看到的大容量只是一种感觉，并不实际存在，因此是虚拟的。虚拟性是实现虚拟存储器的目标。

另外需要说明的是，虚拟存储器必须建立在离散分配的基础上，因此其实现方式也可分成请求分页、请求分段和请求段页式等方式。在实现过程中，虚拟存储器必须得到一定的硬件支持，如：系统必须具有一定容量的内存和较大容量的外存，必须提供请求分页(段)的页(段)表机制，以及缺页(段)中断机构和地址变换机构；还需要得到实现请求调页(段)的软件以及实现页(段)置换的软件的支持。

5.1.2　请求分页存储管理方式

在分页的基础上增加请求调页功能和页面置换功能，便形成了能支持虚拟存储器功能的请求分页系统。由于每次调入和换出的基本单位都是固定长度的页，使得请求分页系统的实现比请求分段系统更简单。因此，它是目前最常用的一种实现虚拟存储器的方式。

1. 请求分页的基本原理

请求分页系统对地址空间和内存空间的管理采用与基本分页系统相同的方式，但它只要求将作业的部分页面装入内存，便可开始运行作业，作业的其余部分被存放在磁盘中。

请求分页系统的硬件提供了请求页表机制，用来实现逻辑地址到物理地址的映射。其中，每个页表项中除了内存块号和存取访问字段外，还增加了以下内容：

(1) 状态位(存在位)P。用于指示该页是否已调入内存，以供程序访问时参考。

(2) 访问字段 A。用于记录本页在最近一段时间内被访问的次数或最近已有多长时间未被访问，供置换算法在选择换出页面时参考。

(3) 修改位 M。表示该页在调入内存后是否被修改过，供换出页面时参考，以决定是否需要将换出页重新写回外存。

(4) 外存地址。用于指出该页在外存上的地址，供调入页面时参考。

在请求分页系统中，当进程需要访问某条指令或某个数据时，硬件地址变换机构将根据逻辑地址中的页号去检索内存中的页表，并根据相应页表项的存在位 P 来判断该指令或数据所在的页是否已装入内存，若已装入内存，则可立即从页表项中得到该页的内存块号，并与页内地址拼接形成指令或数据的物理地址，同时还需修改页表项中的访问位，对于写指令，则还需将修改位置成"1"。若所要访问的页还未调入内存，便产生一缺页中断，此时，上述访问缺页的作业将被中断，控制将转向缺页中断处理程序。

缺页中断处理程序用来完成页面的调入工作。若系统中仍有空闲的内存块，则只需根据页表项中的外存地址将所缺的页装入内存，然后修改页表项中的存在位和内存块号即可；否则，若系统中无空闲的内存块，则需要根据置换算法淘汰内存中的某一页，对已被修改过的淘汰页则还需要先将其写入磁盘，然后再将所缺的页调入内存。

2. 内存分配策略和置换策略

在请求分页系统中，可采取两种内存分配策略，即固定分配和可变分配。在进行置换时，也可采取两种策略，即全局置换和局部置换。于是可组合出以下三种适用的策略：

(1) 固定分配局部置换策略。采用该策略时，为进程分配的物理块数目，在进程的整个生命期都固定不变，若进程因调入页面而需要换出某个页面，则只能换出它自己的内存页面。由于进程是动态的，即使在运行之前为它分配了适当数目的内存块，在采用固定分配局部置换策略时，进程在运行过程中仍然可能会因内存块太少而频繁缺页，或者因内存块太多而浪费空间。

(2) 可变分配全局置换策略。采用该策略时，系统先为每个进程分配一定数目的物理块，当进程发生缺页时，若系统中有空闲的物理块，则为其分配一个物理块并装入缺页；若系统中已没有空闲的物理块，则从内存中选择一页换出，再装入缺页，被换出的页可以是系统中任一进程的页，这样，自然又会使那个进程的物理块减少，进而使其缺页率增加。

(3) 可变分配局部置换策略。在采用该策略时，为每个进程分配一定数目的物理块后，若某个进程发生缺页，则只能将自己的某个内存页换出。如果进程在运行中频繁发生缺页中断，则系统须为该进程分配若干附加的物理块，直至其缺页率减少到适当程度为止；反之，若一个进程的缺页率特别低，则可适当减少分配给它的物理块，但不应引起其缺页率的明显增加。因此，可变分配局部置换策略可获得较高的内存空间利用率，同时又能保证每个进程有较低的缺页率。

3. 调页策略

1) 请求调页策略

请求调页策略是指，当进程在运行中需要访问某部分程序和数据时，若发现其所在的页面不在内存，便立刻发出缺页中断，请求 OS 将所需页面调入内存。单纯采用请求调页策略的系统，在进程刚启动时，缺页中断会发生得比较频繁，由于程序访问的局部性，一段时间后，缺页率会降至较低。对一个被整体换出的进程，重新开始执行时，也具有上述情况。

2) 预调页策略

预调页策略是指，将那些预计在不久之后便会访问到的几个页面，预先调入内存的策略。如果这些页被存放在外存的一个连续区域中，则通过预调页将它们一次调入内存将比一次只调入一页要高效得多。但预测哪些页面在不久之后便会被访问是十分困难的，其成功率只有 50%。故预调页策略主要用于进程首次调入和整体换入时，由程序员或系统指出应该先调入哪些页面，这样，可使刚开始执行的进程缺页率明显降低。

5.1.3　置换算法

在无空闲的内存块时，若要调入某个缺页，便必须将内存中的某个页面换出到磁盘对换区，用来选择换出页面的算法被称作置换算法。下面将介绍几种常用的置换算法。

1. 最佳(OPT)置换算法

OPT 算法选择以后不再使用或在最长时间内不再被访问的内存页面予以淘汰。采用 OPT 算法可保证获得最低的缺页率，但由于人们无法预知哪个页是未来最长时间内不被访问的，该算法只能是一种理论上的算法，它常被用来评价其他算法的优劣。

2. 先进先出(FIFO)置换算法

FIFO 算法总是选择最先进入内存的页面予以淘汰。它实现简单，但往往与进程实际运行的规律不相符，有些页面，如存放全局变量、常用函数的页面，在整个进程的运行过程中将会被频繁访问，但 FIFO 算法却不能保证它们不被淘汰，因此，在实际应用中很少使用纯粹的 FIFO 算法。

3. 最近最久未使用(LRU)算法及其近似算法

LRU 算法赋予每个页面一个访问字段，用来记录相应页面自上次被访问以来所经历的时间 t，当淘汰一个页面时，应选择所有页面中其 t 值最大的页面，即内存中最近一段时间内最长时间未被使用的页面。LRU 算法利用"最近的过去"作为"最近的将来"的近似，由于程序访问的时间局部性，它一般能有较好的性能，但为了快速地判断哪一页是最近最久未用的页面，它需要较多的硬件支持，会增加系统的成本，故在实际应用中，大多只采用 LRU 的近似算法。

Clock 算法就是一种常用的 LRU 近似算法，它为每个页设置一位访问位，再将内存中的所有页面通过链接指针链成一个循环队列。当某页被访问时，其访问位由硬件置 1。置换算法从替换指针开始顺序检查循环队列中的各个页，如果其访问位为 0，就选择该页换出并将替换指针指向下一个页面；若访问位为 1，则将它置为 0，并继续向下查找。由于该算法只有一位访问位，只能用来表示一页最近是否被访问过，并选择最近未被访问过的页面作为淘汰页，故又称为最近未用(NRU)算法。

如果一个页在换入内存后曾被修改过，则换出时需要将它写入磁盘，否则就不必写入磁盘。考虑到这种置换代价，可将上面的 Clock 算法作以下改进：首先从替换指针开始第一次扫描循环队列，并选择首个访问位和修改位都为 0 的页面进行换出；如果扫描一轮仍没找到换出页，则开始第二轮扫描，并选择首个访问位为 0、修改位为 1 的页面进行换出，扫描过程中将所有扫描过的页面的访问位置 0；如果仍未找到换出页，则重新开始上面的第一轮扫描，必要时再重复第二轮扫描，便一定能找到被换出的页。

4. 最少使用(LFU)置换算法

LFU 算法选择最近一段时间内，内存中访问次数最少的页面进行淘汰。LFU 算法的实现同样需要得到较多硬件的支持，而且对一个新调入的页面，可能会因它的访问次数最少而被淘汰，而另一些页面因为在某个时候被访问多次，即使以后不再使用，也不会马上被淘汰，从而使 LFU 算法性能不佳，因此该算法并不常用。

5. 页面缓冲算法 PBA

采用 PBA 算法时，被换出的页面仍留在内存的空闲块中，所有的空闲块形成一个空闲页面缓冲池。因此，发生缺页时，如果能从空闲页面缓冲池中找到所缺的页，则直接可将对应的物理块分配给进程而无需启动磁盘 I/O，否则，需要为缺页分配一个空闲块并将所缺的页读入其中；同时还需按照某种算法(如实现非常简单的 FIFO 算法)选择一个淘汰页，该淘汰页所占用的内存块被作为空闲块，加入到空闲页面缓冲池中。有的系统，如 VAX/VMS 系统，还根据淘汰页是否需要写回磁盘，而把空闲页面缓冲池中的空闲块组织成空闲页面链表和修改页面链表两个链表，每次分配内存块时，总是将空闲页面链表中的第一个物理块分配出去，而当修改页面链表中的空闲块数达到一定数量时，再将它们一起写回磁盘，以减少磁盘 I/O 的次数，提高系统效率。

置换算法的好坏将直接影响到系统的性能，不适当的算法可能会导致进程发生"抖动"，即刚被换出的页很快又要被访问，为此，又要换出其他页，而该页又很快被访问，如此频繁地置换页面，以致大部分的时间都花在页面的置换上。通常，可通过调节内存中多道程序的度来控制"抖动"的发生。

5.1.4 请求分段存储管理方式

1. 请求分段的基本原理

与请求分页系统类似，在分段的基础上增加请求调段功能和段置换功能，便可形成具有虚拟存储器功能的请求分段系统。

请求分段系统的段表中也需增加状态位 P、访问字段 A、修改位 M、外存地址等内容，它们的含义与请求分页系统中相同，在允许分段动态增长的系统中，段表中还设有增补位，用来表示每个段在运行过程中，是否做过动态增长。

请求分段系统的地址变换机构，是在分段系统地址变换机构的基础上形成的。若段表项中的存在位指示段在内存，则可根据段的内存基址和段内地址形成物理地址，并修改段表项中的访问位和修改位；如果分段不在内存，则将发出缺段中断，请求 OS 将所缺的段调入内存，并在相应段调入内存后，再利用已修改的段表进行地址变换。在调入所缺的段时，若内存中有足够大的空闲分区，则可根据段表中的外存地址直接装入分段；否则，若空闲分区总和能满足需要，则可在紧凑后将所缺的分段装入内存；如果空闲分区的总和也难以满足需要，则必须根据置换算法淘汰一个或几个段，以形成一个足够的空闲分区，再将所缺的分段装入内存。

2. 分段的共享

为了实现分段共享，可在系统中配置一张共享段表，每个共享段都在共享段表中占一表项。共享段表项中记录了共享段的具体信息，如：段名、段长、内存始址、状态(存在)位、外存始址以及共享该段的进程引用计数等；还记录有共享该段的所有进程的信息，如：进程名、进程号、共享段在进程中的段号、进程对该段的存取控制权限等。

首次被请求时，系统会为共享段分配一物理区，再把共享段调入该区，同时将该区的始址，填入请求进程的段表的相应项中，还须在共享段表中增加一表项，填写共享段的信息和请求使用该共享段的进程的信息，其引用计数为 1。以后，当又有其他进程需要调用该共享段时，则无须再为该段分配内存，而只需在调用进程的段表中，填写该共享段的物理地址，并在共享段表的对应表项中填上调用进程的信息，引用计数增加 1。当共享段被释放时，需对引用计数进行减 1 操作，只有当引用计数为 0 时，才能回收该共享段的物理内存，并取消其在共享段表中的表项。

3. 分段的保护

在分段系统中，由于每个分段在逻辑上是相对独立的，因而比较容易实现信息保护。目前，常采用以下几种措施，来确保信息的安全。

(1) 越界检查。在分段系统中，地址变换机构将比较逻辑地址中的段号与段表寄存器中的段表长度，以及逻辑地址中的段内地址和段表项中的段长，如果段号太大或段内地址太大，都将发生越界中断。

(2) 存取控制检查。分段系统的段表项中设有存取控制字段，用来规定相应段的访问权限(如只读、只执行、可读/写等)，在地址转换过程中，将自动检查本次操作是否与存取控制字段中的访问方式相符，若不相符，则发出保护性中断信号。

(3) 环保护机制。采用环保护机制的计算机系统中，CPU 可以有多种执行状态，每种状态具有不同的特权，因此形成多个特权环。通常较低编号的环具有较高的特权，并规定一个程序可以访问驻留在相同环或特权更低的环中的数据，可以调用驻留在相同环或特权更高的环中的服务。这样，只要将程序和数据安排在不同的特权环内，如 OS 核心处于 0 环内、某些重要的系统软件占据中间环、普通用户程序安排在外环上，便可对信息进行有效的保护。

5.2　重点、难点学习提示

本章的目的是理解虚拟存储器的基本概念和它的实现方法，为此应对以下几个重点、难点问题作认真的学习，并切实掌握其中的内容。

1. 虚拟存储器的基本概念

虚拟存储管理技术已被广泛地应用于现代操作系统中，它的主要功能是从逻辑上扩充内存的容量。由于它是存储器管理中的重点部分，故在学习时，应对下述几个问题有较清楚和深入的理解。

(1) 为什么要引入虚拟存储器。引入虚拟存储器主要是为了解决内存空间不足的问题，在学习时应了解虚拟存储器是如何扩充内存容量的，为什么一次性和驻留性并非是程序运行所必需的条件，或者说，为什么只需将部分程序和数据装入内存，便能完成整个程序的运行。

(2) 虚拟存储器具有哪些特征。虚拟存储器具有多次性、对换性和虚拟性的特征，读者必须了解每种特征的具体含义，以及它们相互之间存在着什么样的关系，它们与离散分配之间又存在着什么样的关系。

(3) 实现虚拟存储器的关键技术是什么。实现虚拟存储器的关键是请求调页(段)技术和页(段)置换技术，在学习时应清楚的了解，这些技术的实现需要得到哪些硬件支持和软件支持。

2. 请求分页系统的基本原理

请求分页系统是目前最常用的一种实现虚拟存储器的方式，它只需将作业当前要用到的部分页面装入内存，便可启动作业的运行。在学习时应对下述内容有较深刻的理解和掌握：

(1) 页表机制。为实现虚拟存储器，必须扩充页表项的内容，读者应了解除了内存块号和存取权限字段以外，页表中还必须增加哪些字段，为什么要增加这些字段。

(2) 地址变换过程。请求分页系统的地址变换也必须通过地址变换机构进行，读者应了解请求分页系统的地址变换机构，是在基本分页系统的地址变换机构的基础上增加了哪些功能而形成的。

3. 页面置换算法

页面置换算法直接影响到虚拟存储器的性能，从而影响到整个计算机的性能，故在学习时应该深入理解。

(1) LRU 算法。LRU 算法选择最近一段时间内最久没有使用的页面予以淘汰，在学习时首先应了解什么原因使 LRU 算法具有比较好的性能，但又是什么原因导致实际中一般只使用 LRU 近似算法。

(2) 页面缓冲池算法 PBA。PBA 在系统中保留了一个空闲页面缓冲池，在学习时应清楚地了解分配给换入页的物理块与存放换出页的物理块是否必须为同一个块，为什么 PBA 能有效地减少页面换入、换出的频率。

5.3 典型问题分析和解答

5.3.1 虚拟存储器基本概念中的典型问题分析

【例1】 什么是虚拟存储器？如何实现页式虚拟存储器？

答：虚拟存储器是指具有请求调入功能和置换功能，能从逻辑上对内存容量进行扩充的一种存储系统。从用户观点看，虚拟存储器具有比实际内存大得多的容量，其逻辑容量由逻辑地址结构以及内存和外存容量之和决定，其运行速度接近于内存的速度，而每位成本却又接近于外存。

为实现虚拟存储器，首先需要扩充页表，增加状态位以指出所需页是否在内存，增加外存始址以便调入页面，增加引用位以供置换算法用，增加修改位使得换出时减少写入磁盘次数。另外，还要使用以下两种关键技术。

(1) 请求调页技术。该项技术是指及时将进程所要访问的、不在内存中的页调入内存。该功能是由硬件(缺页中断机构发现缺页)和软件(将所需页调入内存)配合实现的。

(2) 置换页技术。该项技术是指当内存中已无足够空间用来装入即将调入的页时，为了保证进程能继续运行，系统必须换出内存中的部分页，以腾出足够的空间。具体的置换操作并不复杂，其关键是应将哪些页换出，即采取什么置换算法。

【例2】 "整体对换从逻辑上也扩充了内存，因此也实现了虚拟存储器的功能"这种说法是否正确，请说明理由。

答：上述说法是错误的。整体对换将内存中暂时不用的某个程序及其数据换出至外存，腾出足够的内存空间以装入在外存中的、具备运行条件的进程所对应的程序和数据。虚拟存储器是指仅把作业的一部分装入内存便可运行作业的存储器系统，是指具有请求调入功能和置换功能、能从逻辑上对内存容量进行扩充的一种存储器系统，它的实现必须建立在离散分配的基础上。虽然整体对换和虚拟存储器均能从逻辑上扩充内存空间，但整体对换不具备离散性，实际上，在具有整体对换功能的系统中，进程的大小仍将受到实际内存容量的限制。

5.3.2 请求分页/段系统中的典型问题分析

【例3】 在请求分页系统中，为什么说一条指令执行期间可能产生多次缺页中断？

答：因请求调页时，只要作业的部分页在内存，该作业就能执行，而在执行过程中发现所要访问的指令或数据不在内存时，则产生缺页中断，将所需的页面调入内存。在请求调页系统中，一条指令(如 copy A to B)可能跨了两个页，而其中要访问的操作数可能与指令不在同一个页上，且操作数本身也可能垮了两个页。当要执行这类指令，而相应的页都不在内存时，就将产生多次缺页中断。

【例4】 在置换算法中，LRU 和 LFU 哪个更常用？为什么？

答：LRU 置换算法比 LFU 置换算法更常用。

置换算法总是希望被换出的页(段)，在不久的将来再被访问的概率尽可能小。然而 LFU 算法往往不能实现这一点。因为在 LFU 算法中，某页被访问的次数是用计数器计数的，在有些情况下，刚被调入的页(段)由于局部性原理，可能立即被访问多次，因而其计数器的计数值会很大；但过了这一小段时间后，该页(段)又不再被访问。这样，在根据置换算法确定的原则选择某一页(段)将之换出时，这样的页(段)会被留在内存中，而将其他页(段)换出去。如此被调出的页(段)，虽然在刚才一段时间内其被访问次数的计数值较小，但有可能马上又要访问。可见，LFU 算法的置换选择可能导致较坏的选择。

但在 LRU 算法中，由于是选择最近最久未被访问的页(段)置换出去，即预计在最近的将来该页被访问的概率也很小。所以，这种置换算法可能导致较好的选择，这使 LRU 算法或其近似算法，获得了较好的应用。

【例5】在一采取局部置换策略的请求分页系统中，分配给某个作业的内存块数为4，其中存放的四个页面的情况如表 5-1 所示：

表 5-1 具有四个页面的作业页表

物理块	虚页号	装入时间	最后一次访问时间	访问位	修改位
0	2	60	157	0	1
1	1	160	161	1	0
2	0	26	158	0	0
3	3	20	163	1	1

表中的所有数字均为十进制数，所有时间都是从进程开始运行时，从 0 开始计数的时钟数。请问，如果系统采用下列置换算法，将选择哪一页进行换出？

(1) FIFO 算法；

(2) LRU 算法；

(3) 改进的 Clock 算法。

分析：FIFO 算法即先进先出算法，它选择最先装入内存的页面进行换出；LRU 算法即最近最久未用置换算法，它选择最近最长时间没被使用的页面进行换出；改进的 Clock 算法是一种常用的 LRU 近似算法，它优先选择访问位和修改位均为 0 的页面进行换出。

答：(1) FIFO 算法选择的换出页是物理块 3 中的第 3 页。

(2) LRU 算法选择的换出页是物理块 0 中的第 2 页。

(3) 改进的 Clock 算法选择的换出页是物理块 2 中的第 0 页。

【例6】 在一个请求分页系统中，假如一个作业的页面走向为 4，3，2，1，4，3，5，4，3，2，1，5，目前它还没有任何页装入内存，当分配给该作业的物理块数目 M 分别为 3 和 4 时，请分别计算采用 LRU 和 FIFO 页面淘汰算法时，访问过程中所发生的缺页次数和缺页率，并比较所得的结果。

分析：如果所访问的页还没装入内存，便将发生一次缺页中断，访问过程中发生缺页中断的次数就是缺页次数，而缺页的次数除以总的访问次数，就是缺页率。

答：(1) 使用 LRU 算法时，访问过程中发生缺页的情况为：当 M = 3 时，缺页次数为 10，缺页率为 10/12(如表 5-2 所示)；当 M 为 4 时，缺页次数为 8，缺页率为 8/12(如表 5-3 所示)。可见，增加分配给作业的内存块数，可减少缺页次数，从而降低缺页率。

表5-2 访问过程中的缺页情况(M = 3，LRU 算法)

页面走向	4	3	2	1	4	3	5	4	3	2	1	5
缺页	✓	✓	✓	✓	✓	✓	✓			✓	✓	✓
最近最长时间未用的内存页			4	3	2	1	4	3	5	4	3	2
↓		4	3	2	1	4	3	5	4	3	2	1
最近刚使用过的内存页	4	3	2	1	4	3	5	4	3	2	1	5
被换出的页				4↓	3↓	2↓	1↓			5↓	4↓	3↓

表5-3 访问过程中的缺页情况(M = 4，LRU 算法)

页面走向	4	3	2	1	4	3	5	4	3	2	1	5
缺页	✓	✓	✓	✓			✓			✓	✓	✓
最近最长时间未用的内存页				4	3	2	1	1	1	5	4	3
↓			4	3	2	1	4	3	5	4	3	2
		4	3	2	1	4	3	5	4	3	2	1
最近刚使用过的内存页	4	3	2	1	4	3	5	4	3	2	1	5
被换出的页							2↓			1↓	5↓	4↓

(2) 使用 FIFO 算法时，访问过程中发生缺页的情况为：当 M = 3 时，缺页次数为 9，缺页率为 9/12(如表 5-4 所示)；当 M 为 4 时，缺页次数为 10，缺页率为 10/12(如表 5-5 所示)。可见，增加分配给作业的内存块数，反而增加了缺页次数，提高了缺页率，这种异常现象被称作 Belady 现象。

表 5-4　访问过程中的缺页情况(M=3，FIFO 算法)

页面走向	4	3	2	1	4	3	5	4	3	2	1	5
缺页	✓	✓	✓	✓	✓	✓	✓			✓	✓	
最早进入内存的页面			4	3	2	1	4	4	4	3	5	5
↓		4	3	2	1	4	3	3	3	5	2	2
最晚进入内存的页面	4	3	2	1	4	3	5	5	5	2	1	1
被换出的页			4↓	3↓	2↓	1↓				4↓	3↓	

表 5-5　访问过程中的缺页情况(M=4，FIFO 算法)

页面走向	4	3	2	1	4	3	5	4	3	2	1	5
缺页	✓	✓	✓		✓		✓	✓	✓	✓	✓	✓
最早进入内存的页面				4	4	4	3	2	1	5	4	3
↓			4	3	3	3	2	1	5	4	3	2
↓		4	3	2	2	2	1	5	4	3	2	1
最晚进入内存的页面	4	3	2	1	1	1	5	4	3	2	1	5
被换出的页							4↓	3↓	2↓	1↓	5↓	4↓

【例 7】　某页式虚拟存储管理系统中，页面大小为 1K 字节，一进程分配到的内存块数为 3，并按下列地址顺序引用内存单元：3635，3632，1140，3584，2892，3640，0040，2148，1700，2145，3209，0000，1102，1100。如果上述数字均为十进制数，而内存中尚未装入任何页，请：

(1) 给出使用 LRU 算法时的缺页次数，并与使用 FIFO 算法时的情况进行比较；

(2) 用流程图的方式解释地址变换的过程(缺页时只需指出产生缺页中断以请求调页，具体的中断处理流程不需画出)。

答：(1) 根据题意，分配给作业的内存块数为 3，而页面的引用次序为：3、3、1、3、2、3、0、2、1、2、3、0、1、1。因此，可以计算出，采用 LRU 算法时，缺页次数为 8；采用 FIFO 算法时，缺页次数为 6。

LRU 算法用最近的过去作为预测最近的将来的依据，因为程序执行的局部性规律，一般有较好的性能，但实现时，要记录最近在内存的每个页面的使用情况，比 FIFO 算法困难，其开销也大。有时，因页面的过去和未来的走向之间并无必然的联系，如上面，LRU 算法的性能就没想象中那么好。

(2) 地址变换的流程图如图 5.1 所示。

程序请求访问一页 → 开始

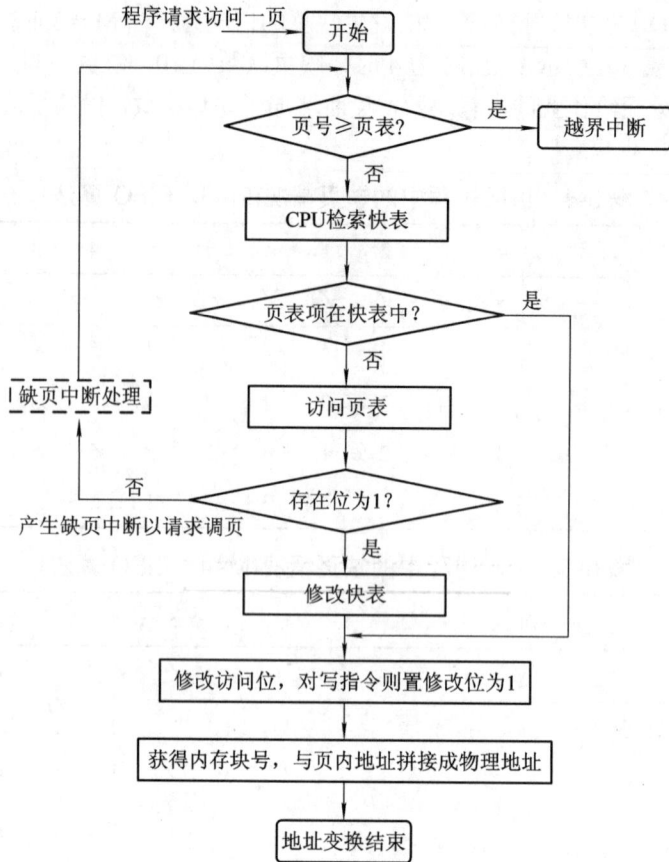

图 5.1　地址变换流程图

【例8】 有一二维数组:

　　VAR　A:ARRAY[1..100, 1..100] OF integer;

按先行后列的次序存储。对一采用 LRU 置换算法的页式虚拟存储器系统,假设每页可存放 200 个整数。若分配给一个进程的内存块数为 3,其中一块用来装入程序和变量 i、j,另外两块专门用来存放数组(不作他用),且程序段已在内存,但存放数组的页面尚未装入内存。请分别就下列程序,计算执行过程中的缺页次数。

程序 1:

　　FOR I := 1 TO 100 DO

　　　　FOR j := 1 TO 100 DO

　　　　　　A[i,j] := 0

程序 2:

　　FOR j := 1 TO 100 DO

　　　　FOR i := 1 TO 100 DO

　　　　　　A[i,j] := 0

　　答:对程序 1,首次缺页中断(访问 A[0, 0]时产生)将装入数组的第 1、2 行共 200 个整数,由于程序是按行对数组进行访问的,只有在处理完 200 个整数后才会再次产生缺页中断;以后每调入一页,也能处理 200 个整数,因此,处理 100×100 个整数共将发生 50 次缺页。

　　对程序 2,首次缺页中断同样将装入数组的第 1、2 行共 200 个整数,但由于程序是按列对数组进行访问的,因此在处理完 2 个整数后又会再次产生缺页中断;以后每调入一页,也只能处理 2 个整数，因此，处理 100×100 个整数共将发生 5000 次缺页。

【例 9】 某虚拟存储器的用户空间共有 32 个页面，每页 1 KB，主存 16 KB。假定某时刻系统为用户的第 0、1、2、3 页分配的物理块号为 5、10、4、7，而该用户作业的长度为 6 页，试将十六进制的虚拟地址 0A5C、103C、1A5C 转换成物理地址。

答：由题目所给条件可知，该系统的逻辑地址有 15 位，其中高 5 位为页号，低 10 位为页内地址；物理地址有 14 位，其中高 4 位为块号，低 10 位为块内地址。另外，由于题目中给出的逻辑地址是十六进制数，故可先将其转换成二进制数以直接获得页号和页内地址，再完成地址的转换。

(1) 如图 5.2 所示，逻辑地址 $(0A5C)_{16}$ 的页号为 $(00010)_2$，即 2，故页号合法；从页表中找到对应的内存块号为 4，即 $(0100)_2$；与页内地址 $(10\ 0101\ 1100)_2$ 拼接形成物理地址 $(010010\ 0101\ 1100)_2$，即 $(125C)_{16}$。

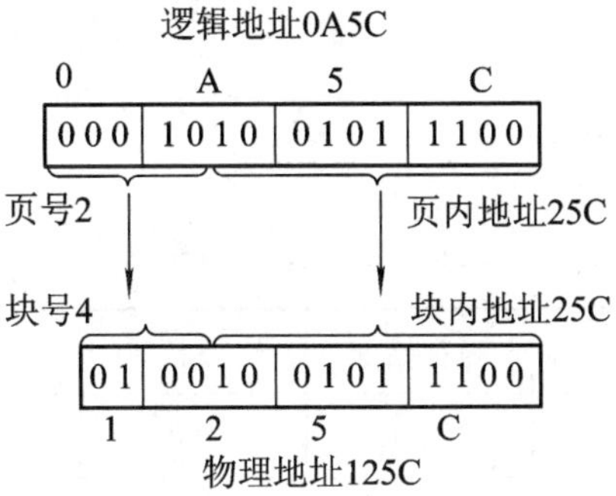

图 5.2 十六进制的地址转换

(2) 逻辑地址 $(103C)_{16}$ 的页号为 4，页号合法，但该页未装入内存，故产生缺页中断。

(3) 逻辑地址 $(1A5C)_{16}$ 的页号为 6，为非法页号，故产生越界中断。

【例 10】 考虑一个请求调页系统，它采用全局置换策略和平均分配内存块的算法(即，若有 m 个内存块和 n 个进程，则每个进程分得 m/n 个内存块)。如果在该系统中测得如下的 CPU 和对换盘利用率，请问能否用增加多道程序的度数来增加 CPU 的利用率？为什么？

(1) CPU 的利用率为 13%，盘利用率为 97%；

(2) CPU 的利用率为 87%，盘利用率为 3%；

(3) CPU 的利用率为 13%，盘利用率为 3%。

答：(1) 这种情况表示系统在进行频繁的置换，以致绝大部分时间被花在页面置换上，此时，增加多道程序的度数会进一步增加缺页率，使系统性能进一步恶化，所以，不能用增加多道程序的度数来增加 CPU 的利用率，反而应减少内存中的作业道数。

(2) 在这种情况下，CPU 的利用率已相当高，但对换盘的利用率却相当低，这表示运行进程的缺页率很低，可以适当增加多道程序的度数来增加 CPU 的利用率。

(3) 在这种情况下，CPU 的利用率相当低，而且对换盘的利用率也非常低，表示内存中可运行的程序数不足，此时，应该增加多道程序的度数来增加 CPU 的利用率。

【例 11】 现有一请求调页系统，页表保存在寄存器中。若一个被替换的页未被修改过，则处理一个缺页中断需要 8 毫秒；若被替换的页已被修改过，则处理一个缺页中断需要 20 毫秒。内存存取时间为 1 微秒，访问页表的时间可忽略不计。假定 70%被替换的页被修改过，为保证有效存取时间不超过 2 微秒，可接受的最大缺页率是多少？

答：如果用 p 表示缺页率，则有效访问时间不超过 2 微秒可表示为：

$$(1 - p) \times 1\ \mu s + p \times (0.7 \times 20\ ms + 0.3 \times 8\ ms + 1\ \mu s) \leq 2\ \mu s$$

因此可计算出：

$$p \leq \frac{1}{16\ 400} \approx 0.00\ 006$$

即可接受的最大缺页率为 0.000 06。

【例 12】 假如一个程序的段表如表 5-6 所示，其中存在位为 1 表示段在内存，存取控制字段中 W 表示可写，R 表示可读，E 表示可执行。对下面的指令，在执行时会产生什么样的结果？

(1) STORE   R1, [0, 70]

(2) STORE   R1, [1, 20]

(3) LOAD   R1, [3, 20]

(4) LOAD   R1, [3, 100]

(5) JMP   [2, 100]

表 5-6 段 表

段号	存在位	内存始址	段长	存取控制	其他信息
0	0	500	100	W	
1	1	1000	30	R	
2	1	3000	200	E	
3	1	8000	80	R	
4	0	5000	40	R	

分析：在执行指令的过程中，如果指令中包含有地址部分，则先必须进行逻辑地址到物理地址的转换。在地址转换过程中还要进行越界检查和存取控制权限的检查，只有在地址不越界、访问方式也合法，并形成物理地址后，才能去完成指令规定的操作。

答：(1) 指令 STORE   R1, [0，70]。从段表的第 0 项可读出第 0 段的存在位为 0，表示相应段未装入内存，因此地址变换机构将产生一缺段中断，以请求 OS 将其调入内存。

(2) 指令 STORE   R1, [1, 20]。从段表的第 1 项可以看出，虽然指令中的逻辑地址合法、段也已在内存，但本指令对内存的访问方式(写)与存取控制字段(只读)不符，故硬件将产生保护性中断信号。

(3) 指令 LOAD   R1, [3, 20]。从段表的第 3 项可读出第 3 段的存在位为 1，内存始址为 8000，段长为 80，存取控制为 R，因此，逻辑地址合法，访问方式也合法，形成物理地址 8020 后，指令将把该单元的内容读到寄存器 R1 中。

(4) 指令 LOAD   R1, [3, 100]。从段表的第 3 项可读出第 3 段的存在位为 1，内存始址为 8000，段长为 80，存取控制为 R，因此，指令的逻辑地址中段内地址超过了段长，地址变换机构将产生越界中断信号。

(5) 指令 JMP [2, 100]。从段表的第 2 项可读出第 2 段的存在位为 1,内存始址为 3000,段长为 200,访问权限为 E,因此逻辑地址与访问方式都合法,形成物理地址 3100,指令执行后,将跳转到内存单元 3100 处继续执行。

【例 13】 请求分页管理系统中,假设某进程的页表内容如表 5-7 所示。

表 5-7 请 求 页 表

页号	页框(Page Frame)号	有效位(存在位)
0	101H	1
1	—	0
2	254H	1

页面大小为 4 KB,一次内存的访问时间是 100 ns,一次快表(TLB)的访问时间是 10 ns,处理一次缺页的平均时间为 108 ms(已含更新 TLB 和页表的时间),进程的驻留集大小固定为 2,采用 LRU 置换算法和局部淘汰策略。假设① TLB 初始为空;② 地址转换时先访问 TLB,若 TLB 未命中,再访问页表(忽略访问页表之后的 TLB 更新时间);③ 有效位为 0 表示页面不在内存,产生缺页中断,缺页中断处理后,返回到产生缺页中断的指令处重新执行。设有虚地址访问序列 2362H、1565H、25A5H,请问依次访问上述三个虚地址,各需多少时间? 给出计算过程。

答:(1) 逻辑地址 2362H:页号为 2,页内地址为 362H。先访问 TLB(10 ns),未命中;再去访问页表(100 ns),获得对应的物理块号 254H,从而拼接成物理地址 254362H,同时将第 2 页的信息装入 TLB 中;最后根据这个物理地址访问内存(100 ns)。故访问到虚地址对应单元的数据总共需要 210 ns。

(2) 逻辑地址 1565H:页号为 1,页内地址为 565H。先访问 TLB(10 ns),未命中;再去访问页表(100 ns);存在位为 0,因此产生缺页中断,中断处理的时间为 108 ms,在中断处理时,因为内存已满,须淘汰一个内存页,LRU 算法将选择淘汰第 0 页,然后将第 101H 号页框分配给第 1 页,并以此更新 TLB 和页表;接着重新执行指令,访问 TLB(10 ns)便可得到页对应的物理块号 101H,与页内地址为 565H 拼接成物理地址 101565H,最后根据这个物理地址访问内存(100 ns)。总共需要:10 ns + 100 ns + 108 ms + 10 ns + 100 ns≈108 ms。

(3) 逻辑地址 25a5H:页号为 2,页内地址为 5a5H。先访问 TLB(10 ns),命中(在访问 2362H 时已将该页信息装入 TLB),获得对应的物理块号 254H,从而拼接成物理地址 2545a5H;最后根据这个物理地址访问内存(100 ns)。故总共需要 110 ns。

5.4 习 题

5.4.1 选择题

1. 现代操作系统中,提高内存利用率主要是通过(A)功能实现的。

A:(1) 对换;(2) 内存保护;(3) 地址映射;(4) 虚拟存储器。

2. 从下列关于非虚拟存储器的论述中,选出一条正确的论述。

(1) 要求作业在运行前，必须全部装入内存，且在运行过程中也必须一直驻留内存。

(2) 要求作业在运行前，不必全部装入内存，且在运行过程中不必一直驻留内存。

(3) 要求作业在运行前，不必全部装入内存，但在运行过程中必须一直驻留内存。

(4) 要求作业在运行前，必须全部装入内存，但在运行过程中不必一直驻留内存。

3. 虚拟存储器最基本的特征是(A)；该特征主要是基于(B)；实现虚拟存储器最关键的技术是(C)。

A：(1) 一次性；(2) 多次性；(3) 交换性；(4) 离散性；(5) 驻留性。

B：(1) 计算机的高速性；(2) 大容量的内存；(3) 大容量的硬盘；(4) 循环性原理；
(5) 局部性原理。

C：(1) 内存分配；(2) 置换算法；(3) 请求调页(段)；(4) 对换空间管理。

4. 虚拟存储器管理系统的基础是程序的局部性理论。此理论的基本含义是(A)。局部性有两种表现形式，时间局部性和(B)，它们的意义分别是(C)和(D)。根据局部性理论，Denning 提出了(E)。

A，B：(1) 代码的顺序执行；(2) 程序执行时对主存的访问是不均匀的；
(3) 数据的局部性；(4) 变量的连续访问；(5) 指令的局部性；(6) 空间的局部性。

C，D：(1) 最近被访问的单元，很可能在不久的将来还要被访问；
(2) 最近被访问的单元，很可能它附近的单元也即将被访问；
(3) 结构化程序设计，很少出现转移语句；
(4) 程序中循环语句的执行时间一般很长；
(6) 程序中使用的数据局部于各子程序。

E：(1) chache 结构的思想；(2) 先进先出(FIFO)页面置换算法；(3) 工作集理论；
(4) 最近最久未用(LRU)页面置换算法。

5. 实现虚拟存储器的目的是(A)；下列方式中，(B)不适用于实现虚拟存储器。

A：(1) 实现内存保护；(2) 实现程序浮动；(3) 扩充辅存容量；(4) 扩充主存容量。

B：(1) 可变分区管理；(2) 页式存储管理；(3) 段式存储管理；(4) 段页式存储管理。

6. 从下列关于虚拟存储器的论述中，选出两条正确的论述。

(1) 在请求段页式系统中，以页为单位管理用户的虚空间，以段为单位管理内存空间。

(2) 在请求段页式系统中，以段为单位管理用户的虚空间，以页为单位管理内存空间。

(3) 为提高请求分页系统中内存的利用率，允许用户使用不同大小的页面。

(4) 在虚拟存储器中，为了能让更多的作业同时运行，通常只应装入 10%～30%的作业后便启动运行。

(5) 实现虚拟存储器的最常用的算法，是最佳适应算法 OPT。

(6) 由于有了虚拟存储器，于是允许用户使用比内存更大的地址空间。

7. 一个计算机系统的虚拟存储器的最大容量是由(A)确定的，其实际容量是由(B)确定的。

A，B：(1) 计算机字长；(2) 内存容量；(3) 内存和硬盘容量之和；
(4) 计算机的地址结构。

8. 在请求分页系统的页表中增加了若干项，其中状态位供(A)参考；修改位供(B)时参考；访问位供(C)参考；外存始址供(D)参考。

A，B，C，D：(1) 分配页面；(2) 置换算法；(3) 程序访问；(4) 换出页面；
(5) 调入页面。

9. 在请求调页系统中，若逻辑地址中的页号超过页表控制寄存器中的页表长度，则会引起(A)；否则，若所需的页不在内存中，则会引起(B)；在(B)处理完成后，进程将执行(C)指令。

A，B：(1) 输入/输出中断；(2) 时钟中断；(3) 越界中断；(4) 缺页中断。

C：(1) 被中断指令前的那一条 ；(2) 被中断的那一条；(3) 被中断指令后的那一条；
(4) 启动时的第一条。

10. 在请求调页系统中，内存分配有(A)和(B)两种策略，(A)的缺点是可能导致频繁地出现缺页中断而造成 CPU 利用率下降。

A，B：(1) 首次适应；(2) 最佳适应；(3) 固定分配；(4) 可变分配。

11. 在请求调页系统中有着多种置换算法；(1) 选择最先进入内存的页面予以淘汰的算法称为(A)；(2) 选择在以后不再使用的页面予以淘汰的算法称为(B)；(3) 选择自上次访问以来所经历时间最长的页面予以淘汰的算法称为(C)；(4) 选择自某时刻开始以来，访问次数最少的页面予以淘汰的算法称为(D)。

A，B，C，D：(1) FIFO 算法；(2) OPT 算法；(3) LRU 算法；(4) NRU 算法；
(5) LFU 算法。

12. 在页面置换算法中，存在 Belady 现象的算法是(A)；其中，Belady 现象是指(B)。

A：(1) OPT；(2) FIFO；(3) LRU；(4) NRU。

B：(1) 淘汰页很可能是一个马上要用的页；
(2) 当分配到的内存块数增加时，缺页中断的次数有可能反而增加；
(3) 缺页次数与系统的页面大小正相关；(4) 引起系统抖动的现象。

13. 在请求调页系统中，凡未装入过内存的页都应从(A)调入；已运行过的页主要是从(B)调入，有时也从(C)调入。

A，B，C：(1) 系统区；(2) 文件区；(3) 对换区；(4) 页面缓冲池。

14. 某虚拟存储器的用户编程空间共 32 个页面，每页 1 KB，主存为 16 KB。假定某时刻用户页表中已调入主存的页面的虚页号和物理页号对照表如表 5-8 所示。

表 5-8 页面映射表

虚页号	物理页号
0	5
1	10
2	4
3	7

则与下面十六进制虚地址相对应的物理地址为(如果主存中找不到，即为页失效)：

虚地址	物理地址
0A5C	(A)
1A5C	(B)

虚拟存储器的功能由(C)完成。在虚拟存储器系统中，采用(D)提高(E)的速度。

    A，B：(1) 页失效；(2) 1E5C；(3) 2A5C；(4) 165C；(5) 125C。

    C：(1) 硬件；(2) 软件；(3) 软硬件结合。

    D：(1) 高速辅助存储器；(2) 高速光盘存储器；(3) 快速通道；(4) 高速缓冲存储器。

    E：(1) 连接编辑；(2) 虚空间分配；(3) 动态地址翻译；(4) 动态链接。

15. 从下面关于请求分段存储管理的叙述中选出一条正确的叙述。

(1) 分段的尺寸受内存空间的限制，且作业总的尺寸也受内存空间的限制。

(2) 分段的尺寸受内存空间的限制，但作业总的尺寸不受内存空间的限制。

(3) 分段的尺寸不受内存空间的限制，且作业总的尺寸不受内存空间的限制。

(4) 分段的尺寸不受内存空间的限制，但作业总的尺寸受内存空间的限制。

16. 系统抖动是指(A)；其产生的原因主要是(B)。

    A：(1) 使用计算机的时候，屏幕闪烁的现象；

        (2) 被调出的页面又立刻需要被调入所形成的频繁调入调出现象；

        (3) 系统盘有故障，导致系统不稳定，时常死机重启的现象；

        (4) 因内存分配问题造成内存不够用的现象。

    B：(1) 置换算法选择不当；(2) 内存容量不足；(3) 交换的信息量过大；

        (4) 请求页式管理方案。

17. 在环保护机构中，操作系统应处于(A)内，一般应用程序应处于(B)内，并应遵循下述规则：(1) 一个程序可以访问驻留在(C)中的数据；(2) 一个程序可以调用驻留在(D)中的服务。

    A，B：(1) 最高特权环；(2) 次高特权环；(3) 中间特权环；(4) 最低特权环。

    C，D：(1) 相同特权环；(2) 较高特权环；(3) 较低特权环；(4) 相同和较低特权环；

        (5) 相同和较高特权环。

18. 测得某个请求调页的计算机系统部分状态数据为：CPU 利用率 20%，用于对换空间的硬盘的利用率 97.7%，其他设备的利用率 5%。由此断定系统出现异常。此种情况，(A)或(B)能提高 CPU 的利用率。

    A：(1) 安装一个更快的硬盘；(2) 通过扩大硬盘容量，增加对换空间；

        (3) 增加运行进程数；(4) 减少运行的进程数。

    B：(1) 加内存条，增加物理空间容量；(2) 增加一个更快速的 CPU；

        (3) 增加其他更快的 I/O 设备；(4) 使用访问速度更快的内存条。

19. Linux 采用(A)存储管理方式。

    A：(1) 动态分区；(2) 纯分页；(3) 请求分页；(4) 请求分段。

20. Linux 内核的页面分配程序采用(A)算法进行页框的分配和回收。

    A：(1) 首次适应；(2) 最佳适应；(3) 伙伴系统；(4) 循环首次适应。

5.4.2 填空题

1. 在请求调页系统中，地址变换过程可能会因为 ① 、 ② 和 ③ 等原因而产生中断。

2. 虚拟存储器的基本特征是 ① 和 ② ，因而决定了实现虚拟存储器的关键技术是__③__和__④__。

3. 实现虚拟存储器,除了需要有一定容量的内存和相当容量的外存外,还需要有__①__、__②__和__③__的硬件支持。

4. 为实现请求分页管理,应在纯分页的页表基础上增加__①__、__②__、__③__和__④__等数据项。

5. 在请求调页系统中要采用多种置换算法,其中OPT是__①__置换算法,LRU是__②__置换算法,NUR是__③__置换算法,而LFU则是__④__置换算法,PBA是__⑤__算法。

6. VAX/VMS操作系统采用页面缓冲算法:它采用__①__算法选择淘汰页,如果淘汰页未被修改,则将它所在的物理块插到__②__链表中,否则便将其插入__③__链表中,它的主要优点是可以大大减少__④__次数。

7. 在请求调页系统中,调页的策略有__①__和__②__两种方式。

8. 在请求调页系统中,反复进行页面换进和换出的现象称为__①__,它产生的原因主要是__②__。

9. 分页系统的内存保护通常有__①__和__②__两种措施。

10. 分段系统中的越界检查是通过__①__中存放的__②__和逻辑地址中的__③__的比较,以及段表项中的__④__和逻辑地址中的__⑤__的比较来实现的。

11. 为实现段的共享,系统中应设置一张__①__,每个被共享的段占其中的一个表项,其中应包含了被共享段的段名、__②__、__③__和__④__等数据项;另外,还在该表项中记录了共享该段的__⑤__的情况。

12. 在分段系统中常用的存储保护措施有__①__、__②__、__③__三种方式。

13. 在采用环保护机制时,一个程序可以访问驻留在__①__环中的数据;可以调用驻留在__②__环中的服务。

14. Intel x86/Pentium系列CPU可采用__①__和__②__两种工作模式。

15. Intel x86/Pentium的分段机制,每个进程用于地址映射的段表也叫做__①__;另外,当进程运行在特权级别为0的核心态下时,它必须使用__②__来进行地址映射。

16. Intel x86/Pentium的分页机制,采用__①__级分页模式,其外层页表也叫做__②__。

第六章 输入输出系统

> 本章主要介绍 OS 对 I/O 设备的控制和管理,具体包括 I/O 系统的基本功能和层次结构、I/O 设备和设备控制器、设备驱动程序和 I/O 中断处理程序、与设备无关的 I/O 软件、SPOOLing 技术、磁盘调度等内容。

6.1 基 本 内 容

6.1.1 I/O 系统的基本功能和层次结构

I/O 系统是用于实现数据输入、输出和存储的系统,最主要的任务是完成用户提出的 I/O 请求、提高 I/O 速率以及改善设备的利用率,并为更高层的进程方便地使用 I/O 设备提供手段。

1. I/O 系统的基本功能

为了满足系统和用户的要求,I/O 系统应具有下述几方面基本功能:

(1) 隐藏物理设备的细节。I/O 设备不仅种类繁多,而且它们的特性和操作方式往往也存在很大差异,为了方便用户使用 I/O 设备,I/O 系统必须对 I/O 设备进行适当的抽象,以隐藏掉物理设备的实现细节,而统一向用户提供少量的、抽象的读/写命令。

(2) 与设备的无关性。允许应用程序通过抽象的逻辑设备名来请求使用某类设备,使得应用程序独立于具体使用的物理设备,从而有效地提高 OS 的可移植性和易适应性。

(3) 提高处理机和 I/O 设备的利用率。应尽量减少处理机对 I/O 设备的干预,提高处理机和 I/O 设备并行操作的程度,以提高它们的利用率。

(4) 对 I/O 设备进行控制。通过设备驱动程序启动 I/O 设备进行数据传输,并能对数据传输方式进行有效的控制。

(5) 确保对设备的正确共享。对不同类型的设备应采用不同的分配方式,以保证多个进程能共享设备进行正确的 I/O 操作。

(6) 错误处理。相对于系统的其他部分,I/O 设备运行时更容易出现错误,而且这些错误很多是与设备紧密相关的,因此对于这类错误,应该尽可能在接近硬件的层面上处理,只有低层软件解决不了的错误才需向上层报告,请求上层软件解决。

2. I/O 系统的层次结构

I/O 系统的最底层是执行 I/O 操作的硬件,其上面是对这些硬件进行控制和管理的 I/O 软件。为使十分复杂的 I/O 软件能具有清晰的结构、更好的可移植性和易适应性,通常,将 I/O 软件从高到低分成以下几个层次：

(1) 用户层 I/O 软件，实现与用户交互的接口，用户可直接调用该层所提供的与 I/O 操作有关的库函数，对设备进行操作。

(2) 设备独立性软件，用于实现用户程序与设备驱动器的统一接口、设备命名、设备的保护以及设备的分配与释放等，同时为设备管理和数据传送提供必要的存储空间。

(3) 设备驱动程序，与硬件直接相关，用于具体实现系统对设备发出操作指令以驱动 I/O 设备进行数据传输等工作。

(4) 中断处理程序，用于在设备完成 I/O 操作后，根据 I/O 操作的具体完成情况，进行 I/O 操作的结束处理。

6.1.2　I/O 硬件

在 I/O 系统中，通常将执行 I/O 操作的机械部分叫做 I/O 设备，而将控制 I/O 操作的电子部分叫做设备控制器或适配器。除了 I/O 设备和设备控制器外，在部分大、中型计算机系统中，还配置了 I/O 通道或 I/O 处理机。

1. I/O 设备

I/O 设备的类型繁多，可按不同的分类标准将它们分成不同的类型。

(1) 按信息交换的单位分类。按信息交换的单位，可将设备分为块设备和字符设备两类。块设备(如磁盘、磁带)的信息存取以数据块为单位，其传送速率较高，对块设备的访问可以寻址；字符设备(如终端、打印机)的信息存取以字符为单位，其传送速率较低，对字符设备不能寻址。

(2) 按使用特性分类。按使用特性可将设备分为存储设备和 I/O 设备两类。存储设备主要用来存储信息，虽然它们的存取速度不如内存快，但容量却比内存大得多，价格也便宜。I/O 设备主要用来接收外部信息或将计算机处理后的信息送向计算机外部。

(3) 按传输速率分类。按传输速率的高低，可将设备分为低速设备、中速设备和高速设备三类。低速设备(如键盘、鼠标)的传输速率仅为每秒钟几个字节至数百个字节；中速设备(如行式打印机、激光打印机)的传输速率一般为每秒钟数千个字节至数万个字节；高速设备(如磁盘机、光盘机)的传输速率可达每秒钟数万个字节至数十兆字节。

2. 设备控制器

设备控制器是 CPU 与 I/O 设备之间的硬件接口，它接收从 CPU 发来的命令，并去控制一个或多个设备。在微型机和小型机中，它通常是一块可以插入主板扩展槽的印刷电路板，也叫接口卡。

设备控制器中设有一组寄存器，CPU 通过向其中的控制寄存器写命令字来执行 I/O 操作，如果某个命令带有参数，则还需将这些参数写到控制器的相应寄存器中。接收到命令后，设备控制器将按命令的要求独立地去控制指定的设备进行输入/输出，CPU 可转去执行其他工作。输入/输出的完成情况与设备的状态信息均由控制器存放在自己的状态寄存器中，当控制器完成与设备之间的数据交换后，它将产生一个中断。CPU 可通过读控制器中的寄存器来了解操作的结果和设备的状态。由于 I/O 设备的速率较低，而 CPU 和内存的速率却很高，故在控制器中还须设置一些数据缓冲寄存器，在输出时它们用来暂存由主机传来的数据，然后才以 I/O 设备所具有的速率，将缓冲器中的数据传送给 I/O 设备；在输入时用来暂存从 I/O 设备传来的数据，待接收到一批数据后，再将缓冲器中的数据高速地传给主机。

3. I/O 寄存器的访问方式

CPU 可通过两种方式来读写设备控制器内的寄存器。第一种方式是给每个控制寄存器分配一个 I/O 端口号，并通过专门的 I/O 指令(如 IN REG，PORT 指令和 OUT PORT，REG 指令)来读写控制器的寄存器。第二种方式被称作内存映射 I/O，此时，I/O 寄存器是内存地址空间的一部分，即为每个控制寄存器分配一个唯一的内存地址，而且该地址不会被分配给内存单元，这样便可以采用与访问内存同样的方式来访问 I/O 寄存器。

4. I/O 通道

在许多大、中型计算机系统中，I/O 的管理工作交给了一个专门的部件，即 I/O 通道。I/O 通道是一个独立于主机 CPU 的、专门用来管理 I/O 的特殊处理机，它有自己的指令系统，其中的指令被称作通道指令。通道指令的类型比较单一，主要局限于与 I/O 操作相关的指令。通道所执行的程序被称作通道程序，由于通道不带内存，故通道程序被存放在主机的内存中。通道有自己的总线控制部分，可以控制设备与内存直接进行数据交换。

有了通道之后，CPU 仅需发出一条 I/O 指令给通道，说明要执行的 I/O 操作和要访问的 I/O 设备，便可进行其他工作。通道接到指令后，就启动相应的通道程序来执行 I/O 操作，整个 I/O 的过程，包括 I/O 操作的组织和管理、数据的传送将完全由通道控制，并在全部操作完成后向主机 CPU 发送中断信号。这样便进一步减少了 CPU 对 I/O 的干预，使其有更多的时间去进行数据处理。

5. 中断

中断是指 CPU 在执行一个程序时，对系统中发生的某个事件作出的一种反应：CPU 暂停正在执行的程序，保留现场后自动转去处理相应的事件，处理完该事件后，到适当的时候返回断点，继续完成被打断的程序。中断在操作系统中有着重要的地位，它是多道程序得以实现的基础。

根据引起中断的事件的不同类型，可将中断分为外部中断(简称中断)和陷入(又叫异常)两种，前者是由 CPU 以外的外部事件引起的，如 I/O 设备引起的 I/O 中断；后者是 CPU 执行指令过程中检测到的一些内部事件引起的，如非法指令、地址越界等引起的中断。

每一种中断或陷入都有一个与之相联系的中断号，并有一个与之相联系的中断处理程序，CPU 通过执行相应的中断处理程序来完成对应事件的处理。为了处理上的方便，每种中断或陷入的中断处理程序按中断号的顺序存放在一张中断向量表或中断描述符表中。在中断响应时，系统会根据中断号去查找中断向量表或中断描述符表，从中获得相应的中断处理程序的入口地址，这样便可以转入中断处理程序执行。

6.1.3 中断处理程序和设备驱动程序

1. I/O 中断处理程序

I/O 设备完成 I/O 操作后，设备控制器便向 CPU 发送一个 I/O 中断信号。CPU 响应中断时，将保存被中断进程的 CPU 现场，然后分析中断原因并通过中断向量表转去执行相应的 I/O 中断处理程序。I/O 中断处理程序的工作过程如下：

(1) 检查本次 I/O 操作的完成情况。中断处理程序通过读设备控制器的状态寄存器来检查本次 I/O 操作的完成情况。

(2) 进行 I/O 结束或错误处理。若本次操作成功，则进行结束处理。譬如，本次操作是字符设备的读操作，即中断来自某个进行输入的字符设备，那说明该设备已经读入了一个字符(字)的数据，并已将该数据放入数据寄存器中。此时中断处理程序应将该数据传送给 CPU，再将它存入缓冲区中，并修改相应的缓冲区指针，使其指向下一个内存单元。否则，根据发生异常的原因做相应的处理，在某些情况下，还需要按重试次数调用设备驱动程序重新传送数据。I/O 执行的最终结果，也将由中断处理程序向上层软件汇报。

(3) 唤醒被 I/O 操作阻塞的进程。I/O 中断处理程序还必须唤醒等待本次 I/O 完成的相应进程，以使它能继续向前推进。

(4) 启动下一个请求。若请求 I/O 的队列中还有其他 I/O 请求等待处理，则调用设备驱动程序进行新一轮的数据传送。

(5) 中断返回。执行中断返回指令进行中断返回。

2. 设备驱动程序

设备驱动程序是 I/O 进程与设备控制器之间的通信程序，它接收来自上层软件的、抽象的 I/O 命令，再把它转换成具体要求后，发送给设备控制器，从而启动设备进行数据传送。设备驱动程序的处理过程如下：

(1) 将抽象要求转换成具体要求。操作系统对用户屏蔽了有关物理设备的具体细节，并提供给用户一个一致的 I/O 接口，因此，用户进程或上层软件发出的 I/O 请求通常只是一些抽象的命令，驱动程序必须将这些命令按设备控制器所要求的格式转换成具体的命令，如将 read 命令中的盘块号按地址寄存器的格式转换成盘面、磁道及扇区号。

(2) 检查 I/O 请求的合法性。每种设备都只能完成一组特定的功能，设备驱动程序必须检查用户提出的 I/O 请求，若相应设备不支持这次 I/O 请求，则认为这次 I/O 请求非法。对某些设备，如磁盘上的文件操作，若它们的打开方式是读，则认为用户的写请求是非法的，因此必然被拒绝。

(3) 读出和检查设备的状态。在启动设备之前，驱动程序要从设备控制器的状态寄存器中读出设备的状态，仅当它处于就绪状态时，才能启动其设备控制器，否则只能将相应的 I/O 请求插入请求 I/O 的队列。

(4) 传送必要的参数。对带有参数的 I/O 命令，驱动程序必须将这些参数，如读盘时的磁盘地址、内存地址、本次要传送的字节数等，传送到设备控制器的相应寄存器中。对于字符设备，若发出的是写命令，驱动程序还必须把输出数据写入控制器的数据寄存器。有些设备可具有多种工作方式，典型的情况是利用 RS-232 接口进行异步通信，在启动该接口之前，应先按通信规程设定下述参数：波特率、奇偶校验方式、停止位数及数据字节长度等。

(5) 启动 I/O 设备。在完成上述各项准备工作后，驱动程序可以向控制器的命令寄存器传送相应的命令，启动 I/O 设备开始 I/O 操作。

驱动程序发出 I/O 命令后，基本的 I/O 操作是在设备控制器的控制下进行的。通常 I/O

操作所要完成的工作需要一定的时间,因此,执行驱动程序的进程便把自己阻塞起来,直到 I/O 中断到来时才被唤醒。

3. I/O 控制方式

(1) 轮询方式。早期的计算机系统中,处理机对 I/O 设备的控制采用轮询的可编程 I/O 方式,即在处理机向控制器发出一条 I/O 指令,启动输入设备输入数据时,要同时把状态寄存器中的忙/闲标志 busy 置为 1,然后便不断地循环测试 busy 标志(称为轮询),直至输入设备将输入数据送入设备控制器的数据寄存器并将 busy 位清 0 后,CPU 才能将数据寄存器中的数据取走,送入内存指定单元,接着再将 busy 位置 1,启动设备输入下一个数据。数据输出的过程也与上述情况类似。在轮询方式中,CPU 的绝大部分时间都处于等待 I/O 设备完成数据 I/O 的循环测试中,因此,会造成对 CPU 的极大浪费。

(2) 中断方式。现代计算机系统中,由于引入了中断机构,处理机对 I/O 设备的控制广泛采用中断的可编程 I/O 方式。当用户进程要启动某个 I/O 设备进行输入时,由 CPU 向相应的设备控制器发出一条 I/O 命令,然后阻塞用户进程并将 CPU 调度给其他就绪进程;当相应的 I/O 设备完成输入工作时,设备控制器将向 CPU 发送一个 I/O 中断信号;CPU 响应中断,由 I/O 中断处理程序进行差错检查,将数据缓冲寄存器中的数据传送到内存指定的单元中,并唤醒被阻塞的用户进程。由于在中断方式中,CPU 可以与设备并行地工作,因此,中断方式成百倍地提高了 CPU 的利用率。

(3) 直接存储器访问(DMA)方式。在 DMA 方式中,当进程要求设备输入数据时,CPU 将 I/O 命令发送到 DMA 控制器的命令寄存器中,并把准备存放输入数据的内存始址以及要传送的字节数分别送入 DMA 控制器的内存地址寄存器和数据计数器中,然后启动 DMA 控制器进行数据传送;等待输入数据的用户进程被阻塞,CPU 被调度给其他就绪进程。同时,在 DMA 控制器的控制下,输入设备将不断地挪用 CPU 的存储器周期,把输入数据通过 DMA 控制器的数据寄存器传送到指定的内存位置;当所要求的字节数全部传送完毕后,DMA 控制器将向 CPU 发出一个 I/O 中断信号;CPU 响应中断,由中断处理程序进行善后处理,并唤醒被阻塞的用户进程。在 DMA 方式中,仅在传送一个数据块的开始和结束时,才需要 CPU 干预,整块数据的传送是在 DMA 控制器的控制下直接完成的,因此,与以字(节)为单位进行 I/O 的中断方式相比,它又极大地提高了 CPU 的利用率。

(4) I/O 通道控制方式。在 I/O 通道方式中,当用户进程发出 I/O 请求时,CPU 只需向 I/O 通道发一条 I/O 指令,以给出其所要执行的通道程序的始址和要访问的 I/O 设备;用户进程阻塞以等待 I/O 完成,而通道则通过执行通道程序控制设备控制器,从而控制设备完成指定的 I/O 任务,然后向 CPU 发 I/O 中断信号;CPU 响应中断,进行善后处理并唤醒被阻塞的用户进程。I/O 通道方式把以一个数据块的读(或写)为单位的干预,减少为以一组数据块的读(或写)为单位的干预,同时,又实现了 CPU、通道和 I/O 设备三者的并行操作,从而更有效地提高了整个系统的资源利用率。

6.1.4 与设备无关的 I/O 软件

1. 设备无关性的基本概念

设备无关性,也叫设备独立性,是指应用程序与具体使用的物理设备无关。引入设备无关性，可增加设备分配的灵活性，提高设备的利用率，并且使得 I/O 重定向更易于实现。

为了实现设备无关性，而引入了逻辑设备和物理设备两个概念。在应用程序中，使用逻辑设备名称来请求使用某类设备，而系统在实际执行时，还是必须使用物理设备。因此，系统中必须设置一张逻辑设备表 LUT，其每个表目中包含了逻辑设备名称、物理设备名称和设备驱动程序入口地址三项。当应用程序用逻辑设备名称请求分配 I/O 设备时，系统为它分配相应的物理设备，并在 LUT 中建立一个表目。以后进程利用该逻辑设备名称请求 I/O 操作时，便可从 LUT 中得到物理设备名称和驱动程序入口地址。

2. 设备独立性软件

为每个设备配置的设备驱动程序，是与硬件紧密相关的软件。为了实现设备独立性，必须在设备驱动程序之上设置一层软件，称为与设备无关的 I/O 软件，或设备独立性软件。设备独立性软件首先是执行所有设备的公用操作，包括：缓冲管理、差错控制、对独立设备的分配和回收、提供独立于设备的逻辑数据块、逻辑设备到物理设备的映射、设备的保护等；其次是向用户层软件提供一个设备驱动程序的统一的接口。

3. 设备分配

1) 设备分配中的数据结构

在进行设备分配时，必须在系统中配置相应的数据结构。

如图 6.1(a)所示，每个设备有一张设备控制表 DCT，用来记录相应设备的各种属性，具体包括：设备的类型、设备的标识符、设备的状态、设备等待队列指针、与设备连接的控制器的 COCT 指针、重复执行次数等。其中，设备的状态中有用来指示设备是否正在使用的"忙/闲"标志，以及设备是否因相连的控制器或通道正在忙而无法启动的"等待/不等待"标志；设备等待队列指针指向等待使用该设备的所有进程的 PCB 所组成的队列；重复次数则规定了设备在工作中发生错误而未能成功传送数据时，可以重新传送的次数。

系统还为每个控制器设置了一张用于记录控制器情况的控制器控制表 COCT，为每个通道设置了一张用于记录通道情况的通道控制表 CHCT，分别如图 6.1(b)和(c)所示。、

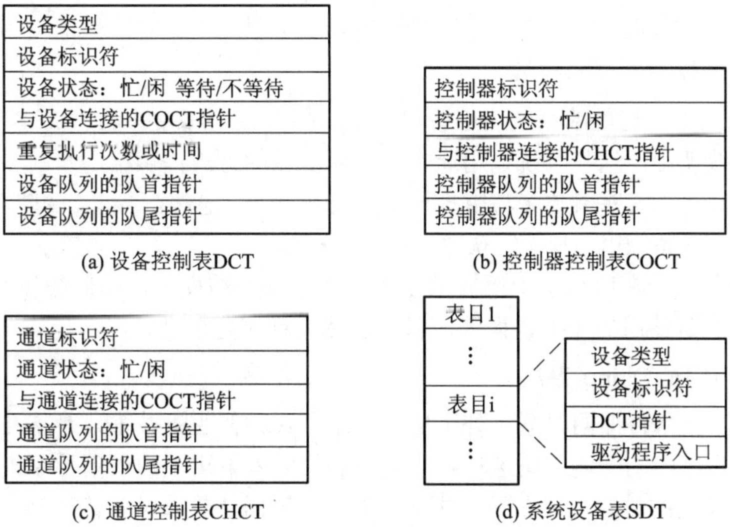

(a) 设备控制表DCT

(b) 控制器控制表COCT

(c) 通道控制表CHCT

(d) 系统设备表SDT

图 6.1 设备分配中的数据结构

另外，如图 6.1(d)所示，整个系统中还设置了一张系统设备表 SDT，每个设备占 SDT 一个表目，其中包括设备类型、设备标识符、设备控制表指针与设备驱动程序入口地址等内容。

2) 独占设备的分配程序

当某进程提出 I/O 请求后，设备分配程序首先根据进程给出的物理设备名，查找系统设备表 SDT，从中找到该设备的 DCT；再检查 DCT 中的设备状态字段，若设备处于忙状态，则将请求 I/O 的进程插入设备等待队列；否则，便按照一定的算法来计算本次设备分配的安全性，若分配不会导致系统进入不安全状态，便将设备分配给请求进程，否则仍将该进程插入设备等待队列。

设备分配成功后，设备分配程序将通过 DCT 找到与该设备相连接的控制器的 COCT，检查 COCT 的状态字段，若控制器忙，便将请求进程插入控制器等待队列；否则，便将该控制器分配给请求进程。

分配控制器后，通过 COCT 又可找到与该控制器连接的通道的 CHCT，进行通道的分配。只有在设备、控制器和通道三者都分配成功时，这次设备的分配才算成功，然后，系统便可启动该设备进行数据传送。

4. 缓冲管理

无论是字符设备还是块设备，它们的运行速度都远低于 CPU 的速度。为了匹配 CPU 与 I/O 设备之间的处理速度，减少外设对 CPU 的中断次数，放宽 CPU 对中断响应时间的限制，在现代操作系统中，几乎所有的 I/O 设备在与处理机交换数据时，都使用了缓冲区，引入缓冲可显著地提高 CPU 和 I/O 设备之间的并行操作程度。另外，引入缓冲区，还可以协调传输数据大小不一致的设备，很好地解决数据粒度不匹配的问题。

6.1.5 用户层的 I/O 软件

一般而言，大部分的 I/O 软件都在操作系统内部，但仍有一小部分在用户层，包括与用户程序链接在一起的 I/O 库函数，以及完全运行于内核之外的假脱机系统等。

1. I/O 库函数

操作系统向用户提供的系统调用中包含了供用户读/写文件和设备或者控制/检查设备状态的 I/O 系统调用，这些系统调用通常是以库函数的方式提供给用户的。当一个用户程序调用这些库函数时，库函数将与用户程序链接在一起。显然，这些 I/O 库函数也属于 I/O 系统，它们是 I/O 系统用户层 I/O 软件的重要组成部分。

另外，操作系统在用户层中还提供了一些非常有用的程序，如假脱机系统，以及在网络传输文件时常使用的守护进程等，它们虽然运行在内核之外，但也属于 I/O 系统。

2. 假脱机(SPOOLing)系统

SPOOLing 技术，即同时联机外围操作技术，又称假脱机技术，是指在多道程序环境下，利用多道程序中的一道或两道程序来模拟脱机输入输出中的外围控制机的功能以达到"脱机"输入输出的目的，即在联机的条件下，将数据从输入设备传送到磁盘，或从磁盘传送到输出设备。通过它可以将一台独占的物理设备虚拟为多台逻辑设备，从而使该物理设备可被多个进程同时共享。

1) SPOOLing 系统的组成

SPOOLing 技术是对脱机输入、输出系统的模拟，它必须建立在具有多道程序功能的操作系统上，而且还需要得到高速随机外存(通常采用磁盘)的支持。SPOOLing 系统主要由以下四部分组成：

(1) 输入井和输出井。这是在磁盘上开辟的两个大存储空间。输入井是模拟脱机输入时的磁盘，用于暂存 I/O 设备输入的数据；输出井是模拟脱机输出时的磁盘，用来暂存用户程序的输出数据。

(2) 输入缓冲区和输出缓冲区。这是在内存中开辟的两个缓冲区。输入缓冲区用于暂存由输入设备送来的数据，以后再传送到输入井。输出缓冲区用来暂存从输出井送来的数据，以后再传送给输出设备。

(3) 输入进程和输出进程。输入进程，也称为预输入进程，用来模拟脱机输入时的外围控制机，将用户要求的数据从输入设备传送到输入缓冲区，再存放到输入井。当 CPU 需要输入设备时，直接从输入井读入内存。输出进程，也称为缓输出进程，用来模拟脱机输出时的外围控制机，把用户要求输出的数据，先从内存送到输出井，待输出设备空闲时，再将输出井中的数据经过输出缓冲区送到输出设备上。

(4) 井管理程序。用于控制作业与磁盘井之间信息的交换。当作业执行过程中向某台设备发出启动输入或输出操作请求时，由操作系统调用井管理程序，由其控制从输入井读取信息或将信息输出至输出井。

2) 假脱机打印系统

利用 SPOOLing 技术可将独占的打印机改造为一台供多个用户共享的设备，这种共享打印机技术已被广泛地用于多用户系统和局域网络中。当用户进程请求打印输出时，假脱机打印系统并不真正把打印机分配给用户进程，而是由假脱机管理进程为它做两件事：

① 在输出井中为之申请一个空闲的磁盘块区，并将要打印的数据送入其中；

② 为用户进程申请一张空白的用户请求打印表，并将用户的打印要求填入其中，然后将该表挂到假脱机文件队列上。

如果打印机空闲，假脱机打印进程将从假脱机文件队列的队首取出一张请求打印表，根据表中的要求将要打印的数据，从输出井传送到内存缓冲区，再由打印机进行打印。打印完后，假脱机打印进程将再检查请求打印队列中是否还有待打印的请求表，若有则继续打印，否则便将自己阻塞起来，并在下次再有打印请求时被唤醒。

6.1.6　磁盘调度

磁盘存储器是计算机系统中最重要的存储设备，其中存放了大量的文件。磁盘 I/O 速度的高低和磁盘系统的可靠性，将直接影响到计算机系统的性能。现代计算机系统普遍采用磁盘调度技术来减少磁盘的平均寻道时间，提高磁盘 I/O 的速度。

1. 磁盘简述

磁盘设备可包括一个或多个物理盘片，每个磁盘片分一个或两个存储面，每个盘面上有若干个磁道(track)，磁道之间留有必要的间隙，每条磁道又从逻辑上划分成若干个扇区(sectors)。

磁盘可分为固定头磁盘和移动头磁盘两种。对移动头磁盘而言，磁盘驱动器工作时，磁盘以恒定的速度旋转。为了读或写，磁头必须移动到指定磁道上所要求的扇区的开始位置，然后才能开始数据传输。我们将磁头移动到指定磁道上所经历的时间称作寻道时间，扇区移动到磁头下面所经历的时间称作旋转延迟时间，实际进行数据读或写的时间称作传输时间。对磁盘的实际访问时间由以上三部分时间组成，而且，对大多数磁盘，寻道时间占其中的大部分，所以减少平均寻道时间可以显著地改善磁盘系统的性能。

2. 磁盘调度

磁盘调度是指，当有多个进程要求访问磁盘时，系统根据某种算法决定先为哪个进程服务。它的目标是使磁盘的平均寻道时间最短。常用的磁盘调度算法有以下几种：

(1) 先来先服务(FCFS)调度算法。FCFS 算法根据进程请求访问磁盘的先后次序进行调度。由于它未对寻道进行优化，故平均寻道时间可能较长。

(2) 最短寻道时间优先(SSTF)调度算法。SSTF 算法选择这样的请求，其要求访问的磁道与当前磁头所在的磁道距离最近。通常，SSTF 比 FCFS 有更好的寻道性能，但每次的寻道时间最短并不能保证平均寻道时间最短，而且，在当前磁道附近不断有新的 I/O 请求到来时，还可能使要求访问较远磁道的进程产生饥饿现象。

(3) 扫描(SCAN)调度算法。SCAN 算法，也叫电梯调度算法，它选中的是当前磁头移动方向上、距离当前磁头所在的磁道最近的磁道上的请求。SCAN 算法既能获得较好的寻道性能，又能防止"饥饿"现象，故被广泛用于大、中、小型机器和网络中。

(4) 循环扫描(CSCAN)调度算法。在 SCAN 算法中，当磁头刚从里向外(或刚从外向里)移动而越过了某一磁道时，恰好又有一进程请求访问此磁道，那它必须等待磁头到达磁盘的另一端，反向回来后，才能得到处理。为了减少这种延迟，CSCAN 算法规定只在磁头移动的某一个方向上处理磁盘请求，因此，当沿该方向访问到最远的一个请求后，磁臂立即返回到磁盘的另一端，并再次开始扫描。

(5) N-step-SCAN 算法。当进程对某一磁道有较高的访问频率时，利用 SSTF、SCAN 及 CSCAN 算法，都可能出现磁臂停留在该磁道上不动的情况，这种现象被称为"磁臂粘着"。为了避免磁臂粘着，又引入了 N-step-SCAN 算法，它将磁盘请求队列按请求到达的时间先后顺序分成若干个长度为 N 的子队列，并采用 FCFS 算法依次处理这些子队列，而对每个子队列，则又是按 SCAN 算法进行处理。

(6) FSCAN 调度算法。FSCAN 算法实质上是 N-step-SCAN 算法的简化，它只把磁盘请求队列分成两个子队列。一个是由当前所有请求磁盘 I/O 的进程形成的队列，由磁盘调度按 SCAN 算法进行处理。在扫描期间到达的所有请求磁盘 I/O 的进程，被放入另一个等待处理的请求队列。这样，所有的新请求都将被推迟到下一次扫描时处理。

6.2　重点、难点学习提示

学习本章的目的是使学生了解操作系统处理用户 I/O 请求的基本过程，为此，应对以下几个重点与难点问题进行认真的学习。

1. I/O 控制方式

I/O 控制方式随着计算机技术的发展而不断地由低效的方式演变为高效的方式，故在学习时，应了解 I/O 控制方式的演变过程、每种 I/O 控制方式是如何进行控制的、又是如何提高 CPU 的利用率的。

(1) 程序 I/O 方式。因为当时尚未出现中断机构，在进行 I/O 时，CPU 不得不花费大量的时间去测试 I/O 设备的工作状态，此时 CPU 完全陷入 I/O 工作中。

(2) 中断驱动 I/O 控制方式。在系统中引入中断机构后，CPU 就不必再不断测试。在学习时，应清楚的了解和掌握在中断机构的支持下，其 I/O 控制是如何实现的，CPU 的利用率提高了多少。

(3) DMA I/O 控制方式。在系统中配置了 DMA 控制器后，其传输数据的基本单位是数据块，读者应很好的了解此时 I/O 控制是如何实现的，CPU 的效率又提高了多少。

(4) I/O 通道控制方式。在系统中配置了通道控制器后，在通道程序的控制下，其传输的基本单位由一个数据块增为一组数据块，读者应了解什么是通道程序，它是如何实现 I/O 控制的。

2. 设备独立性

在现代 OS 中都毫无例外地实现了设备独立性，在学习时，读者应较深刻的理解下述几个问题：

(1) 什么是设备独立性。设备独立性也称设备无关性，它是指用户程序独立于具体使用的物理设备。在学习时，读者应了解为什么设备独立性能提高设备分配的灵活性，并使 I/O 重定向的实现变得更为容易。

(2) 如何实现设备独立性。为实现设备独立性，系统必须在设备驱动程序之上设置一层设备独立性软件，读者应了解该层软件有哪些功能，它是如何实现逻辑设备名到实际使用的物理设备名之间的转换的。

3. 虚拟设备和 SPOOLing 技术

虚拟性是 OS 的四大特征之一，而实现虚拟设备最常用的技术便是 SPOOLing 技术，因此，读者必须对下列问题有较清晰的认识和掌握：

(1) 什么是虚拟设备技术。虚拟设备技术是指把每次仅允许一个进程使用的物理设备，改造为能同时供多个进程共享的虚拟设备的技术，或者说将一个物理设备变为多个对应的逻辑设备。在学习时必须了解，实现虚拟设备技术的关键是什么。

(2) 什么是 SPOOLing 技术。SPOOLing 也称做假脱机操作，是指在多道程序的环境下，利用多道程序中的一道或两道程序来模拟外围控制机，从而在联机的条件下实现脱机 I/O 的功能。在学习时应了解 SPOOLing 系统由哪几部分组成，并注意对假脱机和脱机两种 I/O 技术加以比较。

(3) 如何共享打印机。读者应了解在 SPOOLing 系统中，当用户申请打印机时，系统将如何为之服务，并可以通过这个例子来说明为什么 SPOOLing 技术可加快 I/O 的速度，为什么它可以把一台独占的设备变换成可供多个进程共享的虚拟设备。

4. 设备处理

I/O操作最终都必须通过设备处理来实现。在学习时，读者必须清楚的了解下述内容：

(1) 设备驱动程序。设备驱动程序是I/O进程与设备控制器之间的通信程序，它的主要任务是按用户的要求去启动I/O设备完成相应的I/O操作。读者应了解为了完成上述任务，设备驱动程序应具备哪些功能。

(2) I/O中断处理程序。I/O中断处理程序的主要任务是对引起本次中断的I/O操作进行结束处理，读者应了解这些结束处理通常应包含哪些工作。

(3) 设备处理的过程。读者应了解CPU是如何响应I/O中断的，以及一次完整的I/O操作是如何在设备驱动程序和I/O中断的配合下完成的。

5. 磁盘调度

当有多个进程要求访问磁盘时，系统根据某种算法决定先为哪个请求服务的过程称为磁盘调度，它的目标是使各进程对磁盘的平均访问时间最小。在学习时，读者应对下述问题有较好的理解：

(1) 首先，读者应了解对移动头磁盘，磁盘访问时间应由哪几部分组成，分别是如何进行计算的，它可使我们自然地理解到，为什么磁盘调度的主要目标是优化平均寻道时间。

(2) 其次，读者应了解FCFS、SSTF、SCAN、CSCAN、N-Step-SCAN以及FSCAN等算法分别是如何进行磁盘调度的，以及在这些调度算法的演变过程中，分别解决了哪些问题。

6.3　典型问题分析和解答

6.3.1　I/O控制方式中的典型问题分析

【例1】试说明I/O控制发展的主要推动因素是什么？

答：促使I/O控制不断发展的几个主要因素如下：

(1) 力图减少CPU对I/O设备的干预，把CPU从繁杂的I/O控制中解脱出来，以充分发挥CPU数据处理的能力。

(2) 缓和CPU的高速性和I/O设备的低速性之间速度不匹配的矛盾，以提高CPU的利用率和系统的吞吐量。

(3) 提高CPU和I/O设备操作的并行程度，使CPU和I/O设备都处于忙碌状态，从而提高整个系统的资源利用率和系统吞吐量。

事实上，I/O的控制系统由两级(CPU—I/O设备)发展到三级(CPU—控制器—I/O设备)，进而发展到四级(CPU—I/O通道—控制器—I/O设备)，都是上述三种因素促进的结果。

【例2】请说明什么是中断，并给出CPU响应中断并进行中断处理的一般过程。

答：中断是指计算机在执行期间，系统内部或外部设备发生了某一急需处理的事件，使得CPU暂时停止当前正在执行的程序而转去执行相应的事件处理程序，待处理完毕后又返回原来被中断处，继续执行被中断的程序的过程。

CPU 响应中断并进行中断处理的一般过程如下：

(1) 保存现场。CPU 收到中断信号后，通常由硬件自动将处理机状态字 PSW 和程序计数器 PC 中的内容，保存到中断保留区(栈)中。

(2) 转中断处理程序进行中断处理。由硬件分析中断的原因，并从相应的中断向量中获得中断处理程序的入口地址，装入 CPU 的程序计数器中，从而使处理机转向相应的中断处理程序。

(3) 中断返回。中断处理完成后通过中断返回指令，将保存在中断栈中的被中断进程的现场信息取出，并装入到相应的寄存器中，从而使处理机返回到被中断程序的断点执行。

【例 3】　请说明中断驱动 I/O 方式和 DMA 方式有什么不同。

答：它们的不同之处主要有：

(1) I/O 中断频率。在中断方式中，每当输入数据缓冲寄存器中装满输入数据或将输出数据缓冲寄存器中的数据输出之后，设备控制器便发生一次中断，由于设备控制器中配置的数据缓冲寄存器通常较小，如 1 个字节或 1 个字，因此中断比较频繁。而在 DMA 方式中，在 DMA 控制器的控制下，一次能完成一批连续数据的传输，并在整批数据传送完后才发生一次中断，因此可大大减少 CPU 处理 I/O 中断的时间。

(2) 数据的传送方式。在中断方式中，由 CPU 直接将输出数据写入控制器的数据缓冲寄存器供设备输出，或在中断发生后直接从数据缓冲寄存器中取出输入数据供进程处理，即数据传送必须经过 CPU；而 DMA 方式中，数据的传输在 DMA 控制器的控制下直接在内存和 I/O 设备间进行，CPU 只需将数据传输的磁盘地址、内存地址和字节数传给 DMA 控制器即可。

6.3.2　缓冲管理中的典型问题分析

【例 4】　为什么要引入缓冲区？

答：在设备管理中，引入缓冲区的主要原因有以下几点：

(1) 缓和 CPU 与 I/O 设备速度不匹配的矛盾。通常，I/O 设备的速率远远低于 CPU 的运算速率。如在输出数据时，如果没有缓冲区，则必然会由于 I/O 设备的速度跟不上 CPU 的速度，而使 CPU 停下来等待；而引入缓冲区后，CPU 将输出数据写入缓冲区后，无需等待输出完成，便能继续执行下面的程序，而同时输出设备可慢慢地进行数据的输出。

(2) 减少对 CPU 的中断频率，放宽 CPU 响应中断的时间。例如，在远程通信系统中，如果从远程终端发来的数据仅用一位缓冲区来接收，则必须在每收到一位数据时便中断一次 CPU，并在下一位数据到来之前要求 CPU 进行中断处理以取走输入数据；若设置一个 8 位的缓冲区，则可每收 8 位数据中断一次 CPU，但在第 9 位数据到来之前仍必须完成中断处理；若再增设一个 8 位的缓冲区，则可每收 8 位数据中断一次 CPU，并允许 CPU 在后续 8 位数据到来期间处理前 8 位数据的中断。

(3) 提高 CPU 和 I/O 设备之间的并行性。如(1)所述，引入缓冲区后 CPU 和 I/O 设备可并行地工作，而 I/O 设备对 CPU 中断频率的降低，则可进一步提高 CPU 和 I/O 设备之间的并行操作程度，提高系统的吞吐量和设备的利用率。

【例5】 假设 T 是从磁盘输入一块数据的时间，C 是 CPU 对一块数据进行处理的时间，M 是将一块数据从缓冲区传送到用户区的时间。当一用户进程要按顺序访问的方式处理大量数据时，请问在单缓冲和双缓冲的情况下，系统对一块数据的处理时间分别是多少？

答： 单缓冲的工作示意图和时序图如图 6.2 所示。从图中可以看出：数据由 I/O 控制器到缓冲区和数据由缓冲区到工作区，必须串行操作；同样，数据从缓冲区到工作区和 CPU 从工作区中取出数据进行处理，也需串行进行；但由于在顺序访问时可采用预先读的方式，即 CPU 在处理一块数据的同时，可从磁盘输入下一块数据，因此，系统对一块数据的处理时间为 $\max(C, T) + M$。

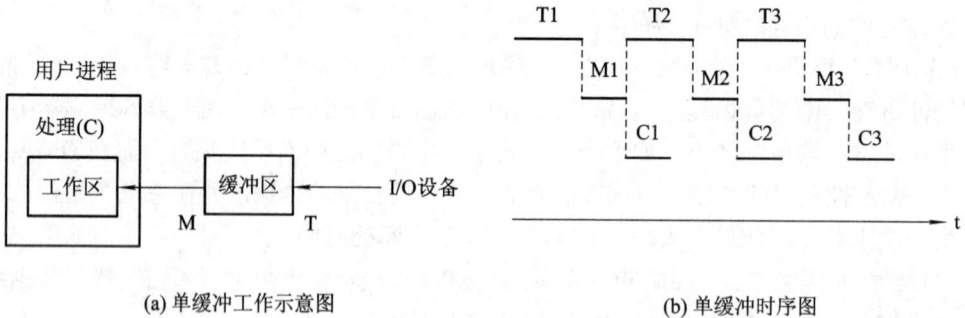

(a) 单缓冲工作示意图   (b) 单缓冲时序图

图 6.2 单缓冲工作示意图和时序图

双缓冲的工作示意图和时序图如图 6.3 所示。由此可见，数据由 I/O 控制器到双缓冲区，以及数据由双缓冲区到工作区，可以并行工作，因此，系统对一块数据的处理时间为 $\max(T, M + C)$。如果 $T > C$，由于 M 远小于 T，此时，系统对一块数据的处理时间约等于 $\mathrm{MAX}(T, C)$，即 T。

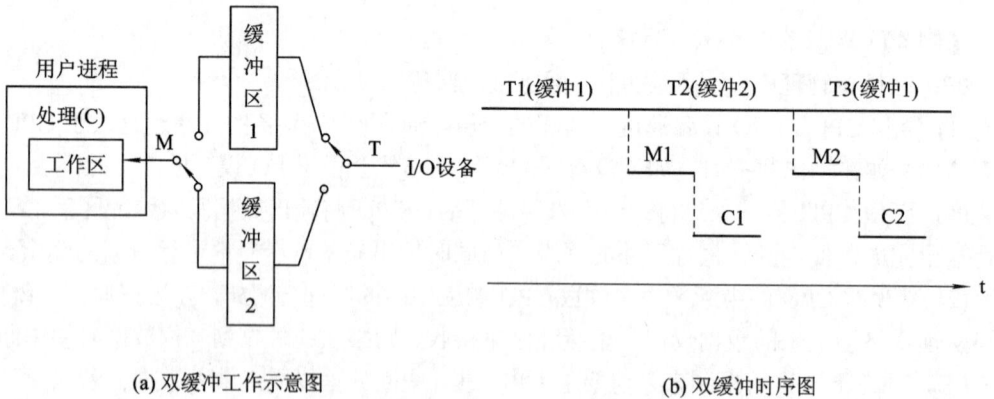

(a) 双缓冲工作示意图   (b) 双缓冲时序图

图 6.3 双缓冲工作示意图和时序图

6.3.3 I/O 软件中的典型问题分析

【例6】 I/O 软件一般分为用户层软件、设备独立性软件、设备驱动程序和中断处理程序这四个层次。请说明下列工作分别是在哪一层完成的？

(1) 向设备寄存器写命令。

(2) 检查用户是否有权使用设备。

(3) 将二进制整数转换成 ASCII 码的格式打印。

(4) 缓冲管理。

答：(1) 向设备寄存器写命令是在设备驱动程序中完成的。

(2) 检查用户是否有权使用设备属于设备保护，因此是在设备独立性软件中完成的。

(3) 将二进制整数转换成 ASCII 码的格式打印是通过 I/O 库函数(如 C 的库函数 printf()中就有打印格式的控制字符串)完成的，因此属于用户层软件。

(4) 缓冲管理属于 I/O 的公有操作，是在设备独立性软件中完成的。

【例7】 为什么要引入设备独立性？如何实现设备独立性？

答：引入设备独立性，可使应用程序独立于具体的物理设备。此时，用户用逻辑设备名来申请使用某类物理设备，当系统中有多台该类型的设备时，系统可将其中的任一台分配给请求进程，而不必局限于某一台指定的设备，这样，可显著地改善资源的利用率及可适应性。独立性还可以使用户程序独立于设备的类型，如：进行输出时，既可以用显示终端，也可以用打印机，有了这种适应性，就可以很方便地进行输入输出重定向。

为了实现设备独立性，必须在设备驱动程序之上设置一层设备独立性软件，用来执行所有 I/O 设备的公用操作，并向用户层软件提供统一接口。关键是系统中必须设置一张逻辑设备表 LUT 用来进行逻辑设备到物理设备的映射，其中每个表目中包含了逻辑设备名、物理设备名和设备驱动程序入口地址三项；当应用程序用逻辑设备名请求分配 I/O 设备时，系统必须为它分配相应的物理设备，并在 LUT 中建立一个表目，以后进程利用该逻辑设备名请求 I/O 操作时，便可从 LUT 中得到物理设备名和驱动程序入口地址。

【例8】 设备驱动程序具有哪些功能？

答：设备驱动程序应具有以下功能：

(1) 接收由 I/O 进程发来的 I/O 命令和参数，并将命令中的抽象要求转换为具体要求，如将磁盘盘块号转换为磁盘的盘面、磁道和扇区号。

(2) 检查用户 I/O 请求的合法性，如果请求不合法，则拒绝接收 I/O 请求并向用户进程汇报。

(3) 了解 I/O 设备的状态，如果设备准备就绪，则可向设备控制器设置设备的工作方式、传递有关参数；否则，将请求者的请求块挂到设备请求队列上等待。

(4) 发出 I/O 命令，如果设备空闲，便立即启动 I/O 设备，完成指定的 I/O 操作。

(5) 及时响应由设备控制器发来的中断请求，并根据其中断类型，调用相应的中断处理程序进行处理。

6.3.4 虚拟设备中的典型问题分析

【例9】 什么是虚拟设备？实现虚拟设备的关键技术是什么？

答：虚拟设备是指通过某种虚拟技术，将一台物理设备变换成若干台逻辑设备，从而实现多个用户对该物理设备的同时共享。由于多台逻辑设备实际上并不存在，而只是给用户的一种感觉，因此被称作虚拟设备。

虚拟设备技术常通过在可共享的、高速的磁盘上开辟两个大的存储空间(即输入井和输出井)以及预输入、缓输出技术来实现。如对一个独占的输入设备，可预先将数据输入到磁盘输入井的一个缓冲区中，而在进程要求输入时，可将磁盘输入井中的对应缓冲区分配给它，供它从中读取数据；在用户进程要求输出时，系统可将磁盘输出井中的一个缓冲区分配给它，当将输出数据写入其中之后，用户进程仿佛觉得输出已完成并继续执行下面的程序，而在输出设备空闲时，再由输出设备将井中的数据慢慢输出。由于磁盘是一个共享设备，因此便将独占的物理设备改造成为多个共享的虚拟设备(相当于输入井或输出井中的一个缓冲区)。预输入和缓输出可通过脱机和假脱机技术实现，而假脱机(即 SPOOLing 技术)是目前使用最广泛的虚拟设备技术。

【例 10】 SPOOLing 系统由哪几部分组成？以打印机为例说明如何利用 SPOOLing 技术实现多个进程对打印机的共享？

答：SPOOLing 系统由磁盘上的输入井和输出井，内存中的输入缓冲区和输出缓冲区，输入进程和输出进程以及井管理程序构成。

在用 SPOOLing 技术共享打印机时，对所有提出输出请求的用户进程，系统接受它们的请求时，并不真正把打印机分配给它们，而是由假脱机管理进程为每个进程做两件事情：(1) 在输出井中为它申请一空闲缓冲区，并将要打印的数据送入其中；(2) 为用户进程申请一张空白的用户打印请求表，并将用户的打印请求填入表中，再将该表挂到假脱机文件队列上。至此，用户进程觉得它的打印过程已经完成，而不必等待真正的慢速的打印过程的完成。当打印机空闲时，假脱机打印进程将从假脱机文件队列队首取出一张打印请求表，根据表中的要求将要打印的数据从输出井传送到内存输出缓冲区，再由打印机进行输出打印。打印完后，再处理假脱机文件队列中的下一个打印请求表，直至队列为空。这样，虽然系统中只有一台打印机，但系统并未将它分配给任何进程，而只是为每个提出打印请求的进程在输出井中分配一个存储区(相当于一个逻辑设备)，使每个用户进程都觉得自己在独占一台打印机，从而实现了对打印机的共享。

6.3.5 磁盘存储器管理中的典型问题分析

【例 11】 假设磁盘有 200 个磁道，磁盘请求队列中是一些随机请求，它们按照到达的次序分别处于 190、10、160、80、90、125、30、20、140、25 号磁道上，当前磁头在 100 号磁道上，并正由外向里移动。请给出按 FCFS、SSTF、SCAN 及 CSCAN 算法进行磁盘调度时满足请求的次序，并计算出它们的平均寻道长度。

分析：① FCFS 算法按进程请求访问磁盘的先后次序进行服务；SSTF 算法优先为距离当前磁头所在磁道最近的请求进行服务；SCAN 算法则优先为在磁头当前移动方向上、与当前磁头所在磁道最近的请求进行服务；CSAN 算法类似于 SCAN 算法，但它规定只能作单向服务。② 磁盘的磁道号是由外向里依次编号的，因此由外向里是朝着磁道号增加的方向移动。

答：磁盘调度的次序以及它们的平均寻道长度如表 6-1 所示。

表 6-1 磁盘调度的次序以及平均寻调时间

FCFS		SSTF		SCAN		CSCAN	
被访问的下一个磁道号	移动的磁道数	被访问的下一个磁道号	移动的磁道数	被访问的下一个磁道号	移动的磁道数	被访问的下一个磁道号	移动的磁道数
190	90	90	10	125	25	125	25
10	180	80	10	140	15	140	15
160	150	125	45	160	20	160	20
80	80	140	15	190	30	190	30
90	10	160	20	90	100	10	180
125	35	190	30	80	10	20	10
30	95	30	160	30	50	25	5
20	10	25	5	25	5	30	5
140	120	20	5	20	5	80	50
25	115	10	10	10	10	90	10
平均寻道长度 88.5		平均寻道长度 31		平均寻道长度 27		平均寻道长度 35	

【例 12】 假定磁盘转速为 20 ms/圈,磁盘格式化时每个磁道被划分成 10 个扇区,现有 10 个逻辑记录(每个记录的大小刚好与扇区大小相等)存放在同一磁道上,处理程序每次从磁盘读出一个记录后要花 4 ms 进行处理,现要求顺序处理这 10 个记录,若磁头现在正处于首个逻辑记录的始点位置。请问:

(1) 按逆时针方向安排 10 个逻辑记录(磁盘逆时针方向转),处理程序处理完这 10 个记录所花费的时间是多少?

(2) 按最优化分布重新安排这 10 个逻辑记录,写出记录的安排,并计算出所需要处理的时间。

分析: *数据处理时间 = 磁盘访问时间 + 数据实际处理时间,而磁盘访问时间 = 寻道时间 + 旋转延迟时间 + 数据传输时间。本题通过对旋转延迟时间的优化来提高访问磁盘数据的速度。*

答: (1) 由题意可知,读一个逻辑记录需 2 ms 时间,读出记录后还需要 4 ms 时间进行处理,故当磁头处于某记录的始点时,处理它共需 6 ms 时间。而逻辑记录是按逆时针方向安排的,因此系统处理完一个逻辑记录后将磁头转到下一个逻辑记录的始点需要 12 ms 时间。从而可以计算出处理程序顺序处理完这 10 个逻辑记录所需的时间为:

$$6 + 9 \times (12 + 6) = 168 \text{ ms}$$

(2) 按最优化分布重新安排这 10 个逻辑记录,可使处理程序处理完一个逻辑记录后,磁头刚好转到下一个逻辑记录的始点,此时,按顺时针方向安排的逻辑记录顺序分别为:记录 1、记录 8、记录 5、记录 2、记录 9、记录 6、记录 3、记录 10、记录 7、记录 4,所需要的处理时间为 6 × 10,即 60 ms。

6.4 习 题

6.4.1 选择题

1. 在一般大型计算机系统中，主机对外围设备的控制可通过通道、控制器和设备三个层次来实现。从下述叙述中选出一条正确的叙述。

(1) 控制器可控制通道，设备在通道控制下工作。

(2) 通道控制控制器，设备在控制器控制下工作。

(3) 通道和控制器分别控制设备。

(4) 控制器控制通道和设备的工作。

2. 从下面关于设备属性的论述中，选择一条正确的论述。

(1) 字符设备的一个基本特征是可寻址的，即能指定输入时的源地址和输出时的目标地址。

(2) 共享设备必须是可寻址的和随机访问的设备。

(3) 共享设备是指在同一时刻，允许多个进程同时访问的设备。

(4) 在分配共享设备和独占设备时，都可能引起进程死锁。

3. 通道是一种特殊的(A)，具有(B)能力。主机的 CPU 与通道可以并行工作，并通过(C)实现彼此之间的通信和同步。

A：(1) I/O 设备；(2) 设备控制器；(3) 处理机；(4) I/O 控制器。

B：(1) 执行 I/O 指令集；(2) 执行 CPU 指令集；(3) 传输 I/O 命令；(4) 运行 I/O 进程。

C：(1) I/O 指令；(2) I/O 中断；(3) I/O 指令和 I/O 中断；(4) 操作员。

4. 在 I/O 控制方式的发展过程中，最主要的推动因素是(A)。提高 I/O 速度和设备利用率，在 OS 中主要依靠(B)功能。使用户所编制的程序与实际使用的物理设备无关是由(C)功能实现的。

A：(1) 提高资源利用率；(2) 提高系统吞吐量；(3) 减少主机对 I/O 控制的干预；

(4) 提高 CPU 与 I/O 设备的并行操作程度。

B，C：(1) 设备分配；(2) 缓冲管理；(3) 设备独立性；(4) 虚拟设备。

5. 磁盘属于(A)，其信息的存取是以(B)为单位的；磁盘的 I/O 控制主要采取(C)方式；打印机的 I/O 控制主要采取(D)方式。

A：(1) 字符设备；(2) 独占设备；(3) 块设备；(4) 虚拟设备。

B：(1) 位(bit)；(2) 字节；(3) 帧；(4) 固定长数据块。

C，D：(1) 程序 I/O 方式；(2) 程序中断；(3) DMA；(4) SPOOLing。

6. 在程序 I/O 方式中，对于输出设备，准备就绪是指(A)。

A：(1) 输出缓冲区已空；(2) 输出缓冲区已有数据；(3) 输出设备已开始工作；(4) 输出设备已收到 I/O 指令。

7. 在利用 RS-232 接口进行通信时，其通信速率为 9.6 KB/S(B 为 Bit)。如果在通信接口中仅设置了一个 8 位寄存器作为缓冲寄存器，这意味着大约每隔(A)的时间便要中断一次 CPU，且要求 CPU 必须在(B)时间内予以响应。

A，B：(1) 80 μs；(2) 0.1 ms；(3) 0.8 ms；(4) 1 ms；(5) 8 ms。

8. 假定把磁盘上一个数据块中的信息输入到一单缓冲区的时间 T 为 100 μs，将缓冲区中的数据传送到用户区的时间 M 为 50 μs，而 CPU 对这一块数据进行计算的时间 C 为 50 μs，这样，系统对每一块数据的处理时间为(A)；如果将单缓冲改为双缓冲，则系统对每一块数据的处理时间为(B)。

A，B：(1) 50 μs；(2) 100 μs；(3) 150 μs；(4) 200 μs；(5) 250 μs。

9. 操作系统中采用缓冲技术的目的是为了增强系统(A)的能力；为了使多个进程能有效地同时处理输入和输出，最好使用(B)。

A：(1) 串行操作；(2) 并行操作；(3) 控制操作；(4) 中断操作。

B：(1) 缓冲池；(2) 单缓冲；(3) 双缓冲；(4) 循环缓冲。

10. 为了对缓冲池中的队列进行操作而设置了互斥信号量 MS[type]和资源信号量 RS[type]，相应地，两个操作过程 Getbuf 及 Putbuf 的描述如下：

```
procedure Getbuf(type)
  begin
    (A);
    (B);
    B(n):=Takebuf(type);
    (C);
  end
procedure Putbuf(type, n)
  begin
    (B);
    Addbuf(type, n);
    (C);
    (D);
  end
```

A, B, C , D：(1) wait(MS[type])；(2) signal(MS[type])；(3) wait(RS[type])；
(4) signal(RS[type])。

11. 从下面关于设备独立性的论述中，选择一条正确的论述。

(1) 设备独立性是指 I/O 设备具有独立执行 I/O 功能的一种特性。

(2) 设备独立性是指用户程序独立于具体使用的物理设备的一种特性。

(3) 设备独立性是指能独立实现设备共享的一种特性。

(4) 设备独立性是指设备驱动程序独立于具体使用的物理设备的一种特性。

12. 设备独立性是指(A)独立于(B)。

A：(1) 设备控制器；(2) 设备驱动程序；(3) 用户程序；(4) 设备独立性软件。

B：(1) 主机；(2) 操作系统；(3) 设备驱动程序；(4) 物理设备。

13. 在单用户系统中可为(A)设置一张逻辑设备表，在多用户系统中应为(B)设置一张逻辑设备表。

A，B：(1) 整个系统；(2) 每个用户(进程)；(3) 每种逻辑设备；(4) 每种物理设备。

14. 为实现设备分配，应为每个设备设置一张(A)，在系统中配置一张(B)；为实现设备独立性，系统中应设置一张(C)。

A，B：(1) 设备控制表；(2) 控制器控制表；(3) 系统设备表；(4) 设备分配表。

C：(1) 设备开关表；(2) I/O 请求表；(3) 逻辑设备表；(4) 设备分配表。

15. 从下面关于虚拟设备的论述中，选择一条正确的论述。

(1) 虚拟设备是指允许用户使用比系统中具有的物理设备更多的设备。

(2) 虚拟设备是指允许用户以标准方式来使用物理设备。

(3) 虚拟设备是指把一个物理设备变换成多个对应的逻辑设备。

(4) 虚拟设备是指允许用户程序不必全部装入内存就可使用系统中的设备。

16. SPOOLing 是对脱机 I/O 工作方式的模拟，SPOOLing 系统中的输入井是对脱机输入中的(A)进行模拟，输出井是对脱机输出中的(B)进行模拟，输入进程是对脱机输入中的(C)进行模拟，输出进程是对脱机输出中的(D)进行模拟。

A，C：(1) 内存输入缓冲区；(2) 磁盘；(3) 外围控制机；(4) 输入设备。

B，D：(1) 内存输出缓冲区；(2) 磁盘；(3) 外围控制机；(4) 输出设备。

17. 从下列有关 SPOOLing 系统的论述中，选择两条正确的论述。

(1) 构成 SPOOLing 系统的基本条件，是具有外围输入机和外围输出机。

(2) 构成 SPOOLing 系统的基本条件，是只要具有大容量、高速硬盘作为输入井与输出井。

(3) 构成 SPOOLing 系统的基本条件，是只要操作系统中采用多道程序技术。

(4) SPOOLing 系统是建立在分时系统中。

(5) SPOOLing 系统是虚拟存储技术的体现。

(6) SPOOLing 系统是在用户程序要读取数据时启动输入进程输入数据。

(7) 当输出设备忙时，SPOOLing 系统中的用户程序暂停执行，待 I/O 空闲时再被唤醒，去执行操作。

(8) SPOOLing 系统实现了对 I/O 设备的虚拟，只要输入设备空闲，SPOOLing 可预先将输入数据从设备传送到输入井中供用户程序随时读取。

(9) 在 SPOOLing 系统中，用户程序可随时将输出数据送到输出井中，待输出设备空闲时再执行数据输出操作。

18. 从下列论述中选出一条正确的论述。

(1) 在现代计算机系统中，只有 I/O 设备才是有效的中断源。

(2) 在中断处理过程中，必须屏蔽中断(即禁止发生新的中断)。

(3) 同一用户所使用的 I/O 设备也可以并行工作。

(4) SPOOLing 是脱机 I/O 系统。

19. 从下列关于驱动程序的论述中，选出一条正确的论述。

(1) 驱动程序与 I/O 设备的特性紧密相关，因此应为每一个 I/O 设备配备一个专门的驱动程序。

(2) 驱动程序与 I/O 控制方式紧密相关，因此对 DMA 方式应该以字节为单位去启动设备进行中断处理。

(3) 由于驱动程序与 I/O 设备(硬件)紧密相关，故必须全部用汇编语言书写。

(4) 对于一台多用户机，配置了相同的 8 个终端，此时可只配置一个由多个终端共享的驱动程序。

20. 下列磁盘调度算法中，平均寻道时间较短，但容易产生饥饿现象的是(A)；电梯调度算法是指(B)；能避免磁臂粘着现象的算法是(C)。

A，B，C：(1) SSTF；(2) FCFS；(3) SCAN；(4) CSCAN；(5) FSCAN。

6.4.2 填空题

1. 对打印机的 I/O 控制方式常采用 ① ，对磁盘的 I/O 控制方式常采用 ② 。

2. DMA 是指允许 ① 和 ② 之间直接交换数据的设备。在 DMA 中必须设置地址寄存器，用于存放 ③ ；还必须设置 ④ 寄存器用来暂存交换的数据。

3. 设备控制器是 ① 和 ② 之间的接口，它接受来自 ③ 的 I/O 命令，并用于控制 ④ 的工作。

4. 缓冲池中的每个缓冲区由 ① 和 ② 两部分组成。

5. I/O 软件通常被组织成 ① 、 ② 、 ③ 和 ④ 四个层次。

6. 驱动程序与 ① 紧密相关，如果计算机中连有 3 个同种类型的彩色终端和 2 个同种类型的黑白终端，可以为它们配置 ② 个设备驱动程序。

7. 为实现设备分配，系统中应配置 ① 和 ② 的数据结构；为实现控制器和通道的分配，系统中还应配置 ③ 和 ④ 的数据结构。

8. 除了设备的独立性外，在设备分配时还要考虑 ① 、 ② 和 ③ 三种因素。

9. 为实现设备独立性，在系统中必须设置 ① 表，通常它包括 ② 、 ③ 和 ④ 三项。

10. SPOOLing 系统是由磁盘中的 ① 和 ② ，内存中的 ③ 和 ④ ， ⑤ 和 ⑥ 以及井管理程序构成的。

11. 实现后台打印时，SPOOLing 系统中的输出进程，只为请求 I/O 的进程做两件事：(1) 为之在输出井中申请一 ① ，并将 ② 送入其中；(2) 为用户进程申请一张 ③ ，并将 ④ 填入表中，再将该表排在 ⑤ 队列中。

12. 磁盘的访问时间由 ① 、 ② 和 ③ 三部分组成，其中所占比重比较大的是 ④ ，故磁盘调度的目标为 ⑤ 。

13. 在磁盘调度中，选择优先为离当前磁头最近的磁道上的请求服务的算法为 ① 算法，这种算法的缺点是会产生 ② 现象；选择优先为当前磁头移动方向上、离当前磁头最近的磁道上的请求服务的算法为 ③ 算法。

第七章 文件管理

本章主要介绍 OS 如何通过文件系统来管理程序、数据等信息资源，具体包括文件和文件系统的基本概念、文件的逻辑结构、目录的管理、文件的共享和保护等内容。

7.1 基本内容

7.1.1 文件和文件系统

1. 文件的定义

文件是具有文件名的一组相关信息的集合。文件名由文件创建者在创建文件时给出，每个系统有自己的文件名命名规则，但文件名通常是由一串 ASCII 码或(和)汉字构成的。文件的基本内容可以由零个或多个字节构成；这些字节可以是简单的字符流，也可以是一个或多个记录的集合，它们的具体含义由文件的创建者和使用者解释。

每个文件除了文件名和基本内容以外，还应具有自己的属性，具体的属性可以包括：文件类型、文件长度、文件的物理位置、文件的建立时间等，它们也必须保存在文件存储器中。文件被创建后，其基本内容和属性信息便被储存在文件存储器中，用户可以通过文件名来访问相应文件的基本内容。

2. 文件系统模型

所谓文件系统，是指操作系统中与文件管理有关的那部分软件以及被它们管理的文件和文件属性的集合。如图 7.1 所示，可将文件系统的模型分成以下几个层次：

(1) 对象及其属性。文件系统管理的对象有文件、目录和文件存储器。

(2) 对对象操纵和管理的软件集合。这是文件系统的核心部分，它实现了文件存储空间管理、文件目录管理、文件的逻辑地址向物理地址的转换、文件的读和写管理以及文件的共享和保护等功能。

(3) 文件系统的接口。文件系统向用户提供的接口有命令接口、程序接口以及图形用户接口三类，用户可通过它们来使用文件系统。

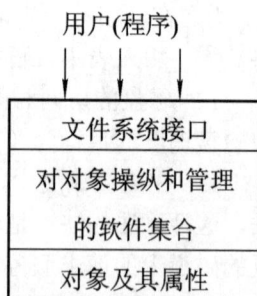

图 7.1 文件系统模型

3. 文件的使用

用户可通过文件系统所提供的命令和系统功能调用对文件进行操作，基本的文件操作有以下几种：

(1) 创建文件。在创建一个新文件时，系统要为它分配必要的外存空间，并在文件系统的目录中，为它建立一个目录项，用来登记该文件的文件名及其在外存的地址等属性。

(2) 删除文件。当不再使用某个文件时，可将它从文件系统中删除。此时，系统应先从目录中找到要删除文件的目录项，并根据其中的外存地址信息回收该文件所占的存储空间，最后还必须释放它的目录项。

(3) 读文件。当用户需要某个文件中的数据时，可对该文件执行读操作。此时，系统将通过该文件目录项中的文件在外存的物理位置信息，得到欲读取的文件在外存的地址，然后启动设备将数据读入内存。

(4) 写文件。当用户要求添加或修改某个文件的内容时，可对它进行写操作。为此，系统同样需要通过目录项，得到欲写入的文件数据在外存的地址，然后启动设备将数据写到外存中。

(5) 设置文件的读/写指针。文件的读/写指针指出了要读/写的信息距离文件首字节的偏移量。在读/写文件时，将根据读/写指针和相应文件目录项中的外存地址信息计算出欲读/写的信息在外存的地址。通过设置文件读/写指针的操作，可将读/写指针设置到文件的任一位置，从而实现对该文件内容的随机访问。

(6) 打开文件。打开文件的主要功能是将指定文件的属性信息复制到内存中，并返回指向内存中的该文件属性信息的指针。以后，用户需要对该文件进行操作时，便可直接在内存中找到文件的外存地址等属性，从而显著地提高对文件的操作速度。

(7) 关闭文件。当用户目前不再要求访问某个打开的文件时，可对它进行关闭操作。此时，将从内存中删除指定文件的属性信息，如果其中的文件属性信息已被修改过，则还需将它写回外存。关闭文件后，若要再次访问该文件，则必须重新进行打开文件的操作。

7.1.2 文件的逻辑结构

文件的逻辑结构是指从用户角度出发所观察到的文件组织形式。从逻辑结构的角度考虑，可将文件分成有结构文件和无结构文件两大类。

1. 有结构文件

有结构文件也称记录式文件，其数据的组成可以分成数据项、记录和文件三级。最低级的数据组织形式是数据项，它可用来描述一个个体的某种属性；多个数据项的集合形成一个记录，它可用来描述一个个体某方面相对完整的属性；多个记录的有序集合构成了文件，文件在文件系统中是一个最大的数据单位，它描述了一个对象集。通常，可以用一个或多个数据项来唯一地标识一个记录，这些数据项的集合被称为关键字。

在记录式文件中，每个记录用来描述实体集中的一个实体，各记录可以有相同或不同数目的数据项，每个数据项在不同的记录中可以有相同或不同的长度，因此，记录式文件又可以分成定长记录文件和变长记录文件两类。

记录式文件的逻辑组织又可进一步分成以下几种方式：

(1) 顺序文件。顺序文件中的记录可按不同的顺序进行排列。如果文件中的记录按存入的先后次序进行排列，则称之为串结构文件；如果是按关键字的次序进行排列，则称之为顺序结构的文件。顺序文件中的记录通常是定长记录，故顺序文件(尤其是其中的顺序结构文件)通常具有较快的记录检索速度。

(2) 索引文件。当记录为可变长度时，通常采用索引文件的方式。它为每个文件建立一张索引表，并将主文件的每个记录的记录号(或关键字)、长度和逻辑地址(即记录离文件首字节的偏移量)记录在索引表中。由于索引表本身是一个定长记录文件，因此可以十分方便地检索到相应记录的索引表项，从而可方便地对主文件中的记录实现直接存取。

(3) 索引顺序文件。索引顺序文件是上述两种文件构成方式的结合，其中的记录按顺序方式组织，每个文件也需建立一张索引表，但因为其只需为主文件的每一组记录的第一个记录设置一个索引表项，因此能有效地减少索引表所占的空间。

2. 无结构文件

无结构文件是指由字符流构成的文件，故又称流式文件。流式文件的基本单位是字节，因此可以将它看做是记录式文件的一个特例。在很多操作系统中，如 UNIX 系统，所有的文件都被看成是流式文件。在创建和使用流式文件时，虽然操作系统只将它看成是一个字符流，但用户仍然可以按自己的需要赋予文件某种结构。

7.1.3 文件目录

在一个计算机系统中，通常存储有大量的文件。为了能对这些文件实施有效的管理，必须将它们妥善地组织起来，这主要是通过文件目录来实现的。对目录管理的要求是能够实现"按名存取"，能够提供快速的目录查询手段以提高对文件的检索速度，并能为文件的共享和重名提供方便。

1. 文件控制块、目录项和索引结点

文件控制块(FCB)是 OS 用来描述和控制文件的一个数据结构，其中最基本的内容是文件名和文件的物理地址，其他的内容通常有文件的逻辑结构、文件的物理结构、文件的长度、文件的存取权限、文件的建立日期和时间、文件最后一次修改的日期和时间、文件的连接计数及文件主标识符等文件属性信息。

文件控制块与文件一一对应，文件控制块的有序集合被称作目录，其中的每个文件控制块被称为目录项。目录通常也是以文件的方式存放在外存上，故也被称作目录文件。

当系统中文件很多时，文件目录可能要占用大量的磁盘块。此时，在文件目录中查找一个指定的文件可能要多次启动外存，十分费时。考虑到检索过程中，实际上只用到了其中的文件名信息，仅当找到了与用户指定的文件名相匹配的目录项后，才需要从该目录项中读出文件的物理地址等信息。因此，有些系统，如 UNIX 系统，便采用把文件名和文件描述信息分开的办法，即，将文件描述信息单独形成一个称为索引结点的数据结构，存放在外存的索引结点区，而组成文件目录的目录项中仅有文件名和指向该文件所对应的索引结点的指针。这样，便可大大减少文件目录所占的磁盘块数，从而加快检索目录的速度。

2. 目录结构

目录结构是指文件目录的组织方式，它将直接关系到文件的检索速度、文件的共享性和安全性，因此，目录结构的设计一直是文件系统设计的一个重要环节。

(1) 单级目录结构。单级目录结构在整个文件系统中只建立一张目录表，每个文件占其中的一个表项。虽然，它能实现对文件的按名存取，管理和实现也十分简单，但并不能满足对目录管理的其他要求，例如它不允许文件重名，也不便于实现文件共享，而且，当文件数目较多时，它的检索速度会变得十分缓慢。

(2) 两级目录结构。采用两级目录结构时，系统为每个用户建立一个单独的用户文件目录，其中包含该用户的所有文件的文件控制块。此外，系统中还要建立一个主文件目录，它的每个目录项对应于一个用户文件目录，其中包含该用户的用户名和指向该用户文件目录的指针。两级目录结构提高了检索目录的速度，并允许不同的用户使用相同的文件名，也允许不同的用户使用不同的文件名来访问系统中的一个共享文件，但它不提供用户建立子目录的手段，用户使用起来仍不是很方便。

(3) 多级目录结构。为了进一步提高对目录的检索速度，并使用户可以更加方便地组织和使用自己的文件，现代操作系统普遍使用多级目录结构(又称为树形目录结构)来进行文件管理，它是对两级目录的进一步扩展。主目录在这里被称为根目录，数据文件被称为树叶，而其他的目录均作为树的结点。图 7.2 示出了多级目录结构。图中用方框表示目录，圆圈表示数据文件。

在树形目录结构中，从根目录到任何数据文件，都只有一条唯一的通路，用"/"依次地将这条通路上的所有目录文件名和数据文件名连接起来，便构成了文件的绝对路径名。例如，图 7.2 中的 UserB 用户可用路径名"/UserB/Doc/F"来访问他的 F 文件。通常，一个用户进程在一给定的时间内所访问的文件仅局限于某个文件目录之下，为了简化文件的查找过程，可将该文件目录设置成"当前目录"或"工作目录"，以后用户进程对各文件的访问都可相对于"当前目录"而进行，而将当前目录到数据文件之间的所有目录文件名(不包括当前目录文件名)与数据文件名用"/"依次连接起来，便构成了文件的相对路径名。如用户 UserB 的当前目录是 Doc，则他可使用相对路径名"F"来访问自己的 F 文件。

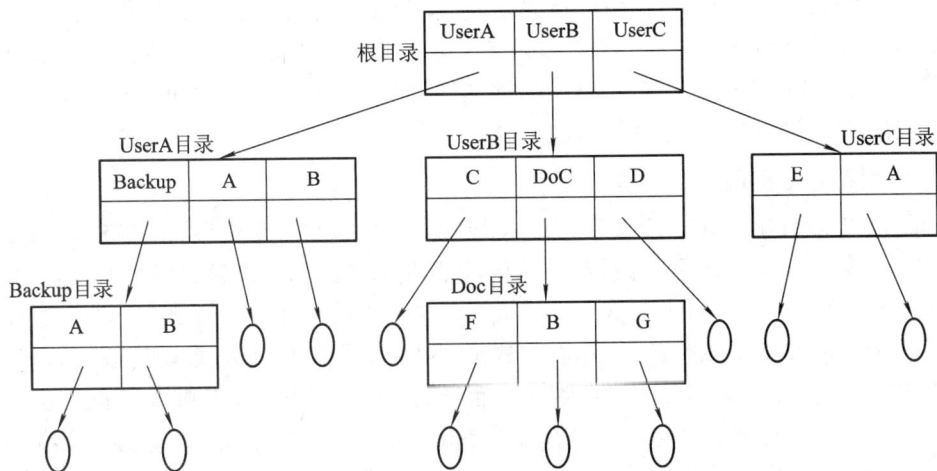

图 7.2　多级目录结构

3. 目录查询技术

当用户要访问一个文件时，系统首先要利用用户提供的路径名对目录进行查询，只要找到对应的文件控制块，便可找到具体的文件并对之进行相应的操作。假定用户给定的文件路径名是/UserB/Doc/F，查询目录的过程可描述如下：系统先读入路径名中的第一个文件分量名 UserB，用它与根目录文件中各目录项的文件名进行比较，从中找出匹配项，并从匹配项中得到文件控制块(如果系统引入了索引结点，则得到的是索引结点的指针，故还必须通过该指针将索引结点读入内存)，然后再根据其中的物理地址找到目录文件/UserB；接着，系统再将路径名中的第二个分量名 Doc 读入，并与目录文件/UserB 中的内容进行比较，得到 Doc 的文件控制块或索引结点，从而找到目录文件/UserB/Doc；然后，系统又将该文件的第三个分量名 F 读入，用它与目录文件/UserB/Doc 中的目录项进行比较，最后得到 F 的文件控制块或索引结点。如果在上述查询过程中，发现其中的一个文件分量名未找到，则应停止查找，并返回"文件未找到"信息。

7.1.4　文件共享

文件共享是指系统允许多个用户(进程)使用同一份文件。在允许文件共享的系统中，如果用户知道共享文件的路径名，并有访问该文件的权限，则可直接使用文件的路径名来访问该共享文件。为了使用户能更方便地共享文件，很多系统还允许一个共享文件同时出现在多个用户的目录下，这种共享可通过下述方法来实现。

1. 基于索引结点的共享方式

使用这种方式时，可在文件的索引结点中设置一个链接计数字段 i_nlink，用来表示链接到本索引结点(亦即文件)上的用户目录项的数目。当用户 C 创建一个新文件时，其链接计数被置为 1。如果用户 B 要共享该文件，则可在 B 的目录中增加一目录项，并填上新的文件名和指向该共享文件的索引结点的指针，索引结点中的链接计数将被加 1。这种方式的缺点是文件主无法删除被他人共享的文件。如果 C 将共享文件删除并清除相应的索引结点，则 B 中将有一个指向无效索引结点的目录项，若该索引结点以后被分配给另一个文件，则 B 将去共享一个错误的文件；如果 C 留下了索引结点，并将其链接计数减 1，由于 C 是文件主，若系统要记账收费，C 将继续为该文件付账，直至其他用户执行删除操作时，发现其链接计数为 0，将其真正删除为止。

2. 利用符号链实现文件共享

为了使 B 能共享 C 的一个文件，可以由系统为 B 建立一个类型为 LINK 的新文件，并把该文件放在 B 的目录下，该新文件的内容只包含了被链接文件的路径名。当 B 读该 LINK 类型的文件时，将被 OS 截获，并根据新文件中的路径名去读那个文件。这种实现文件共享的方式叫做符号链接。在这种方式下，文件主删除被他人共享的文件后，其他用户再去访问该共享文件时，会因找不到文件而失败，于是可再将符号链(即 LINK 类型的文件)删除，此时不会造成任何影响。它的问题是其他用户访问共享文件时，必须根据路径中的分量名逐级地去检索目录，因此加大了访问文件的开销；另外，尽管 LINK 类型的文件十分简单，但仍需为它配置一个索引结点，并分配一个盘块来存放被链接文件的路径名，这同样会增加系统的的开销。符号链接有一个很大的优点，即只要简单地提供一个机器的网络地址以及文件在该机器中的文件路径名，便可链接全球任何一处机器上的文件。

图 7.3 示出了 B 用户以文件名 fileb 共享 C 用户的文件 filec 的两种方式。

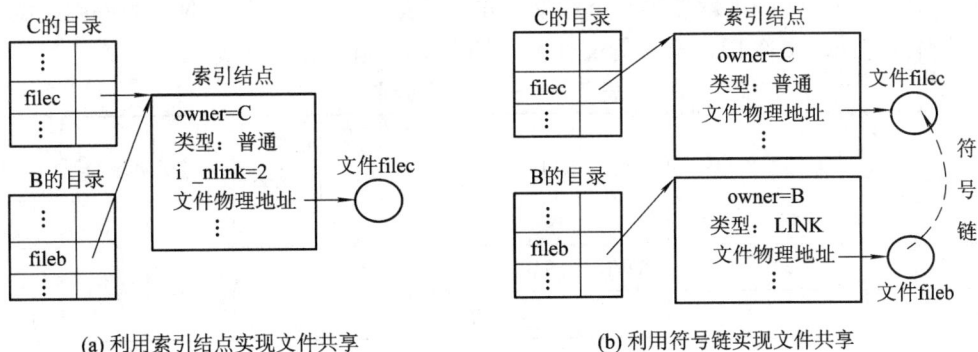

(a) 利用索引结点实现文件共享   (b) 利用符号链实现文件共享

图 7.3   用户 B 共享用户 C 的文件

7.1.5   文件保护

影响文件安全性的主要因素有：(1) 人为因素，人们有意或无意的行为，使文件系统中的数据遭到破坏或丢失；(2) 系统因素，由于系统的某部分出现异常情况，而造成数据的破坏或丢失；(3) 自然因素，随着时间的推移，存放在磁盘上的数据会逐渐消失。

下面介绍的存取控制机制，可用来防止人为因素造成的文件系统的不安全性。而防止系统部分的故障所造成的文件不安全性的系统容错技术，以及防止自然因素所造成的文件不安全性的后备系统，将在第八章中介绍。

1. 访问权和保护域

访问权是一个用户(进程)对某个对象执行操作的权利，它可以用一有序对(对象名、权集)来表示，如(F1、[RW])表示用户(进程)对文件 F1 具有读和写的权利。

保护域，简称"域"，是用户(进程)对一组对象的访问权的集合。在图 7.4 中示出了三个域，在域 1 中运行的用户(进程)能对文件 F1 执行读操作、对文件 F2 执行读和写操作，而 Printer1 同时出现在域 2 和域 3 中，表示在这两个域中运行的用户(进程)都能使用该打印机。

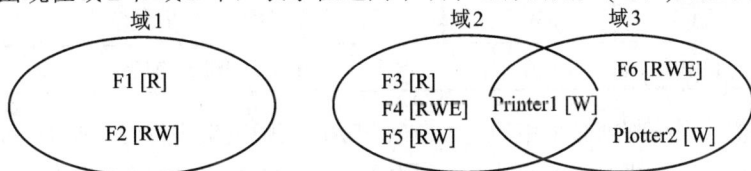

图 7.4   三个保护域

进程和域之间的联系可以是静态的，此时，在整个生命期中，进程只能在一个域中运行；进程和域之间的联系也可以是动态的，即在进程运行的不同阶段，允许它通过保护域切换功能，从一个域切换到另一个域。

2. 访问矩阵

访问矩阵是用来描述系统的访问控制的一张二维表，其行代表一个保护域，列代表系统中的一个对象，矩阵中的每一项是由一组访问权组成的，它定义了在行所代表的域中执行的进程，能对列所代表的对象施加何种操作。

图 7.4 所示的保护域对应的访问矩阵如表 7-1 所示。由于进程与保护域之间采用动态的联系方式，故在矩阵中增加了三个对象，分别代表三个域本身。可见，当进程在域 D1 中运行时，它能读文件 F1、读和写文件 F2，并能切换到域 D2 中去运行。

表 7-1　一个访问矩阵

对象＼域	F_1	F_2	F_3	F_4	F_5	F_6	打印机 1	绘图仪 2	域 D_1	域 D_2	域 D_3
域 D_1	R	RW								S	
域 D_2			R	RWE	RW		W				S
域 D_3						RWE	W	W			

注：R——读，W——写，E——执行，S——切换。

3. 访问矩阵的实现

在一个实际的系统中，域的数量和对象的数量都可能很大，为了减少访问矩阵的空间开销和访问该矩阵的时间开销，常以访问控制表或访问权限表的方式来实现访问矩阵。

(1) 访问控制表。将访问矩阵按列(对象)进行划分，便可为每个列建立一张访问控制表。在该表中，已把矩阵中属于该列的所有空项删除，此时的访问控制表是由有序对(域，权集)组成的。在不少系统中，当对象是文件时，其访问控制表可以作为文件存取控制信息，存放在该文件的文件控制块中。

(2) 访问权限表。将访问矩阵按行(即域)进行划分，便可为每一行建立一张访问权限表。换言之，这是由一个域对每个对象可执行的一组操作所构成的表，表中的每一项即为该域对某对象的访问权限。表 7-2 示出了对应于图 7.4 中域 2 的访问权限表。

表 7-2　访问权限表

类型	权利	对　象
文件	R——	指向文件 3 的指针
文件	RWE	指向文件 4 的指针
文件	RW—	指向文件 5 的指针
打印机	—W—	指向打印机 1 的指针

目前，大多数系统都同时采用访问控制表和访问权限表来进行安全保护。系统将为每个对象配置一张访问控制表，当一个用户(进程)第一次试图去访问一个对象时，必须先检查访问控制表，如果用户(进程)不具有对该对象的访问权，则由系统拒绝用户(进程)的访问，并构成一异常事件；否则，便允许用户(进程)对该对象进行访问，并在用户(进程)的访问权限表中增加对该对象的访问权限。以后，该用户(进程)便可直接利用这一返回的权限去访问该对象。

7.2　重点、难点学习提示

本章的学习目的是掌握文件系统的基本概念和实现过程，为此，应对以下几个重点与难点问题进行认真的学习，切实地掌握其基本内容。

1. 目录管理

文件系统中储存着大量的文件，它们必须通过文件目录加以妥善的组织和管理。在学习时，必须对下述与目录管理有关的内容有较清晰的认识：

(1) 文件控制块(FCB)。FCB 是用来描述和控制文件的数据结构，而 FCB 的有序集合被称为文件目录，即一个 FCB 就是一个文件目录项。在学习时应了解 FCB 通常应包含哪些内容，它与文件之间存在着什么样的关系。

(2) 索引结点。读者应理解磁盘索引结点是为了解决什么问题而引入的，它与 FCB、目录项之间存在着什么样的关系。另外还应了解为什么要引入内存索引结点，以及在内存索引结点中还应增加哪些数据项，以及为什么要增加这些数据项。

(3) 单级目录和两级目录结构。在学习时应清楚地了解在单级目录结构中应如何创建或删除文件，它在哪些地方无法满足对目录管理的要求，而两级文件目录是如何解决这些问题的。

(4) 多级目录结构。在学习时应很好地理解和掌握目录结构由单级发展为两级、并进一步发展为多级带来了哪些好处，应如何根据绝对路径名或相对路径名在多级目录结构中线性地检索一个文件或子目录，要创建或删除一个文件或子目录时，应如何进行处理。

2. 文件共享方式

文件共享的主要目的，一是提高文件存储空间的利用率，二是方便用户对文件的使用。目前常用的文件共享方式有基于索引结点的共享方式和利用符号链实现文件共享两种。

(1) 基于索引结点的共享方式。这是指将多个目录项指向同一个磁盘索引结点的共享方式。在学习时应了解如果不引入索引结点，而直接通过 FCB 来共享文件会产生什么问题，这种共享方式应如何进行文件的删除操作，它有何优缺点。

(2) 利用符号链实现文件共享。这是指通过建立一个类型为 LINK、内容为被共享文件路径名的新文件来实现共享的方式。在学习时应了解当用户访问 LINK 类型的文件时，系统应如何进行处理，通过这种方式共享文件又有何优缺点。

7.3　典型问题分析和解答

7.3.1　文件系统基本概念中的典型问题分析

【例1】　一个比较完善的文件系统应具备哪些功能？

答：一个比较完善的文件系统应该具备以下功能：

(1) 文件存储空间的管理。通过文件存储空间的管理，使文件"各得其所"，并且尽量提高文件存储空间的利用率。

(2) 目录管理。通过目录管理，实现文件的按名存取，提高文件的检索速度，解决文件的命名冲突问题(允许文件重名)，并实现多个用户对文件的共享。

(3) 文件的读写管理。通过对文件的读写管理，能快速地从磁盘上读出文件中的数据，并快速地将数据写到磁盘中。

(4) 文件的安全性管理。采用一系列措施(如多级文件保护措施)对系统中的文件进行保护，以防文件被偷窃、修改和破坏。

(5) 提供用户接口。向用户提供一个统一的、使用方便的接口，使用户可通过该接口方便地取得文件系统的服务(如文件存取服务，创建文件、删除文件、修改文件等文件管理服务)。

7.3.2 目录管理中的典型问题分析

【例2】 在某个文件系统中，每个盘块为 512 个字节，文件控制块占 64 个字节，其中文件名占 8 个字节。如果索引结点编号占 2 个字节，对一个存放在磁盘上的、256 个目录项的目录，试比较引入索引结点前后，为找到其中一个文件的 FCB，平均启动磁盘的次数。

答：在引入索引结点前，每个目录项中存放的是对应文件的 FCB，故 256 个目录项的目录总共需要占用：$256 \times 64/512 = 32$ 个盘块。因此，在该目录中检索到一个文件，平均启动磁盘的次数为 $(1 + 32)/2$，即 16.5 次。

在引入索引结点之后，每个目录项中只需存放文件名和索引结点的编号，因此 256 个目录项的目录总共需要占用：$256 \times (8 + 2)/512 = 5$ 个盘块。因此，找到匹配的目录项平均需要启动 $(1 + 5)/2$，即 3 次磁盘；而得到索引结点编号后，还需启动磁盘将对应文件的索引结点读入内存，故平均需要启动磁盘 4 次。可见，引入索引结点后，可大大减少启动磁盘的次数，从而有效地提高检索文件的速度。

【例3】 目前广泛采用的目录结构是哪种？它有什么优点？

答：目前广泛采用的目录结构是多级树形目录结构。它具有以下优点：

(1) 能有效地提高对目录的检索速度。假定文件系统中有 N 个文件，在单级目录中，最多要检索 N 个目录项；但对有 i 级的树形目录，在目录中每检索一指定的文件，最多可能要检索到近 $i \times \sqrt[i]{N}$ 项。

(2) 允许文件重名。在树形结构的文件系统中，不仅允许每个用户在自己的分目录中，使用与其他用户文件相同的名字；而且，同一个用户的不同分目录中的文件也允许重名。

(3) 便于实现文件共享。在树形目录中，用户可通过路径名来共享他人的文件；也可将一共享文件链接到自己的目录下，从而使文件的共享变得更为方便，其实现方式也非常简单，系统只需在用户的目录文件中增设一目录项，填上用户赋予该共享文件的新文件名，以及该共享文件的唯一标识符(或索引结点编号)即可。

(4) 能更有效地进行文件的管理和保护。在多级目录中，用户可按文件的不同性质，将它们存放到不同的目录子树中，还可以给不同的目录赋予不同的存取权限，因此，能更有效地对文件进行管理和保护。

【例4】 将目录文件当作一般数据文件来处理有什么优缺点？

答：将目录文件作为一般数据文件来处理，可以简化操作系统对目录的实现。但如果允许一个用户在某个目录下创建文件，则他必须有对该目录文件进行读写的权限，同时可直接从目录文件中读到该目录下、所有文件的物理地址等信息，然后存取到它们的内容，因此这种方式难以实现对文件的保护。为了解决上述问题，很多操作系统将目录当作特殊的文件看待，用户要获得目录中的文件属性信息或在创建一个文件时需在目录文件中建立一个目录项，都必须通过操作系统提供的例程来完成。

【例5】 试说明在树形目录结构中线性检索法的检索过程，并画出相应的流程图。

答：在树形目录结构中，用户提供的是从根目录(或当前目录)开始的、由多个文件分量名组成的文件路径名。系统在检索一个文件时，先读入给定文件路径名中的第一个分量名，用它与根目录文件(或当前目录文件)中的各目录项中的文件名，顺序地进行比较，若找到相匹配的目录项，便可获得它的 FCB 或索引结点编号，从而找到该分量名所对应的文件。然后，系统再读入第二个文件分量名，用它与刚检索到的目录文件中的各目录项的文件名顺序加以比较，若找到匹配者，则重复上述过程，如此逐级地检索指定文件分量名，最后将会得到指名文件的 FCB 或索引结点。检索过程的流程(以 UNIX 为例)如图 7.5 所示。

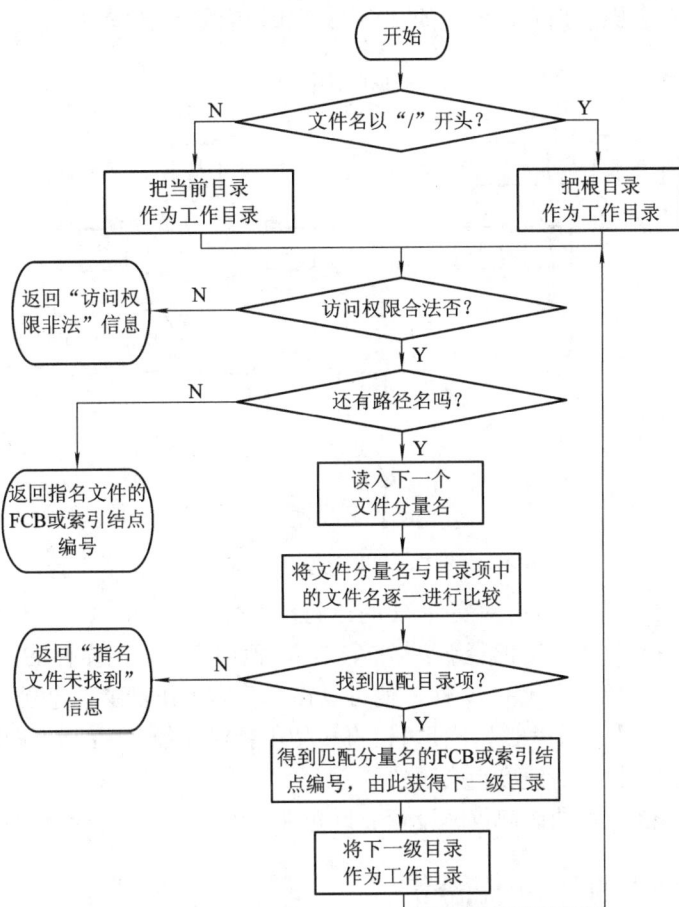

图 7.5 线性检索过程的流程

7.3.3 文件的共享和保护中的典型问题分析

【例6】 在树形目录结构中，利用链接方式共享文件有何好处？
答：利用链接方式共享文件主要有以下几方面的好处：

(1) 方便用户。这种共享方式，允许用户按自己的方式将共享文件组织到某个子目录下，并赋予它新的文件名，从而使用户更方便地管理和使用共享文件。

(2) 防止共享文件被删除。每次链接时，系统将对索引结点中的链接计数字段 i_nlink 进行加 1 操作，而删除时，必须先对它进行减 1 操作，只有当 i_nlink 的值为 0 时，共享文件才被真正删除，因此可避免用户要共享的文件被删除的现象。

(3) 加快检索速度。为了加快检索文件的速度，一般系统都引入了当前目录的概念。用户在设置了工作目录后，若共享文件已被链接到该工作目录下，则系统无需再去逐级检索树形目录，从而可加快检索速度。

【例 7】 如图 7.6 所示的文件系统，若 C 和 D 分别是两个用户的目录，请问：

(1) C 用户在当前目录 "/C" 下欲共享文件 f2，应有什么条件？

(2) 若 C 用户需要经常访问 f4 文件，他应如何操作才会更简单、更快捷？

(3) 若 D 用户不愿意别人访问他的文件 f3，那他应如何操作？

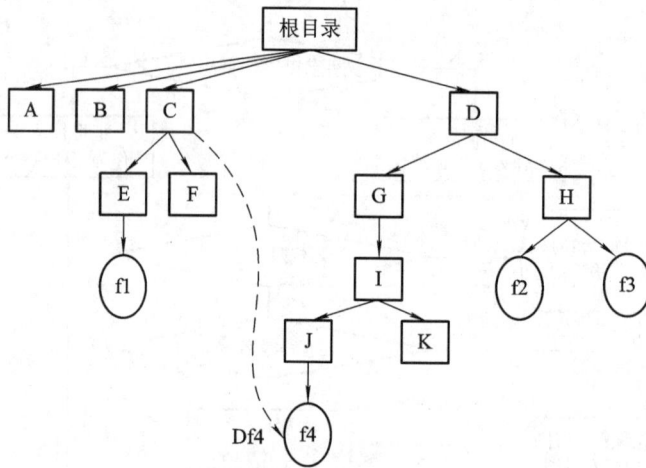

图 7.6　树形文件系统

答：(1) 只有当 C 用户拥有对文件 f2 的访问权限时，他才能共享文件 f2，此时，通过绝对路径名 "/D/H/f2" 或相对路径名 "../D/H/f2"，他便可以访问文件 f2。

(2) 如果 C 需要经常访问 f4 文件，他可以在自己的工作目录下建立一个 f4 的链接文件 Df4，以后他在工作目录 "/C" 下便可以直接使用相对路径名 "Df4" 访问该文件，操作起来会更方便，文件检索的速度也会更快。

(3) D 可以将 f3 文件的访问权限设置成只允许文件主访问，而不允许其他用户访问。

7.3.4　文件操作中的典型问题分析

【例 8】 使用文件系统时，通常要显式地进行 open、close 操作。

(1) 这样做的目的是什么？

(2) 能否取消显式的 open、close 操作？应如何做？

(3) 取消显式的 open、close 有什么不利？

答：(1) 显式的 open 操作，即打开文件操作的基本功能是在用户进程和指定文件之间建立一条通路，它将相应文件的 FCB 读入内存，并返回给用户一个文件描述符，以后，用户对文件进行的任何操作，都只需使用文件描述符而非路径名，而系统则无需再对各级目录进行检索，便可通过文件描述符直接找到内存中的文件 FCB，然后为用户进行相应的操作，可见，open 操作的主要目的是提高了文件访问的速度。显式的 close 操作，即关闭文件操作的基本功能是切断用户进程和指定文件间的通路，如果文件 FCB 的内容被修改过，则需要将它写回磁盘，然后释放内存 FCB 和文件描述符。

(2) 可以取消显式的 open 和 close 操作。具体做法是：在首次使用某个文件时，由系统自动打开该文件，并在相关作业终止时自动关闭该文件；或者直接取消 open 和 close 操作，而在每次读写文件时，都通过路径名来检索目录，然后再进行相应操作。

(3) 取消显式的 open 与 close 操作将增加系统的开销。首先，用户每次使用路径名来读写文件时，系统都必须检查该文件是否已经打开；其次，当一个文件使用完毕后，只要相应的作业没终止，则它的 FCB 将仍然占用内存资源，这不仅是对资源的浪费，而且还有可能造成其他文件因得不到该资源而无法打开的现象。如果每次对文件操作前，都必须先通过路径名到外存上去检索目录，则开销会更大。

7.4 习 题

7.4.1 选择题

1. 文件系统最基本的目标是(A)，它主要是通过(B)功能实现的，文件系统所追求的最重要的目标是(C)。

A，C：(1) 按名存取；(2) 文件共享；(3) 文件保护；(4) 提高对文件的存取速度；
(5) 提高 I/O 速度；(6) 提高存储空间利用率。

B：(1) 存储空间管理；(2) 目录管理；(3) 文件读写管理；(4) 文件安全性管理。

2. 在文件系统中可命名的最小数据单位是(A)，用户以(B)为单位对文件进行存取、检索等，对文件存储空间的分配则以(C)为单位。

A，B，C：(1) 字符串；(2) 数据项；(3) 记录；(4) 文件；(5) 文件系统。

3. 按逻辑结构可把文件分为(A)和(B)两类，LINUX 文件系统采用(B)结构。

A，B：(1) 读、写文件；(2) 只读文件；(3) 索引文件；(4) 链式文件；
(5) 记录式文件；(6) 流式文件。

4. OS 用来控制和管理一个文件的文件属性信息被称作该文件的(A)，它通常存放在(B)中。

A：(1) PCB；(2) FAT；(3) 关键字；(4) FCB。

B：(1) 内存；(2) 该文件的数据盘块；(3) 该文件的上级目录的数据盘块；
(4) 该文件的索引盘块。

5. 在文件系统中是利用(A)来组织大量的文件的，为了允许不同用户的文件使用相同的文件名，通常文件系统中采用(B)；在目录文件中的每个目录项通常就是(C)；在 UNIX 系统中的目录项则是(D)。

A：(1) 文件控制块；(2) 索引结点；(3) 符号名表；(4) 目录。

B：(1) 重名翻译；(2) 多级目录；(3) 文件名到文件物理地址的映射表；(4) 索引表。

C，D：(1) FCB；(2) 文件表指针；(3) 索引结点；(4) 文件名和文件物理地址；

(5) 文件名和索引结点指针。

6. 一个文件系统中，FCB 占 64 B，一个盘块大小为 1 KB，采用一级目录，假定文件目录中有 3200 个目录项，则检索一个文件平均需要(A)次访问磁盘。

A：(1) 50；(2) 54；(3) 100；(4) 200。

7. Windows FAT32 的目录项中不会包含(A)；而 Unix 的磁盘索引结点中不会包含(B)信息。

A：(1) 文件名；(2) 文件访问权限说明；(3) 文件所在的物理位置；

(4) 文件控制块的物理位置。

B：(1) 文件物理地址；(2) 文件长度；(3) 文件存取权限；(4) 文件名。

8. 在树型目录结构中，用户对某文件的首次访问通常都采用(A)；文件被打开后，对文件的访问通常采用(B)；打开文件操作完成的主要工作是(C)。

A，B：(1) 文件符号名；(2) 文件路径名；(3) 内存索引结点的指针；

(4) 用户文件描述符。

C：(1) 把指定文件的目录项复制到内存指定的区域；

(2) 把指定文件复制到内存指定的区域；

(3) 在指定文件所在的内存介质上找到指定文件的目录项；

(4) 在内存寻找指定的文件。

9. 利用 Hash 法查找文件时，如果目录中相应的目录项是空，则表示(A)；如果目录项中的文件名与指定的文件名相匹配，则表示(B)；如果目录项中的文件名与指定的文件名不匹配，则表示(C)。

A：(1) 文件名已修改；(2) 系统中无指定文件名；(3) 新创建的文件；

(4) 修改已存文件名。

B，C：(1) 发生了冲突；(2) 文件名已修改；(3) 存取权限正确；(4) 存取权限非法；

(5) 找到了指定文件。

10. 从下面关于目录检索的论述中，选出一条正确的论述。

(1) 由于 Hash 法具有较快的检索速度，故现代操作系统中已开始用它取代传统的顺序检索法。

(2) 在利用顺序检索法时，对树型目录应采用文件的路径名，且应从根目录开始逐级检索。

(3) 在顺序检索法的查找过程中，只要有一个文件分量名未能找到，便应停止查找。

(4) 在顺序检索法的查找完成时，即应得到文件的物理地址。

11. 有一共享文件，它具有下列文件名：/usr/Wang/test/report、/usr/Zhang/report 及 /usr/Lee/report，试填写图 7.7 中的 A，B，C，D，E，F。

A，B，C，D，E，F：(1) usr；(2) test；(3) report；(4) root；(5) Lee。

12. 在图 7.8 所示的树形目录结构中，Wang 用户需要经常性地访问 Zhang 用户的 /Zhang/Course/Course1/f1 文件，他可以通过(A)来提高检索速度并简化操作过程。

A：(1) 将这个文件拷贝到 Wang 目录下，并仍使用原来的文件名；

(2) 将这个文件拷贝到 Wang 目录下，但不能使用原来的文件名；

(3) 将这个文件链接到 Wang 目录下，并仍使用原来的文件名；

(4) 将这个文件链接到 Wang 目录下，但不能使用原来的文件名。

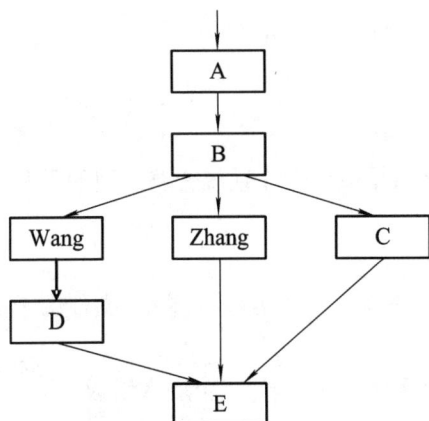

图 7.7　文件共享示意图　　　　　　　　　图 7.8　树形目录结构

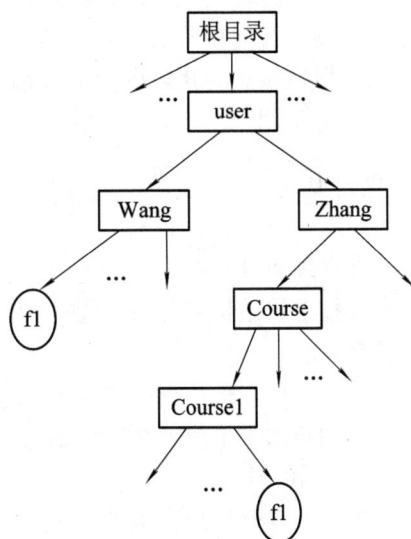

13. 在 linux 中，设文件 F1 的当前链接计数为 1，先建立 F1 的符号链接文件 F2，再建立 F1 的硬链接文件 F3，则此时文件 F1、F2 和 F3 的链接计数值分别是(A)。

A：(1) 1，1，1 ；(2) 2，1，2；(3) 2，2，2；(4) 3，1，2；(5) 3，2，2。

14. 如果采用符号链接的方式共享文件，那么当文件被删除的时候，该共享链接会(A)。

A：(1) 不受影响；(2) 失效；(3) 被一起删除；(4) 指向其他文件。

15. 在执行 close 过程时，若系统打开文件表项引用计数 f.count=0 不成立，应(A)；若 f.count=0 但内存索引结点引用计数 i.count=0 不成立，则应(B)；若 i.count=0，则应(C)。

A，B，C：(1) 关闭文件；(2) 置用户文件描述符表项为空；

(3) 使用户文件描述符表项和文件表项皆为空；(4) 不做任何处理。

16. 在 create 处理过程中，若未检索到指定文件的索引结点，此时属于(A)；检索到指定文件的索引结点，此时若允许写，则此时属于(B)，否则是(C)。

A，B，C：(1) 出错；(2) 修改文件；(3) 文件重新命名；(4) 创建新文件；

(5) 重写文件。

17. 在访问矩阵中，如果在域 Di 中运行的进程能够增删所有保护域中对对象 j 的访问权，则访问权组 access(i, j)中必须包含(A)；如果在域 Di 中运行的进程拥有对对象 j 进行读的权利，而且他可以将对对象 j 进行读的权利扩展到其他域中去，则访问权组 access(i, j)中必须包含对读操作的(B)；如果在域 Di 中运行的进程可以删改域 Dm 中的访问权，则访问权组 access(i, j)(j 列代表域 Dm)中必须包含(C)。

A，B，C：(1) 最高优先权；(2) 拷贝权；(3) 控制权；(4) 访问权；(5) 所有权。

18. 将访问矩阵按列进行划分，可为每个列建立一张(A)，如果对应列代表一个文件，则可将(A)放在该文件的(B)中；将访问矩阵按行进行划分，则可为每个行建立一张(C)。通过(A)和(C)来实现控制矩阵的主要目的是(D)。

A，C：(1) 访问权限表； (2) 所有权表； (3) 访问控制表； (4) 域索引表。

B：(1) 物理盘块； (2) 文件控制块； (3) 文件分配表； (4) 超级块。

D：(1) 减少访问矩阵的空间开销； (2) 减少访问矩阵的时间开销；

(3) 既减少访问矩阵的空间开销，又降低访问该矩阵的时间开销；

(4) 方便用户。

7.4.2 填空题

1. 文件管理应具有 ① 、 ② 、 ③ 和 ④ 等功能。

2. 文件按逻辑结构可分成 ① 和 ② 两种类型，现代操作系统普遍采用的是其中的 ③ 结构。

3. 记录式文件，把数据的组织分成 ① 、 ② 和 ③ 三级。

4. 数据项是用来描述一个实体的 ① ；记录是用来描述一个实体的 ② ；文件用于描述 ③ 的某方面的属性。

5. 一个文件系统模型由最低层 ① 、中间层 ② 和最高层 ③ 三个层次组成。

6. 对文件的访问有 ① 和 ② 两种方式。

7. 从文件管理的角度来看，文件是由 ① 和文件体两部分组成的；而在具体实现时，前者的信息通常以 ② 或 ③ 的方式存放在文件存储器上。

8. 文件目录的最主要功能是实现 ① ，故目录项的内容至少应包含 ② 和 ③ 。

9. 对目录管理的要求，首先是能实现 ① ，其次是提高对目录的 ② ，同时应允许多个用户 ③ ，以及允许 ④ ，以便不同用户能按自己的习惯对文件命名。

10. 在采用树形目录结构的文件系统中，树的结点分为三类：根结点表示根目录，枝结点表示 ① ，叶结点表示 ② 。

11. 在利用线性检索法对树形目录进行检索时，系统首先读入 ① ，将它与 ② 文件中的各目录项中的文件名进行比较。若匹配，便可得到 ③ 。

12. ① 是指避免文件拥有者或其他用户因有意或无意的错误操作使文件受到破坏； ② 是指允许多个用户共同使用同一个文件。

13. 引入索引结点后，一个文件在磁盘中占有的资源包括 ① 、 ② 和 ③ 三部分。

14. 文件在使用前必须先执行 ① 操作，其主要功能是把文件的 ② 从外存复制到内存中，并在 ③ 和 ④ 之间建立一条通路，再返回给用户一个 ⑤ 。

第八章　磁盘存储器的管理

> 本章主要介绍 OS 对磁盘存储器的管理，具体包括文件在外存的组织方式、磁盘空闲空间的管理、提高磁盘 I/O 速度的方法以及提高磁盘可靠性的技术等内容。

8.1　基本内容

磁盘存储器不仅容量大，存取速度快，而且可以随机存取，故在现代计算机系统中，都配置了磁盘，并以它为主来存放文件。对磁盘存储器的管理，不仅要求能有效地利用磁盘存储空间，而且还要能有效地提高磁盘 I/O 速度以及磁盘系统的可靠性。

8.1.1　外存的组织方式

外存的分配通常以块为单位，操作系统可采用不同的分配方式来为文件分配所需的外存空间，具体的分配方式将直接影响到外存空间的利用率和对文件的访问速度，并将形成文件在外存上的不同存储组织方式，即形成不同的文件物理结构。

1. 连续组织方式

连续组织方式又称连续分配方式，它是指为每个文件分配一组相邻的物理块，并将文件中的信息按逻辑顺序依次存放在这些物理块中，文件首个物理块的地址被登记在它的 FCB 内。这样所形成的文件物理结构被称为顺序结构，相应的物理文件则称为顺序文件。

连续组织方式管理简单，其顺序访问的存取速度很快，而且支持对文件的随机存取。但连续分配造成的碎片问题，会严重降低存储空间的利用率；而且连续分配还要求在分配前事先知道文件的长度，从而使得文件内容的增删以及文件的动态增长都不够方便。

2. 链接组织方式

链接组织方式采取离散分配方式，它又可分成隐式链接和显式链接两种方式。

1) 隐式链接

隐式链接方式将一个文件离散地存放在外存上，它的首个物理块的地址被登记在该文件 FCB 的物理地址字段中，而每个后续物理块的地址则登记在分配给它的前一个物理块中，从而使得存放同一个文件的所有物理块按信息的逻辑顺序形成一个链。

隐式链接解决了外部碎片以及存放文件前必须预知文件长度的问题，但它只支持顺序访问，不支持随机访问；而且，一旦文件的盘块链中任何一个指针出现问题，就会导致整个链的断开，故其可靠性也较差。

2) 显式链接

显式链接方式将链接各个物理块的指针显式地登记在系统的一张文件分配表 FAT 中。

FAT 的每个表项对应于文件存储空间的一个物理块,表项的序号即对应物理块的块号,而表项的内容则是分配给文件的下一个物理块的指针。如图 8.1 所示,分配给文件 file1 的物理块分别为:4,6,11,而分配给文件 file2 的物理块则分别为:9,10,5。

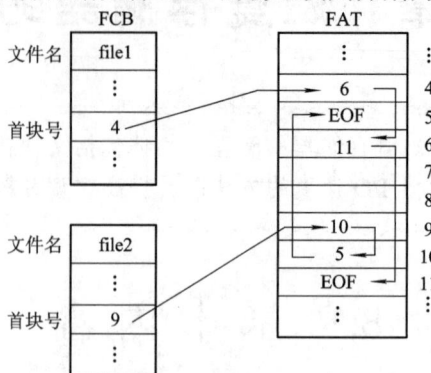

图 8.1　显式链接方式

如果文件存储介质容量较小,则在文件操作时,可把整个 FAT 装入内存,从而可显著地提高检索的速度;而在整个文件卷中再设置一个备份 FAT,则可较好地增加文件系统的可靠性。但采用显式链接分配方式时,对较大文件的随机存取,须先在 FAT 中顺序查找许多盘块号,故它不能支持高效的随机存取;如果文件存储介质容量较大,则 FAT 也需占用较大的存储空间,此时将整个 FAT 装入内存显然是不现实的,这会进一步影响到文件随机存取的效率。

3. 索引组织方式

索引组织方式为每个文件建立一个索引块(表),用来登记分配给该文件的所有物理块号,而文件 FCB 的物理地址字段中则填上指向该索引表的指针。图 8.2 示出了磁盘空间的索引分配图,其中分配给文件 jeep 的索引块的物理盘块是 19,而分配给它存放文件内容的物理盘块则分别为 9、16、1、10 和 25。

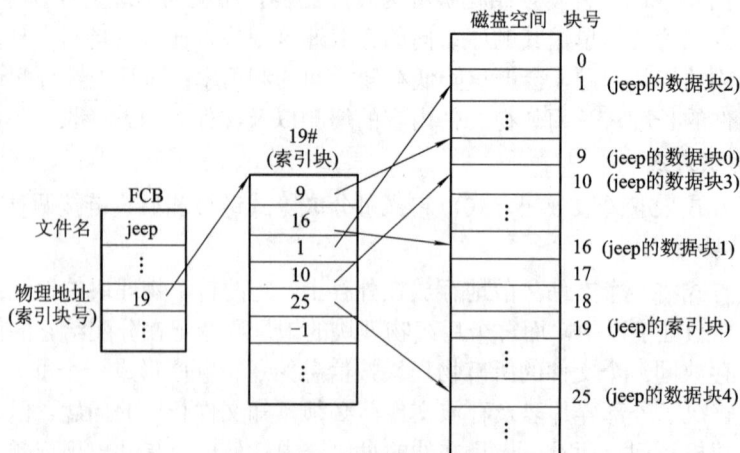

图 8.2　索引组织方式

若文件较大,则可能要分配给索引表多个物理块。此时,可为索引表本身再建立一个索引表,从而形成两级索引。如果文件非常大,还可用三级甚至更多级索引的方式。

采用索引组织方式，在打开文件时，可将索引表读入内存，以后便可在内存中查找分配给某个逻辑块的物理块号，因此该方式可支持高效的随机存取。但索引表本身可能要花费较多的外存空间，尤其是对中、小型文件，同样仍需为它们分配一个完整的物理块，从而会造成外存空间的严重浪费。

4. 混合索引方式

UNIX 系统中采用了一种特别的文件分配方式，它将多种索引分配方式结合在一起，故被称作混合索引方式，或增量式索引方式。如在 UNIX System V 中，用来存放文件的物理地址等属性信息的文件索引节点中，共设有如下 13 个地址项：

(1) 直接地址。索引结点中的 i_addr[0]～i_addr[9]共 10 个地址项，称为直接地址，其中可以存放分配给相应文件的前十个(第 0～9 个)物理块的地址。假如每个物理块的大小为 4 KB，当文件长度不超过 40 KB 时，便能直接从 i 节点中找到每个物理块的地址。

(2) 一次间址。地址项 i_addr[10]称为一次间址，其中存放的是分配给文件的一次间址块的地址，而在一次间址块中则登记有分配给文件的第 10 个物理块及后续物理块的地址。如果每个物理块地址要用 4 个字节来描述，则 4 KB 的一次间址块中可以存放 1 K 个物理块号，从而可存储长达 40 KB + 1 K × 4 KB 的文件。

(3) 多次间址。地址项 i_addr[11]称为二次间址，其中登记的是分配给文件的二次间址块的地址，在二次间址块中可登记 1 K 个一次间址块的地址，而每个一次间址块中又可登记分配给文件的 1 K 个物理块的地址。因此，使用二次间址，可存储最大长度达到 40 KB + 4 MB + 4 GB 的文件。同理，地址项 i_addr[12]作为三次间址，可存储最大长度达到 40 KB + 4 MB + 4 GB + 4 TB 的文件。

图 8.3 给出了混合索引分配方式的示意图。由于平时使用的大多数文件属于中、小型文件，因此，混合分配方式既能节省存储地址所占的存储空间，又可有较高的查找速度。

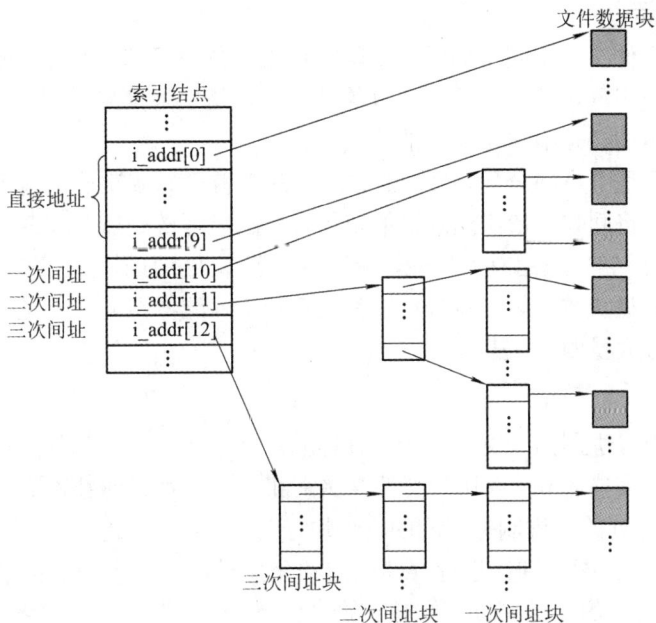

图 8.3　混合索引方式示意图

5. NTFS 的文件组织方式

在 NTFS 中，以卷为单位，将一个卷中的所有文件信息、目录信息以及可用的未分配空间信息，都以文件记录的方式记录在一张主控文件表 MFT(Master File Table)中，该表是 NTFS 卷结构的中心。从逻辑上讲，卷中的每个文件作为一条记录，在 MFT 表中占有一行，其中还包括 MFT 自己的这一行。每行大小固定为 1 KB，每行称为该行所对应文件的元数据(metadata)，也称为文件控制字。

在 MFT 表中，每个元数据都将其所对应文件的所有信息(包括文件的内容等)，组织在所对应文件的一组属性中，文件的内容用其中的 DATA 属性描述，当文件较小时，可将文件的内容直接记录在元数据的 DATA 属性中，这样对文件数据的访问，仅需要对 MFT 表进行访问即可，减少了磁盘访问次数，显著地提高了对小文件存取的效率；而当文件较大时，则将文件的内容记录到卷中的其他可用区域中，并将这些区域的簇数和起始簇号保存在元数据的 DATA 属性中，从而可以方便地查到这些簇，完成对文件内容的访问。

8.1.2 文件存储空间的管理

常用的文件存储空间管理方法有以下几种。

1. 空闲表法

与内存动态分区分配方式类似，系统可用一张空闲表来管理空闲的文件存储空间，其中的每个表项对应于一个空闲区，并登记有该空闲区的起始块号和块数等信息。在进行存储空间的分配时，同样可采用首次适应、最佳适应等算法；而回收时，同样要进行空闲区的合并。

空闲表法属于连续分配方式，它具有较高的分配速度，常用在对换空间管理等需要连续分配的场合。

2. 空闲链表法

这种方法将文件存储空间中的所有空闲区拉成一条空闲链。如果构成链的基本元素是盘块，则称之为空闲盘块链；如果构成链的基本元素是空闲盘区，则称之为空闲盘区链，此时，每个盘区中还必须给出本盘区的块数。

空闲盘块链只适合离散分配，分配时系统将从链首开始依次摘下适当数目的空闲块分配给用户，回收时将回收块依次插入链的末尾。空闲盘区链既适合离散分配，也适合连续分配，对连续分配，它可采用首次适应、最佳适应等算法。为了提高文件存储器的利用率，通常将链接指针和盘块数目等信息登记在空闲盘块内，这样做的缺点是，从链上增加或减少空闲区需要进行大量的 I/O 操作。

3. 位示图法

位示图是利用二进制的一位来表示文件存储空间中的一个块的使用情况。一个 m 行 n 列的位示图，可用来描述 m × n 块的文件存储空间，当行号、列号和块号都是从 0 开始编号时，第 i 行、第 j 列的二进制位对应的物理块号为 i × n + j。如果，"0"表示对应块空闲，"1"表示对应块已分配，则在进行存储空间的分配时，可顺序扫描位示图，从中找出一个或一组其值为"0"的二进制位，将对应的块分配出去，并将这些位置 1；而在回收某个块时，只需找到对应的位，并将其清 0 便可。

位示图法既适合离散分配，也适合连续分配，它简单易行，而且位示图通常较小，故可将其读入内存，从而进一步加快文件存储空间分配和回收的速度。

4. 成组链接法

成组链接法是 UNIX 系统采用的空闲盘块管理方式。它将一个文件卷的所有空闲盘块按固定大小(如每组 100 块)分成若干组，并将每一组的盘块数和该组所有的盘块号记入前一组的最后一个盘块中，第一组的盘块数(可小于 100)和该组所有的盘块号则记入超级块的空闲盘块号栈中。图 8.4 给出了一个成组链接法的例子，从中可以看出，最后一组虽然只有 99 个盘块，但加上结束标记"0"后，仍将它算作 100 块。

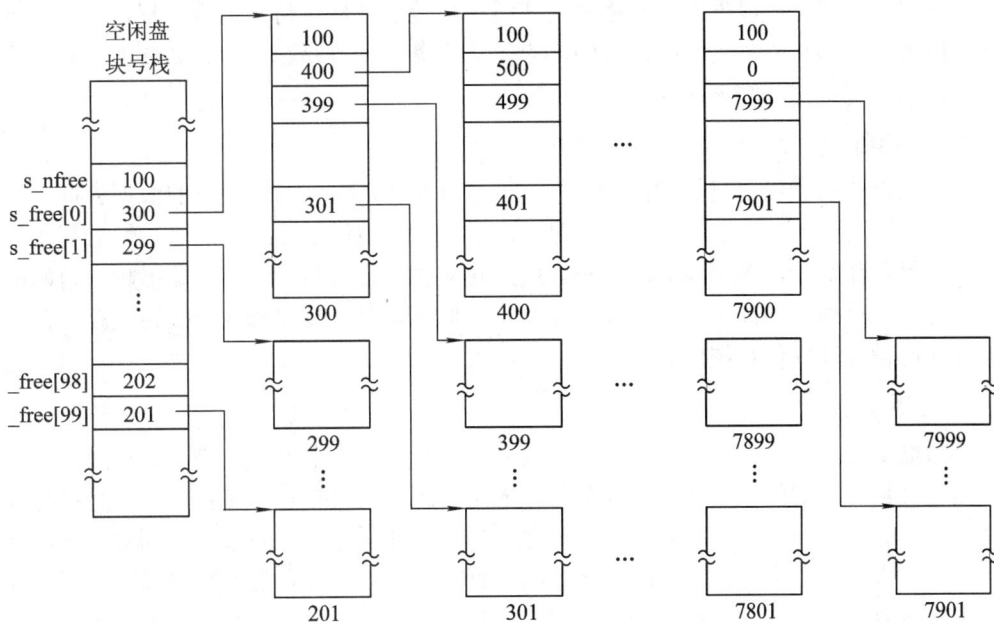

图 8.4　空闲盘块的成组链接法

当系统要为用户分配文件所需的盘块时，若第一组不只一块，则将超级块中的空闲盘块数减 1，并将空闲盘块号栈栈顶的盘块分配出去；若第一组只剩一块且栈顶的盘块号不是结束标记 0，则先将该块的内容(记录有下一组的盘块数和盘块号)读到超级块中，然后再将该块分配出去；否则，若栈顶的盘块号为结束标记 0，则表示该磁盘上已无空闲盘块可供分配。

在系统回收空闲盘块时，若第一组不满 100 块，则只需将回收块的块号填入超级块的空闲盘块号栈栈顶，并将其中的空闲盘块数加 1；若第一组已有 100 块，则必须先将超级块中的空闲盘块数和空闲盘块号写入回收块中，然后将盘块数 1 和回收块的块号记入超级块中。

超级块中的空闲盘块号栈是临界资源，对该栈的操作必须互斥地进行，因此，系统为空闲盘块号栈设置了一把锁，并通过上锁和解锁来实现对空闲盘块号栈的互斥操作。

成组链接法除了第一组空闲盘块外，其余空闲盘块的登记不占额外的存储空间；而超级块(即文件卷的第 1 块)已在安装磁盘时拷入内存，因此，绝大部分的分配和回收工作可在内存中进行，从而使之具有较高的效率。

8.1.3 提高磁盘 I/O 速度的途径

磁盘的 I/O 速度远低于对内存的访问速度，通常要低 4～6 个数量级，这使得磁盘存储系统很容易成为计算机系统的瓶颈。因此，人们便千方百计地去提高磁盘 I/O 的速度。下面将介绍几种提高磁盘 I/O 速度的常用方法。

1. 磁盘高速缓存(Disk Cache)

磁盘高速缓存是在内存中为磁盘块设置的一个缓冲区，其中存放有磁盘中某些盘块的副本。当有一进程请求访问某个盘块中的数据时，系统首先检查该盘块是否在磁盘高速缓存中，如果在，则无需读盘而可直接从高速缓存中提取数据交付给请求进程，从而使本次的访问速度提高 4～6 个数量级；否则，应先从磁盘中将所要访问的数据读入并交付给请求进程，同时将数据送高速缓存。

2. 提前读

提前读是指在读当前盘块的同时，将下一个可能要访问到的盘块中的数据也读入缓冲区。这样，当要读下一个盘块中的数据时，由于它们已被提前读入缓冲区，便可直接从缓冲区中取得所需数据，而无需启动磁盘。用户对文件进行访问时，经常采用顺序访问的方式，因此，可采用提前读来有效地减少读数据的时间，从而提高磁盘 I/O 的速度。提前读功能目前已被各种操作系统广泛使用。

3. 延迟写

在写盘块时，本应将对应缓冲中的数据立即写盘，但考虑到该盘块中的数据在不久之后可能还会被再次访问，因而并不立即将对应缓冲区中的数据写入磁盘，而只是将它置上"延迟写"标志并挂到空闲缓冲队列的末尾。当该缓冲区移到空闲缓冲队列的首部，并作为空闲缓冲被分配出去时，才将缓冲区中的数据写入磁盘。只要延迟写块仍在空闲缓冲队列中，任何要求访问该盘块的进程，都可直接从其中读出数据或将数据写入其中，而不必去访问磁盘，因此，可有效地提高磁盘 I/O 的速度。

4. 优化物理块布局

另一种提高磁盘 I/O 速度的重要措施，是优化文件物理块的分布，从而使访问文件时，磁头的移动距离尽量的小。例如，操作系统中经常将同一条磁道上的若干个盘块组成一簇，并以簇为单位来分配文件存储空间，这样就可以保证在访问这几个盘块时，不必移动磁头，从而减少了磁头的平均移动距离，提高磁盘存取的速度。

5. 虚拟盘

虚拟盘，又称为 RAM 盘，它是指利用内存空间去仿真磁盘。该盘的设备驱动程序，可以接受所有标准的磁盘操作，但这些操作的执行，不是在磁盘上而是在内存中，因此它们的速度也更快。用户完全可以像使用真正的磁盘一样使用虚拟盘。由于虚拟盘是易失性存储器，当系统或电源发生故障，或者系统重新启动时，其中的数据将会丢失，因此，虚拟盘通常只用来存放临时性的文件。

6. 廉价磁盘冗余阵列(RAID)

廉价磁盘冗余阵列 RAID 是利用一台磁盘阵列控制器，来统一管理和控制一组(几台到几十台)磁盘驱动器，从而组成一个高度可靠的、快速的大容量磁盘系统。

操作系统将 RAID 中的一组物理磁盘驱动器，看做单个的逻辑磁盘驱动器，用户数据和系统数据可分布在阵列的所有磁盘中，并可采取并行传输的方式，因此可大大地减少数据的传输时间。

RAID 的另一特点是高可靠性。RAID 方案可分成 RAID0～RAID7 这几级，除了 RAID0 外，其他各级都采用了容错技术。其中，RAID1 采用了磁盘镜像功能，阵列中的每个磁盘都有一个镜像盘；RAID3 则专门使用一台奇偶校验盘，其中每一位用来存放根据其他磁盘中同一位置的数据位计算出来的奇偶校验码，从而使得某个磁盘发生故障时，可通过其余设备重新构造数据；RAID5 则将奇偶校验码以螺旋方式散布到各个数据盘中，其目的是避免奇偶校验码盘成为磁盘 I/O 的瓶颈；RAID6 中采用了两种不同的校验算法计算校验码，并将它们保存在不同磁盘中，因此具有更高的可靠性。

8.1.4　提高磁盘可靠性的技术

为了解决因磁盘系统的故障而造成对文件系统数据的破坏或丢失的现象，计算机系统中常采用磁盘容错技术，即通过设置冗余部件的办法，来提高磁盘系统的可靠性。磁盘容错技术又称系统容错技术 SFT(System Fault Tolerance)，它常被分为低级磁盘容错技术 SFT-I、中级磁盘容错技术 SFT-Ⅱ和高级系统容错技术 SFT-Ⅲ三个级别。

1. 第一级容错技术 SFT-I

第一级容错技术 SFT-I 又称低级磁盘容错技术，SFT-I 主要用于防止因磁盘表面发生的缺陷而引起的数据丢失，常用的措施有：

(1) 双份目录和双份文件分配表。它是指在不同的磁盘上或在磁盘的不同区域中，分别建立两份目录表和文件分配表 FAT。一旦由于磁盘表面的缺陷而造成主文件目录或 FAT 的损坏时，系统便可自动启用备份文件目录或 FAT，从而使系统仍可访问磁盘上的数据；同时，系统还必须将损坏区写入坏块表中，并在磁盘的其他区域再建立新的文件目录或 FAT 备份。

(2) 热修复重定向。它将磁盘容量的一部分(例如 2%～3%)保留下来，作为热修复重定向区，以后当磁盘上某个块损坏时，便将待写的数据写入热修复重定向区的一个块中，并在坏块表中记录下它们的对应关系，以后，所有对该坏块的请求都将改为访问相应的热修复重定向块。

(3) 写后读校验。它是指每次从内存缓冲区向磁盘写入一个数据块后，便立即将它读入内存的另一个缓冲区，并将这两个缓冲区的内容进行比较，以保证它们的一致，若两者不一致，则认为相应盘块有缺陷，此时，可将待写数据写到热修复重定向区中。

2. 第二级容错技术 SFT-Ⅱ

第二级容错技术 SFT-Ⅱ又称中级磁盘容错技术，SFT-Ⅱ主要用于防止由磁盘驱动器和磁盘控制器的故障所导致的数据损坏。

(1) 磁盘镜像。它是在同一台磁盘控制器下，再增设一个完全相同的磁盘驱动器。在每次向主磁盘写数据后，都需要采用写后校验方式，将数据再同样写到备份磁盘上，使两个磁盘上具有完全相同的位像图，即用备份盘作为主盘的镜像。如果主驱动器发生故障，则立即启用备份驱动器，同时向用户发出警告，以尽快修复故障驱动器而恢复磁盘镜像功能。

(2) 磁盘双工。为了防止因磁盘控制器或主机到磁盘控制器之间的通道发生故障，而造成两台磁盘机的同时失效，可将两台驱动器分别连接到两个磁盘控制器上，而两个控制器又分别连到两个通道上，每次写将同时将数据写到两个处于不同控制器下的磁盘上。如果某个通道或控制器发生故障，另一通道上的磁盘仍能正常工作，不会造成数据的丢失，但同时须立即发出警告，以便尽快恢复磁盘双工功能。由于每个磁盘有自己的独立通道，故可同时将数据写入磁盘，而读数据时，则可从相应快的通道上读取数据，因而加快了数据的读取速度。

3. 基于集群技术的容错功能

高级系统容错技术 SFT-III 是基于集群技术来实现容错的，所谓集群，是指由一组互连的自主计算机组成统一的计算机系统，给人们的感觉是，它们是一台机器。利用集群系统不仅可提高系统的并行处理能力，还可用于提高系统的可用性。其工作模式主要有以下三种方式：

(1) 双机热备份模式。系统中备有两台服务器，两者的处理能力通常是完全相同的，一台作为主服务器，另一台作为备份服务器。平时主服务器运行，备份服务器则时刻监视着主服务器的运行，一旦主服务器出现故障，备份服务器便立即接替主服务器的工作而成为系统中的主服务器，修复后的服务器再作为备份服务器。

(2) 双机互为备份模式。这种模式中，两台服务器均为在线服务器，它们各自完成自己的任务；同时它们还接收另一台服务器发来的备份数据，作为对方的备份服务器。如果其中的一台服务器发生故障，则由另一台服务器为客户机提供服务；当故障服务器修复并重新连到网上后，已被迁移到无故障服务器上的服务功能，将被返回，恢复正常工作。

(3) 公用磁盘模式。为了减少信息复制的开销，可以将多台计算机连接到一台公共的磁盘系统上去。该公共磁盘被划分为若干个卷，每台计算机使用一个卷。如果某台计算机发生故障，此时系统将重新进行配置，根据某种调度策略来选择另一台替代计算机，后者对发生故障的计算机的卷拥有所有权，从而来接替故障计算机所承担的任务。

4. 后备系统

后备系统利用系统程序将磁盘数据保存到另一存储设备，如磁带、光盘或另一个磁盘上。建立后备系统后，由于自然因素，或者系统发生故障或病毒感染而造成的数据错误和丢失时，便可从备份中进行恢复，从而保证系统的安全。

8.1.5 数据一致性控制

当一个数据同时出现在多个不同的对象中时，便可能使数据一致性出现问题。为了保证数据的一致性，在现代操作系统乃至数据库系统中，都配置了能保证数据一致性的软件。

1. 事务

当一数据被分散地存放在一个文件的不同记录中，或多个文件中时，可采用事务来保证该数据的一致性。事务是用于访问和修改各种数据项的一个程序单位，它可以被看作是一系列的读和写操作。只有对分布在不同位置的同一数据所进行的读和写(含修改)操作全部完成时，才能以托付操作来终止事务。只要有一个读和写操作失败，便须执行夭折操作；为了保证数据的一致性，此时，须将该事务内刚被修改的数据项恢复成原来的情况。可见，事务操作具有原子性。

事务操作的原子性须借助于存放在稳定存储器中的事务记录表来实现，其中的每条记录描述了事务运行中的重要操作，如修改操作、开始事务、托付事务和夭折事务等。在一个事务 T_i 开始执行时，〈T_i 开始〉记录被写入事务记录表中；T_i 执行期间，在 T_i 的任何写(含修改)操作之前，便写一适当的新记录到事务记录表中，该记录中包含了事务名、被修改的数据项名、修改前的数据项旧值和修改后的数据项新值等信息；当进行 T_i 托付时，把一个〈T_i 托付〉记录写入事务记录表中。如果系统发生故障，系统便可通过事务记录表对以前所发生的事务进行清理。对事务 T_i，如果在事务记录表中既包含了〈T_i 开始〉记录，又包含了〈T_i 托付〉记录，则系统应执行 redo〈T_i〉过程，把所有已被事务修改过的数据设置成新值；如果在事务记录表中只包含了〈T_i 开始〉记录，而无〈T_i 托付〉记录，则应执行 undo〈T_i〉过程，将所有已被修改过的数据，恢复成修改前的值。

2. 重要数据结构的一致性检查

文件系统工作过程中，经常要读取磁盘块，进行修改后再写回磁盘。如果在修改过的磁盘块全部写回之前，系统发生故障，则文件系统有可能会处于不一致状态。当未被写回的内容涉及到索引结点、目录或空闲盘块表等重要数据结构时，该问题会显得更严重。因此，很多计算机都带有实用程序以检查文件系统的一致性，在系统启动时，尤其是崩溃之后重新启动时，可运行该程序进行一致性的检查。

(1) 盘块的一致性检查。为了对盘块进行一致性检查，检查程序可构造一张表，每个表项对应于一个磁盘块，其中有两个初值为 0 的计数器，分别用来登记该盘块在文件中出现的次数，以及它作为空闲盘块出现的次数。检查一个盘块在文件中出现的次数可通过读取 FAT 或索引结点(具体与文件的物理结构有关)来进行，而检查一个盘块作为空闲盘块出现的次数则可通过读取位示图或空闲盘块表或链(具体与文件存储空间中空闲盘块的管理方式有关)来进行。如果文件系统一致，则对应于每个盘块的两个计数器，要么第一个计数器的值为 1，要么第二个计数器的值为 1；否则便说明发生了某种错误，应采取相应措施进行处理，并向系统汇报情况。

(2) 链接计数的一致性检查。在利用链接方式共享文件的系统中，对应于一个文件的目录项数与该文件的索引结点中的链接计数必须一致。检查程序可通过读取所有的目录来获得对应于每个文件的目录项数，并与相应文件索引结点中的链接计数进行比较，如果两者一致，表示是正确的；否则，便是发生了链接数据不一致的错误，应采取相应的处理措施，并进行汇报。

8.2　重点、难点学习提示

本章的学习目的是了解磁盘存储器的管理方式和提高磁盘存储器 I/O 速度和可靠性的技术，为此，应对以下几个重点与难点问题进行认真的学习。

1. 连续分配、链接分配和索引分配

在为文件分配存储空间时，通常可采用连续分配、链接分配和索引分配三种方式。

(1) 连续分配。这是指为每个文件分配一组相邻接的盘块的方式。学习时应了解如何对连续分配的文件进行顺序访问或随机访问，这种分配方式有何优缺点。

(2) 链接分配。这是指为每个文件分配多个离散的盘块，并通过链接指针将它们链成一个链表的分配方式。在学习时应较好地理解隐式链接分配方式是为了解决什么问题而引入的，它有何不足之处，而显式链接结构是如何解决上述不足的，它较适合用于哪种场合。

(3) 索引分配。索引分配将分配给文件的所有盘块号都记录在文件的索引块中，在学习时首先应清楚为什么要引入单级索引和多级索引方式，为什么要将多种索引方式混合在一起引入混合索引方式；其次，还必须清楚，索引方式下应如何将文件的逻辑地址转换成物理地址，从而实现对文件的访问。

2. 位示图法和成组链接法

位示图法和成组链接法是两种最常用的文件存储空间管理方式。

(1) 位示图。位示图利用二进制的一个位来表示磁盘中一个盘块的使用情况。在学习时应了解使用位示图应如何来进行磁盘块的分配或回收，这种管理方式有何优点。

(2) 成组链接法。这种方式使用在 UNIX 中，在学习时应掌握它是如何将盘块进行分组并将这些盘块组形成成组链的，还应清楚它是如何进行盘块的分配和回收的。

3. 改善磁盘系统性能的主要技术

(1) 提高磁盘 I/O 速度的方法。提高磁盘 I/O 速度的最主要方法是磁盘高速缓冲，在学习时应清楚磁盘高速缓冲是在内存中开辟的空间，并了解当磁盘高速装满数据时应如何处理，为什么要将磁盘高速缓存中的数据周期性地写回磁盘。

(2) 磁盘容错技术。磁盘容错技术是利用硬件的冗余来提高磁盘系统可靠性的一种技术，在学习时应了解，SFT-Ⅰ，SFT-Ⅱ，SFT-Ⅲ分别是用来防止什么原因所引起的数据错误或丢失的，具体有哪些实现方法。

8.3 典型问题分析和解答

8.3.1 外存的组织方式中的典型问题分析

【例1】 假定盘块的大小为 1 K，硬盘的大小为 500 MB，采用显式链接分配方式时，其 FAT 需占用多少存储空间？如果文件 A 占用硬盘的第 11、12、16、14 四个盘块，试画出文件 A 中各盘块间的链接情况及 FAT 的情况。

分析： FAT 的每个表项对应于磁盘的一个盘块，其中用来存放分配给文件的下一个盘块的块号，故 FAT 的表项数目由磁盘的物理盘块数决定，而表项的长度则由磁盘系统的最大盘块号决定(即它必须能存放得下最大的盘块号)。为了地址转换的方便，FAT 表项的长度通常取半个字节的整数倍，所以必要时还必须对由最大盘块号获得的 FAT 表项长度作一些调整。

答： 由题意可知，该硬盘共有 500 K 个盘块，故 FAT 中共有 500 K 个表项；如果盘块从 1 开始编号，为了能保存最大的盘块号 500 K，该 FAT 表项最少需要 19 位，将它扩展为半个字节的整数倍后，可知每个 FAT 表项需 20 位，即 2.5 个字节。因此，FAT 需占用的存储空间的大小为：2.5 × 500 KB，即 1250 KB。

文件 A 中各盘块间的链接情况及 FAT 的情况如图 8.5 所示。

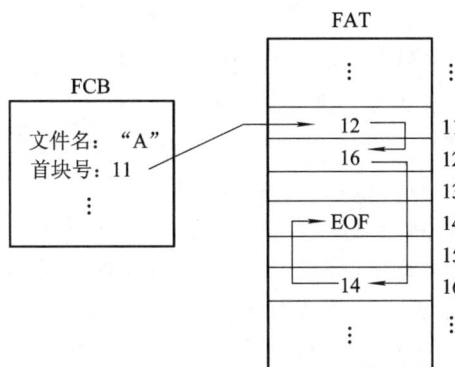

图 8.5　文件 A 的链接情况及 FAT

【例 2】 请分别解释在连续分配方式、隐式链接分配方式、显式链接分配方式和索引分配方式中如何将文件的字节偏移量 3500 转换为物理块号和块内位移量(设盘块大小为 1 KB，盘块号需占 4 个字节)。

分析：文件的字节偏移量到磁盘物理地址的转换，关键在于对文件物理组织(或磁盘分配方式)的理解。连续分配方式是指为文件分配一段连续的文件存储空间；隐式链接分配则是指为文件分配多个离散的盘块，并将下一个盘块的地址与文件的内容一起登记在文件分配到的前一个盘块中；显式链接分配则通过 FAT 来登记分配给文件的多个盘块号；而索引分配方式则将多个盘块号登记在文件的索引表中。同时，在文件 FCB 的物理地址字段中，还登记有文件首个物理块的块号或指向索引表的指针(对索引分配方式)。

答：首先，将字节偏移量 3500 转换成逻辑块号和块内位移量：

3500/1024 得商为 3，余数为 428，即逻辑块号为 3，块内位移量为 428。

(1) 在连续分配方式中，可从相应文件的 FCB 中得到分配给该文件的起始物理盘块号，例如 a0，故字节偏移量 3500 相应的物理盘块号为 a0+3，块内位移量为 428。

(2) 在隐式链接方式中，由于每个盘块中需留出 4 个字节(如最后的 4 个字节)来存放分配给文件的下一个盘块的块号，因此字节偏移量 3500 的逻辑块号为 3500/1020 的商 3，而块内位移量为余数 440。

从相应文件的 FCB 中可获得分配给该文件的首个(即第 0 个)盘块的块号，如 b0。然后可通过读第 b0 块获得分配给文件的第 1 个盘块的块号，如 b1。再从 b1 块中得到第 2 块的块号，如 b2；从 b2 块中得到第 3 块的块号，如 b3。如此，便可得到字节偏移量 3500 对应的物理块号 b3，而块内位移量则为 440。

(3) 在显式链接方式中，可从文件的 FCB 中得到分配给文件的首个盘块的块号，如 c0，然后可在 FAT 的第 c0 项中得到分配给文件的第 1 个盘块的块号，如 c1。再在 FAT 的第 c1 项中得到文件的第 2 个盘块的块号，如 c2；在 FAT 的第 c2 项中得到文件的第 3 个盘块的块号，如 c3。如此，便可获得字节偏移量 3500 对应的物理块号 c3，而块内位移量则为 428。

(4) 在索引分配方式中，可从文件的 FCB 中得到索引表的地址。从索引表的第 3 项(距离索引表首字节 12 字节的位置)可获得字节偏移量 3500 对应的物理块号，而块内位移量为 428。

【例3】 存放在某个磁盘上的文件系统，采用混合索引分配方式，其FCB中共有13个地址项，第0～9个地址项为直接地址，第10个地址项为一次间接地址，第11个地址项为二次间接地址，第12个地址项为三次间接地址。如果每个盘块的大小为512字节，若盘块号需要用3个字节来描述，而每个盘块最多存放170个盘块地址：

(1) 该文件系统允许文件的最大长度是多少？

(2) 将文件的字节偏移量5000、15000、150000转换为物理块号和块内偏移量。

(3) 假设某个文件的FCB已在内存，但其他信息均在外存，为了访问该文件中某个位置的内容，最少需要几次访问磁盘，最多需要几次访问磁盘？

分析: 在混合索引分配方式中，文件FCB的直接地址中登记有分配给文件的前n块(第0到n−1块)的物理块号(n的大小由直接地址项数决定，本题中为10); 一次间址中登记有一个一次间址块的块号，而在一次间址块中则登记有分配给文件的第n到第n+k−1块的块号(k的大小由盘块大小和盘块号的长度决定，本题中为170); 二次间址中登记有一个二次间址块的块号，其中可给出k个一次间址块的块号，而这些一次间址块被用来登记分配给文件的第n+k块到第n+k+k^2−1块的块号; 三次间址中则登记有一个三次间址块的块号，其中可给出k个二次间址块的块号，这些二次间址块又可给出k^2个一次间址块的块号，而这些一次间址块则被用来登记分配给文件的第n+k+k^2块n+k+k^2+k^3−1块的物理块号。

答: (1) 该文件系统中一个文件的最大长度可达：

$$10 + 170 + 170 \times 170 + 170 \times 170 \times 170 = 4\,942\,080 \ \text{块}$$
$$= 4\,942\,080 \times 512 \ \text{字节}$$
$$= 2\,471\,040\text{K} \ \text{字节}$$

(2) 5000/512得到商为9，余数为392，即字节偏移量5000对应的逻辑块号为9，块内偏移量为392。由于9<10，故可直接从该文件的FCB的第9个地址项处得到物理盘块号，块内偏移量为392。

15000/512得到商为29，余数为152，即字节偏移量15000对应的逻辑块号为29，块内偏移量为152。由于

$$10 \leqslant 29 < 10 + 170$$

而

$$29 - 10 = 19$$

故可从FCB的第10个地址项，即一次间址项中得到一次间址块的地址；读入该一次间址块并从它的第19项(即该块的第57～59这三个字节)中获得对应的物理盘块号，块内偏移量为152。

150000/512得到商为292，余数为496，即字节偏移量150000对应的逻辑块号为292，块内偏移量为496。由于

$$10 + 170 \leqslant 292 < 10 + 170 + 170 \times 170$$

而

$$292 - (10 + 170) = 112$$

112/170得到商为0，余数为112，故可从FCB的第11个地址项，即二次间址项中得到二次间址块的地址，读入二次间址块并从它的第0项中获得一个一次间址块的地址，再读入

该一次间址块并从它的第 112 项中获得对应的物理盘块号，块内偏移量为 496。

(3) 由于文件的 FCB 已在内存，为了访问文件中某个位置的内容，最少需要 1 次访问磁盘(即可通过直接地址直接读文件盘块)，最多需要 4 次访问磁盘(第 1 次是读三次间址块，第 2 次是读二次间址块，第 3 次是读一次间址块，第 4 次是读文件盘块)。

【例 4】　某个文件系统，采用混合索引分配方式，其 FCB 中共有 13 个地址项，每个盘块的大小为 512 字节，请回答下列问题：

(1) 如果每个盘块号只需要用 2 个字节来描述，则该系统需要设置几次间址项？

(2) 如果每个盘块号需要用 3 个字节来描述，并允许每个盘块中存放 170 个盘块地址，而且，系统采用 10 个直接地址项、1 个一次间址项、1 个二次间址项和 1 个三次间址项，则对某个长度为 18 000 001 字节的文件，它需占用多少个盘块？

答：(1) 如果盘块地址只需用 2 个字节来描述，则该磁盘系统中盘块的数目将小于等于 2^{16}，即 65 536 块，故文件的大小也不会超过 65 536 块；而每个盘块中可存放 256 个盘块号，因此系统最多只要用到 2 次间址。实际上，使用一个一次间址项和一个二次间址项后，允许文件的最大长度已达 $11 + 256 + 256 \times 256$ 块，已经超出了该磁盘系统中实际的盘块数目。

(2) 根据题意，该文件的最后一个字节的字节偏移量为 18 000 000，而 18 000 000/512 的商为 35 156，因此该文件的最后一块的逻辑块号为 35 156。

由于

$$10 + 170 + 170 \times 170 \leqslant 35\,156 < 10 + 170 + 170 \times 170 + 170 \times 170 \times 170$$

故该文件不仅需要使用十个直接地址项，还需要使用一次、二次及三次间址项。又因为

$$35\,156 - (10 + 170 + 170 \times 170) = 6076$$

6076/(170 × 170) 得到商为 0，余数为 6076，得知该文件在三次间址时还需要 1 个二次间址块；而余数 6076/170 得到商为 35、余数为 126，可知该文件在三次间址时还需要 36 个一次间址块。因此该文件需要：

三次间址块:	1			= 1 个
二次间址块:	1	+ 1		= 2 个
一次间址块:	36	+ 170	+ 1	= 207 个
数据块: $(35 \times 170 + 127) + 170 \times 170$		+	$170 + 10$	= 35 157 个

故共需要 35 367 个物理盘块。

【例 5】如果一个文件存放在 100 个数据块中，文件控制块、FAT、索引块或索引信息等都驻留在内存。下面各种情况下，需要做几次磁盘 I/O 操作？

(1) 连续分配，将最后一个数据块搬到文件头部；

(2) 单级索引分配，将最后一个数据块搬到文件头部；

(3) 显式链接分配，将最后一个数据块搬到文件头部；

(4) 采用隐式链接，将首个数据块插入文件尾部。

答：(1) 连续分配时，若文件分配到的首个盘块的前面一块不是空闲的，那么将最后一块搬到文件头部就意味着整个文件必须搬家，因此要读每个块，然后重新写每个块，所以要 200 次磁盘操作。

(2) 单级索引文件时，只要修改索引表的内容，而不需要对文件数据块进行读写，所以要 0 次磁盘操作。

(3) 显式链接时，只需要修改 FAT 表中的指针，所以要 0 次磁盘操作。

(4) 隐式链接时，首先要读第 0 块得到原来的第 1 块的块号，将原来第 1 块的块号记录到 FCB 中的首块号字段中；然后依次读入第 1 块到第 98 块的内容，以得到原来最后一块，即第 99 个数据块的块号，然后读入第 99 块的内容，修改其中的链接指针使其指向原来的首个块，重新将该块写盘；并把原来的首块(现在的最后一块)中链接指针的内容修改为 EOF，然后将该块重新写盘。因此要 102 次磁盘操作。

【例 6】 某个 1.44 MB 的软盘，共有 80 个柱面，每个柱面上有 18 个磁盘块，盘块大小为 1 KB，盘块和柱面都是从 0 开始编号。有一文件 A 依次占据了 20、500、750 和 900 这四个磁盘块，其 FCB 位于 51 号盘块上，若最后一次磁盘访问的是 50 号盘块：

(1) 若采用隐式链接方式，请计算顺序存取该文件全部内容需要的磁盘寻道距离。

(2) 若采用显示链接方式，FAT 存储在起始块号为 1 的若干个连续盘块内，每个 FAT 表项占用 2 个字节。现在需要在 600 号块上为该文件尾部追加 50B 的数据，请计算磁盘寻道距离。

分析：本题要求计算文件访问过程中的寻道距离，因此先必须将文件的物理盘块号转换成其所在的磁道号(即柱面号)。

答：(1) 顺序存取该文件，需先访问其 FCB，得到首个物理块块号，然后再依次访问文件的所有盘块，故访问顺序依次为：51，20，500，750，900 号盘块，对应磁道号依次为 2，1，27，41，50，磁头当前位于 2 号磁道上，所以：

$$寻道距离 = (2-2) + (2-1) + (27-1) + (41-27) + (50-41) = 50$$

(2) 磁盘块数量为 1.44 MB/1 KB = 1.44 K，故 FAT 表需占用空间为 2.88 KB，即 3 个磁盘块，它们都将位于 0 号磁道上。为了在文件尾部追加数据块 600，需先访问 2 号磁道上的 FCB，获得首块号，然后依次访问 0 号磁道上 FAT 的第 20、500、750 和 900 项以获得文件最后一块的块号 900，再把追加块的块号 600 填入 FAT 的第 900 项内，把结束标记 EOF 填入 FAT 的第 600 项内，然后在 33 号磁道上的 600 号块上追加数据，最后还需访问 FCB 修改文件长度等属性信息。因此：

$$寻道距离 = (2-2) + (2-0) + (33-0) + (33-2) = 66$$

8.3.2 文件存储空间管理中的典型问题分析

【例 7】 有一计算机系统利用图 8.6 所示的位示图(行号、列号都从 0 开始编号)来管理空闲盘块。如果盘块从 1 开始编号，每个盘块的大小为 1 KB。

	0	1	2	3	4	5	6	7	8	9	10	11	12	13	14	15
0	1	1	1	1	1	1	1	1	1	1	1	1	1	1	1	1
1	1	1	1	1	1	1	1	1	1	1	1	1	1	1	1	1
2	1	1	0	1	1	1	1	1	1	1	1	1	1	1	1	1
3	1	1	1	1	1	1	0	1	1	1	1	0	1	1	1	1
4	0	0	0	0	0	0	0	0	0	0	0	0	0	0	0	0
5																
6																

图 8.6 位示图

(1) 现要为文件分配两个盘块，试具体说明分配过程；

(2) 若要释放磁盘的第 300 块，应如何处理？

答：(1) 为某文件分配两个盘块的过程如下：

① 顺序检索位示图，从中找到第一个值为 0 的二进制位，得到其行号 $i = 2$，列号 $j = 2$；

② 计算出位所对应的盘块号：

$$b = i \times 16 + j + 1 = 2 \times 16 + 2 + 1 = 35$$

③ 修改位示图，令：$map[2, 2] = 1$，并将对应块 35 分配给文件。

按照同样的方式，可找到第 3 行、第 6 列的值为 0 的位，转换为盘块号 55，将位的值修改为 1，并将 55 号盘块分配给文件。

(2) 释放磁盘的第 300 块时，应进行如下处理：

① 计算出磁盘第 300 块所对应的二进制位的行号 i 和列号 j：

$$i = (300 - 1)/16 = 18, \quad j = (300 - 1)\%16 = 11$$

② 修改位示图，令：$map[18, 11] = 0$，表示对应块为空闲块。

【例 8】　某个系统采用成组链接法来管理磁盘的空闲空间，目前磁盘的状态如图 8.7 所示：

(1) 该磁盘中目前还有多少个空闲盘块？

(2) 请简述磁盘块的分配过程。

(3) 在为某个文件分配 3 个盘块后，系统要删除另一文件，并回收它所占的 5 个盘块：700、711、703、788、701，写出回收后，空闲盘块号栈的情况。

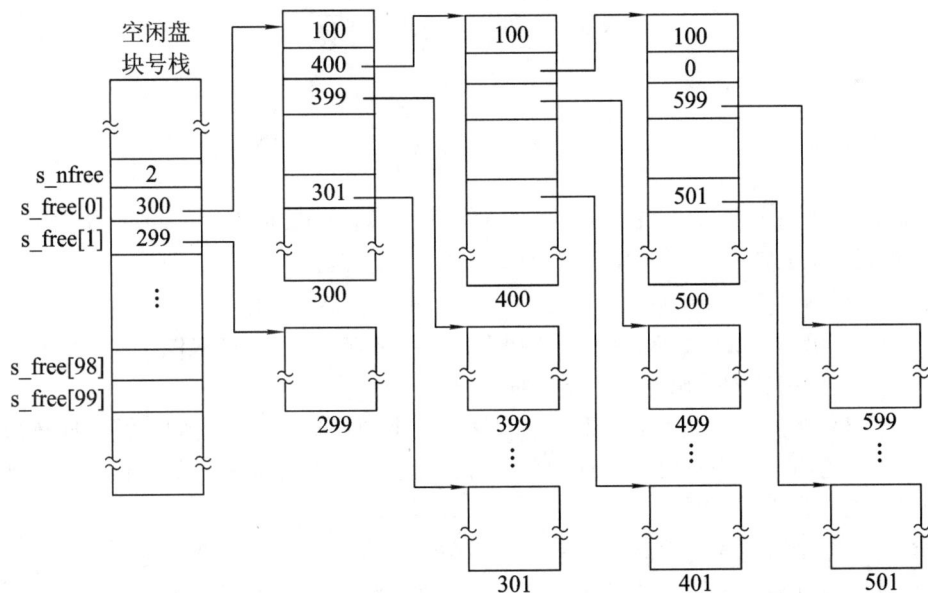

图 8.7　当前空闲块的状态

答：(1) 从图中可以看出，目前系统共有四组空闲盘块，第一组为 2 块，第二、三组分别为 100 块，第四组虽记为 100 块，但除去结束标记 0 后实际只有 99 块，故空闲盘块总数为 301 块。

(2) 磁盘块的分配过程如下：首先检查超级块空闲盘块号栈是否已上锁，若已上锁则进程睡眠等待；否则，核心在给超级块的空闲盘块号栈上锁后，将 s_nfree 减 1，若 s_nfree 仍大于 0，即第一组中不只一个空闲盘块，则将 s_free[s_nfree]中登记的(即空闲盘块号栈栈顶的)空闲盘块分配出去；若 s_nfree 为 0，即当前空闲盘块号栈中只剩最后一个空闲盘块，由于该盘块中登记有下一组空闲盘块的盘块号和盘块数，因此先必须将该盘块的内容读入超级块的空闲盘块号栈中，然后再将该盘块分配出去。若 s_nfree 为 0，而且栈底登记的盘块号为 0，则表示系统已无空闲盘块可分配。分配操作结束时，还需将空闲盘块号栈解锁，并唤醒所有等待其解锁的进程。

(3) 进行上述的分配和回收操作后，空闲盘块号栈的栈顶指针 s_nfree 的值为 4，而空闲盘块号栈中依次登记着盘块号 711，703，788，701，其中 701 登记在栈顶。

【例9】 删除文件时，存放文件的盘块常常返回到空闲盘块链中，有些系统同时清除盘块中的内容，而另一些系统则不清除，请对这两种方式加以比较。

答：(1) 从性能上考虑，因后一种方式在删除文件时减少了访问磁盘的次数，故其速度比前一种方式更快。

(2) 从安全性上考虑，把一个内容没有清除的盘块分配给下一个用户使用，则有可能使其获取盘块中的内容，故前一种方式比后一种方式更安全。

(3) 从方便性上考虑，如果盘块中的内容没被清除，则当用户因误操作而删除文件时，他有可能通过某种办法恢复被删除的文件，故后一种方式更为方便。

8.4　练　习　题

8.4.1　选择题

1. 假定盘块的大小为 1 KB，对于 1.2 MB 的软盘，FAT 需占用(A)的存储空间；对于 100 MB 的硬盘，FAT 需占用(B)的存储空间。

A：(1) 1KB；(2) 1.5KB；(3) 1.8KB；(4) 2.4KB；(5) 3KB。

B：(1) 100KB；(2) 150KB；(3) 200KB；(4) 250KB；(5) 300KB。

2. 从下面的描述中选出一条错误的描述。

(1) 一个文件在同一系统中、不同的存储介质上的拷贝，应采用同一种物理结构。

(2) 文件的物理结构不仅与外存的分配方式相关，还与存储介质的特性相关，通常在磁带上只适合使用顺序结构。

(3) 采用顺序结构的文件既适合进行顺序访问，也适合进行随机访问。

(4) 虽然磁盘是随机访问的设备，但其中的文件也可使用顺序结构。

3. 从下面关于顺序文件和链接文件的论述中，选出一条正确的论述。

(1) 顺序文件适合于建立在顺序存储设备上，而不适合于建立在磁盘上。

(2) 在显式链接文件中是在每个盘块中设置一链接指针，用于将文件的所有盘块都链接起来。

(3) 顺序文件必须采用连续分配方式，而链接文件和索引文件则可采用离散分配方式。

(4) 在 MS-DOS 中采用的是隐式链接文件结构。

4. 从下面关于索引文件的论述中，选出 2 条正确的论述。

(1) 在索引文件中，索引表的每个表项中含有相应记录的关键字和该记录的物理地址。

(2) 对顺序文件进行检索时，首先从 FCB 中读出文件的第一个盘块号；而对索引文件进行检索时，应先从 FCB 中读出文件索引表的始址。

(3) 对一个具有三级索引表的文件，存取一个记录通常需要三次访问磁盘。

(4) 在文件较大时，无论进行顺序存取还是随机存取，通常都以索引文件方式为最快。

5. 某些系统中设置了一张(A)表，其中的每一个二进制位可用来表示磁盘中的一个块的使用情况；也有些系统中设置了一张(B)表，其中的每个表项存放着文件中下一个盘块的物理地址。

A，B：(1) 文件描述符表；(2) 文件分配表；(3) 文件表；(4) 空闲区表；(5) 位示图。

6. 在下列物理文件中，(A)将使文件顺序访问的速度最快；(B)最不适合对文件进行随机访问；(C)能直接将记录键值转换成物理地址。

A，B，C：(1) 顺序文件；(2) 隐式链接文件；(3) 显式链接文件；(4) 索引文件；
　　　　　(5) 直接文件。

7. 对文件空闲存储空间的管理，在 MS-DOS 中是采用(A)；UNIX 中采用(B)；Linux 的 extfs 则采用(C)。

A，B，C：(1) 空闲表；(2) 文件分配表；(3) 位示图；(4) 成组链接法。

8. 如果利用 20 行、30 列的位示图来标志空闲盘块的状态，假定行号、列号和盘块号均从 1 开始编号，则在进行盘块分配时，当第一次找到的空闲盘块(即该位的值为"0")处于第 5 行、第 12 列，则相应的盘块号为(A)；第二次找到值为"0"的位处于第 11 行、第 18 列，则相应的盘块号为(B)。在回收某个盘块时，若其盘块号为 484，则它在位示图中的位置应为第(C)行，第(D)列。

A：(1) 108；(2) 112；(3) 132；(4) 164。

B：(1) 288；(2) 318；(3) 348；(4) 366。

C，D：(1) 2；(2) 4；(3) 9；(4) 13；(5) 17；(6) 21。

9. 磁盘高速缓冲设在(A)中，其主要目的是(B)。

A：(1) 磁盘控制器中；(2) 磁盘中；(3) 内存；(4) Cache。

B：(1) 缩短寻道时间；(2) 提高磁盘 I/O 的速度；(3) 提高磁盘空间的利用率；
(4) 保证数据的一致性；(5) 提高 CPU 执行指令的速度。

10. 从下面的论述中选出一条错误的论述。

(1) 虚拟盘是一种易失性存储器，因此它通常只用于存放临时文件。

(2) 优化文件物理块的分布可显著地减少寻道时间，因此能有效地提高磁盘 I/O 的速度。

(3) 对随机访问的文件，可通过提前读提高对数据的访问速度。

(4) 延迟写可减少启动磁盘的次数，因此能有效地提高磁盘 I/O 的速度。

11. 下列方式中，(A) 无法提高磁盘 I/O 的速度，(B) 不能改善磁盘系统的可靠性。

A：(1) 在磁盘上设置多个分区；(2) 改变磁盘 I/O 请求的服务顺序；(3) 预先读；

(4) 延迟写。

B：(1) 廉价磁盘冗余阵列；(2) 磁盘容错技术；(3) 磁盘高速缓存；(4) 后备系统。

12. 为实现磁盘镜像功能，需要在系统中配置(A)；而为实现磁盘双工功能，则需要在系统中配置(B)。

A，B：(1) 双份文件分配表；(2) 双份文件目录；(3) 两台磁盘控制器；
(4) 两台磁盘驱动器。

8.4.2　填空题

1. 文件的物理结构主要有 ① 、 ② 和 ③ 三种类型，其中顺序访问效率最高的是 ④ ，随机访问效率最高的是 ⑤ 。

2. 可将顺序文件中的内容装入到 ① 的多个盘块中，此时，文件 FCB 的地址部分给出的是文件的 ② ，为了访问到文件的所有内容，FCB 中还必须有 ③ 信息。

3. 可将链接式文件中的文件内容装入到 ① 的多个盘块中，并通过 ② 将它们构成一个队列， ③ 链接文件具有较高的检索速度。

4. 对字符流式文件，可将索引文件中的文件内容装入到 ① 的多个盘块中，并为每个文件建立一张 ② 表，其中每个表项中含有 ③ 和 ④ 。

5. UNIX System V 将分配给文件的前十个数据盘块的地址登记在 ① 中，而所有后续数据块的地址则登记在 ② 盘块中；再将这些登记数据块地址的首个盘块的块号登记在 ③ 中，其他块的块号则登记在 ④ 盘块中。

6. 在利用空闲链表来管理外存空间时，可有两种方式：一种以 ① 为单位拉成一条链；另一种以 ② 为单位拉成一条链。

7. 在成组链接法中，将每一组的 ① 和该组的 ② 记入前一组的 ③ 盘块中；再将第一组的上述信息记入 ④ 中，从而将各组盘块链接起来。

8. 磁盘的第一级容错技术 SFT-Ⅰ包含 ① 、 ② 、 ③ 和 ④ 等措施。

9. 磁盘的第二级容错技术 SFT-Ⅱ主要用于防止 ① 的故障所导致的数据损坏，常用的措施有 ② 和 ③ 。

10. 集群系统的主要工作模式有 ① 、 ② 和 ③ 三种方式。

11. 进行链接计数的一致性检查，需要检查文件系统的所有 ① ，从而得到每个文件对应的 ② 个数，并将其和该文件索引结点中的 ③ 进行比较。

第九章　操作系统接口

本章主要介绍操作系统向用户提供的各种接口，具体包括字符显示式联机用户接口、图形化联机用户接口、脱机用户接口和系统功能调用等内容。

9.1　基本内容

为了使用户能方便地通过操作系统使用计算机，OS 向用户提供了两类接口，即用户接口和程序接口。

9.1.1　用户接口

当今，几乎所有的 OS 中都向用户提供了用户接口，它允许用户在终端上键入命令，或向 OS 提交作业说明书，来取得 OS 的服务，并控制自己程序的运行。

1. 用户接口类型

用户接口可分为以下三种类型：

(1) 字符显示式联机用户接口。字符显示式联机用户接口，也称作联机命令接口，它允许用户在终端上键入命令，以取得 OS 的服务。用户还可以使用批命令方式，预先把一系列命令组织在一种称为批命令文件的文件中，以后在终端上键入批命令文件名，或者在图形化用户接口中双击该批命令文件，便可按该文件中各个命令出现的顺序来逐个运行它们。

(2) 图形化用户接口 GUI(Graphics User Interface)。图形化用户接口可以看成是命令接口的图形化，它采用了 WIMP 技术，将窗口(Window)、图标(Icon)、菜单(Menu)、鼠标(Pointing device)和面向对象技术等集成在一起，用图标将系统的各项功能、各种应用程序和文件直观、逼真地表示出来。用户可通过窗口、图标、菜单、对话框以及鼠标和键盘，更轻松地完成对应用程序和文件的操作。

(3) 脱机用户接口。脱机用户接口是为批处理作业的用户提供的，该接口由作业控制语言 JCL 组成，它向用户提供了一组作业控制命令。用户用 JCL 把需要系统对作业进行的控制和干预事先写在作业说明书上，然后将它连同作业一起提交给系统。当系统调度到该作业运行时，由系统中的命令解释程序对作业说明书上的命令逐条地解释执行，直至遇到作业结束语句时，系统才停止该作业的运行。

2. 联机命令的类型

为了能向用户提供多方面的服务，OS 通常都向用户提供几十条甚至上百条的联机命

令,具体命令的格式和条数与实际的操作系统密切相关。常用的联机命令可根据它们的功能分成以下几类:

(1) 系统访问类命令。这类命令包括进入系统命令 login 和退出系统命令 logout,用在多用户系统中,其目的是用于识别用户的身份是否合法,从而保证整个系统的安全性。

(2) 文件操作类命令。这类命令可供用户进行显示文件内容、复制文件副本、更改文件名、删除文件、比较文件内容、确定文件类型等操作。

(3) 目录操作类命令。这类命令可供用户进行建立目录、删除目录、改变工作目录、显示目录内容等操作。

(4) 磁盘操作类命令。这类命令可供用户进行磁盘格式化、拷盘、磁盘内容比较、磁盘内容备份等操作。

(5) 其他命令。如输入输出重定向命令,重定向">"符号来将其左边命令产生的标准输出,输出到其右边的文件中;重定向"<"符用来将其右边文件的内容,作为其左边命令的输入信息。管道连接命令,管道连接符"|"可用来把其左边命令的输出信息作为其右边命令的输入信息等。

9.1.2　联机命令接口的实现

为了使用户能通过联机命令接口与计算机进行交互,系统中必须配置键盘终端处理程序和命令解释程序这两类软件。

1. 键盘终端处理程序

键盘终端处理程序负责接收用户键入的终端命令,并将它显示在终端屏幕上。它的主要功能包括:

(1) 接收字符。终端处理程序最基本的功能,是接收从终端键盘键入的字符,并将它传送给命令解释程序或用户进程。

(2) 字符缓冲。有些终端处理程序只接收从终端键入的字符,并将它不加修改地传送给命令解释程序或用户进程;而大部分终端处理程序还可将所接收的字符暂存在行缓冲中,直至收到行结束符后才将一行信息传送给命令解释程序或用户进程。行缓冲技术为用户校验、编辑输入信息提供了极大的方便。

(3) 回送显示。回送显示是指每当用户从键盘打入一个字符后,终端处理程序都将该字符送屏幕显示。有些终端的回显由硬件实现,但由软件实现回显通常会更灵活,它可以十分方便地进行字符变换(如将键盘键入的小写英文字母变为大写),并对用户输入的口令等需保密的信息不进行回显。

(4) 屏幕编辑。为了方便用户对输入信息进行编辑,终端处理程序通常提供若干个编辑键,如有些系统中,Backspace 键或 Ctrl +H 键被用来删除刚键入的字符; Insert 键用来准备在光标处插入字符;↑、↓、← 和 → 键用来对光标进行上、下、左、右移动等。

(5) 特殊字符处理。大多数终端处理程序可以接收一些特殊字符,如在有些系统中,用户键入 Break 键或 Ctrl +C 键可以中止当前程序的运行;键入 Ctrl +S 键可以停止屏幕向上滚动;键入 Ctrl +Q 键可以恢复屏幕向上滚动等。此时,便要求终端处理程序能识别这些特殊字符,并立即采取相应的行动。

2. 命令解释程序

命令解释程序，如 MS-DOS 中的 COMMAND.COM、UNIX 中的 Shell，主要负责对接收到的命令进行识别，然后去调用相应命令的处理程序，以完成请求的特定任务。在提供联机命令接口的操作系统中，用户与系统联接后，系统首先将启动命令解释程序的执行。命令解释程序的主要功能是：

(1) 等待用户输入。命令解释程序获得 CPU 的控制权后，将在用户终端上显示命令提示符，并等待用户输入命令。

(2) 接收并识别命令。当用户输入一条以回车为结束符的命令后，终端处理程序将把该命令提交给命令解释程序。命令解释程序接收该命令，并对它进行分析，若命令合法，则转下一步去执行相应的命令处理程序；否则，显示错误信息。

(3) 执行相应的处理程序。对某些较为简单的命令，如 MS-DOS 中的内部命令，它们的处理程序已包含在命令解释程序之中，故可直接由命令解释程序进行处理；而其他的命令，则必须由命令解释程序将命令所指定的程序装入内存，并为之创建一个子进程后，由子进程去完成相应的工作。

当命令解释程序处理完一条命令，或它所创建的子进程执行完成并将控制权交还给命令解释程序后，它将显示下一个命令提示符，并等待用户输入下一条命令。

3. Shell 命令语言

Linux 系统提供了 Bourne Shell、Bourne-Again Shell、C Shell、Korn Shell 等多种命令解释程序供用户选择，它们虽然有所差别，但提供的功能基本是类似的。

1) 命令语言

Shell 提供了许多不同形式的命令，按实现方式可将 Shell 命令分为以下两种类型：

(1) 内部命令。shell 中少数标准命令，如改变工作目录命令 cd 等，其代码是包含在 shell 内部的，被称作内部命令。

(2) 外部命令。shell 中大多数的命令，如拷贝命令 cp 和移动命令 rm 等，均以文件的方式保存于外存(盘)上，接收到这类命令，Shell 会搜索相应的文件，再将它装入内存执行。这种方式不仅节省内存空间，也使得系统可以很方便地增加新的命令。

2) 编程功能

Shell 是一种编程语言，它支持绝大多数在高级语言中能见到的程序元素，如函数、变量、数组和程序控制结构，允许用户编写由 Shell 命令组成的 Shell 程序。

3) 命令解释功能

Shell 最主要的功能是读取用户输入的命令，进行分析后，转去执行相应的处理程序。对于外部命令，Shell 会创建一个子进程并调用 cxccve 来运行对应的程序。

9.1.3　系统调用

程序接口，是 OS 专门为用户程序设置的，它由一组系统调用(system call)组成，因此也可以说，系统调用是 OS 与应用程序之间的接口，它是用户程序取得 OS 服务的唯一途径。

1. 系统调用的基本概念

由于 OS 的特殊性，使应用程序不能采用一般的过程调用方式去调用 OS 中的过程，而必须利用一种系统调用命令去调用所需的系统过程。可见，系统调用是一种特殊的过程调用，它与一般的过程调用有下述几方面的明显差别：

(1) 运行在不同的系统状态。一般的过程调用，其调用程序和被调用程序都运行在相同的状态——系统态或用户态；而系统调用与一般调用的最大区别就在于：调用程序是运行在用户态，而被调用程序是运行在系统态。

(2) 通过软中断进入。由于一般过程调用并不涉及到系统状态的转换，故可直接由调用过程转向被调用过程。但在运行系统调用时，由于调用和被调用过程是工作在不同的系统状态，因而不允许由调用过程直接转向被调用过程，通常都是通过软中断机制，先由用户态转换为系统态，经核心分析后，才能转向相应的系统调用处理子程序。

(3) 返回问题。一般的过程调用在被调用过程执行完后，将直接返回到调用过程继续执行。但对系统调用，如果系统采用抢占调度方式，则在被调用过程执行完后，必须对系统中所有要求运行的进程做优先权分析。只有当调用进程仍具有最高优先权时，才返回到调用进程继续执行；否则，将引起重新调度。

2. 系统调用的类型

一个 OS 的功能通常可通过它所提供的系统调用体现出来。尽管不同的 OS 所提供的系统调用无论是在数目、格式上，还是在功能上，都存在一定的差异，但对于一般通用的 OS 而言，其所提供的系统调用大致上可以分为以下几类：

(1) 进程控制类系统调用。这类系统调用主要用于对进程的控制，如创建和终止进程的系统调用，获得和设置进程属性的系统调用等。

(2) 文件操作类系统调用。用来对文件进行操作的系统调用数量较多，其中包括创建文件、删除文件、打开文件、关闭文件、读文件、写文件、建立目录、移动文件的读/写指针、改变文件的属性等系统调用。

(3) 进程通信类系统调用。这类系统调用被用来在进程间传递消息和信号，其中包括消息系统中的建立连接、接受连接、关闭连接、发送消息、接收消息等系统调用，以及共享存储区通信中的建立共享存储区、与共享存储区建立连接、读共享存储区、写共享存储区等系统调用。

(4) 系统维护类系统调用。这类系统调用用来实现对系统的日常维护，其中包括设置和获得系统的当前日期和时间、获得进程和子进程所使用的 CPU 时间、设置文件访问和修改的时间、了解内存的使用情况和操作系统的版本号等系统调用。

3. 系统调用的实现

(1) 系统调用指令。系统调用必须借助于 CPU 提供的机器指令来实现。不同的机器所提供的系统调用指令一般是不同的，如 IBM 个人机上的 INT 指令、SUN 工作站上的 TRAP 指令、SGI 工作站上的 SYSCALL 指令等。系统调用指令的执行，将引起特殊的中断，即软中断或陷入，从而使系统根据相应的中断向量转入相应的系统调用总控程序。

(2) 系统调用号和参数的传递。在一个系统中往往设置了多条系统调用，并赋予每条系统调用一个唯一的系统调用号；而每条系统调用又允许带若干个参数。如何将系统调用号和相应的参数传递给系统，将取决于系统调用指令的格式和具体操作系统的实现。某些机器，将系统调用号和参数作为操作数直接包含在系统调用指令中；而另一些机器，则将系统调用号和参数存放在操作系统指定的寄存器中传递给系统；还有一些机器则将参数存放在一张参数表中，再将指向该参数表的指针作为系统调用指令的操作数或存放在某个指定的寄存器中传递给系统。

(3) 系统调用的处理步骤。在设置了系统调用号和参数后，再执行系统调用指令便可执行系统调用，它的处理过程如下：首先，系统产生软中断(或陷入)，由硬件进行现场保护，并通过中断向量转向系统调用总控程序，同时，处理机的状态将由用户态转为系统态。然后，由系统调用总控程序进行系统调用的一般性处理，并根据系统调用号和系统内部的系统调用入口表(其中的每个表目对应于一条系统调用，并给出了该系统调用自带参数的数目、系统调用处理子程序的入口地址等)转入相应的系统调用处理子程序。最后，在系统调用处理子程序执行完后，应恢复被中断进程或新进程(若重新调度)的 CPU 现场，再返回被中断进程或新进程，继续往下处理。

由上所述可知，系统调用的实现不仅取决于具体的操作系统，而且与机器特性密切相关，因此，一般它总是以汇编的方式来实现的。为了方便用户，许多操作系统向用户提供一个调用汇编系统调用的 C 库，其中将系统调用号和参数的传递以及系统调用指令等细节屏蔽起来，使得用户可像使用普通 C 函数那样使用系统调用。

4. POSIX 标准

为了保证应用程序的源代码可以在多种操作系统上移植运行，国际标准化组织 ISO 给出 POSIX1003.1 国际标准，它定义了操作系统应该为应用程序提供的接口标准。POSIX 定义了许多函数，每一个兼容的操作系统都必须支持这些函数，这样，只要应用程序符合 POSIX 标准，便可以完全兼容支持 POSIX 标准的多种操作系统。但 POSIX 函数与实际操作系统的系统调用之间并不是一一对应的，因为 POSIX 并未明确规定这些函数是如何实现的，具体操作系统可以用系统调用，也可以用库函数或者其他方式实现它们。

5. Win32 API

Windows 系统的主要编程环境是 Win32 API，该应用程序接口定义了应用程序可以用来管理进程、线程、存储器、外部设备和文件的完整的函数集合。需要说明的是，Win32 API 与系统调用不是同一个概念，一个 API 函数可能和一个 Windows 系统调用相对应，也可能不与任何系统调用相对应，也可能是一个 API 函数中调用了若干个系统调用，不同的 API 函数也可能封装了相同的系统调用。

9.2 重点、难点学习提示

本章的学习目的是了解操作系统向用户提供的各种接口，为此，应对以下几个重点与难点问题进行认真的学习。

1. 操作系统向用户提供了哪几种类型的接口

操作系统向用户提供了两种类型的接口，即命令接口和程序接口。在学习时应对下述内容有较深入的了解：

(1) 命令接口。命令接口包括联机命令接口和脱机命令接口两种类型，读者应对它们分别适用于哪种情况，以及系统处理用户输入的联机命令的过程有较深的了解。

(2) 程序接口。程序接口即系统调用，它是用户在编程时获得 OS 服务的唯一途径，读者应了解它与普通过程调用存在着什么差异，并通过实际的编程使用加深对它的理解。

(3) 图形接口。图形接口可看成是命令接口的图形化，它通过图形化的界面以更加友好的方式向用户提供服务，读者应对组成图形接口的四个基本要素，即指点设备、窗口、图标和菜单有一定的了解。

2. 系统调用的基本概念

用户程序可利用系统提供的一组系统调用函数去调用 OS 内核中的一个(组)过程来完成自己所需的功能。由于系统调用与一般的过程调用存在着很大的差异，故在使用和实现上有着下述明显的不同。

(1) 如何由用户态转向系统态。由于系统调用涉及到由用户态转向系统态的问题，故系统调用必须使用系统调用指令，通过软中断机构来实现由用户态向系统态的转换，此时系统必须进行一系列处理，学习时应了解系统应进行哪些处理。

(2) 如何转向相应的处理程序。用户要使用系统调用时，必须提供系统调用号和设置有关参数，系统必须能识别系统调用号和传递相应的参数，在学习时应了解系统是怎样识别系统调用号并转向相应的处理程序的。

(3) 如何返回问题。在采用可抢占的进程调度方式时，当系统调用过程处理完后，并不一定返回到调用进程。在学习时应了解，系统是如何来处理这一问题的。

3. 系统调用中的参数传递形式

在使用系统调用时，除了系统调用号外，用户还必须提供相应系统调用的有关参数，这些参数可通过多种形式传递给内核。

(1) 寄存器形式。这是最简单的一种参数传递形式，它由用户直接将参数送入相关的寄存器中。读者应了解这种形式存在着什么不足之处。

(2) 参数表形式。这种形式将系统调用所需的参数和参数的个数一起存放在一张参数表中，再将参数表的地址通过寄存器传递给内核，这样，通过读用户空间的参数表，内核便可获得各个参数。读者应了解这种形式有何优点。

9.3　典型问题分析和解答

9.3.1　系统调用中的典型问题分析

【例 1】　什么是系统调用？它与一般的过程调用有何区别？

答：系统调用是 OS 提供给用户程序的唯一接口，具体地说，系统调用是 OS 内核中提供的一些系统子程序，用户可通过特殊的系统调用指令(也称作访管指令)来调用这些子程序，从而使用户在自己的程序中可获得 OS 提供的服务，如打开文件、创建子进程等。

系统调用与一般的过程调用的区别主要有以下几个：

(1) 运行在不同的系统状态。一般的过程调用，其调用程序和被调用程序都运行在相同的状态——系统态或用户态；而对系统调用，其调用程序是运行在用户态，而被调用程序则是运行在系统态。

(2) 通过软中断进入。一般过程调用可通过过程调用语句直接由调用过程转向被调用过程；而系统调用则必须通过执行系统调用指令(也称作访管指令)，由软中断(或陷入机制)转向相应的系统调用处理程序，同时 CPU 的执行状态将从用户态转换为系统态。

(3) 返回问题。一般的过程调用在被调用过程执行完后，将直接返回到调用过程继续执行。而对系统调用，如果系统采用抢占调度方式，则在被调用过程执行完后，必须先对系统中所有要求运行的进程做优先权分析。只有当调用进程仍具有最高优先权时，才返回到调用进程继续执行；否则，将引起重新调度。

【例2】 简述系统调用的处理过程。

答：系统调用的具体格式因系统而异，但从用户程序进入系统调用程序的步骤及其执行过程(如图 9.1 所示)来看，系统调用的过程是大致相同的：

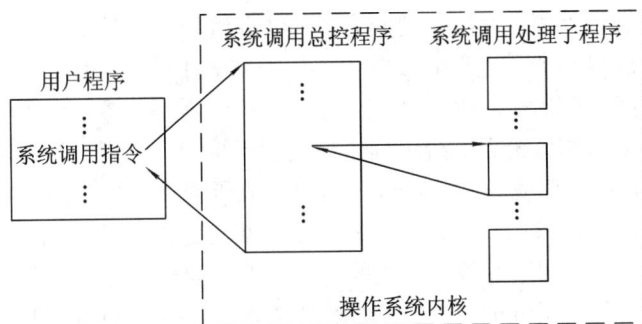

图 9.1 系统调用的处理过程

(1) 提供系统调用号和必要的参数。用户程序必须根据其所欲获得的操作系统服务向系统调用处理程序提供相应的系统调用号和必要的参数(如打开文件系统调用中的文件路径名和打开的方式等)。

(2) 执行系统调用指令。通过执行 CPU 提供的系统调用指令(如 Intel 80X86 中的 INT 指令)产生软中断(或陷入)，从而由硬件进行现场保护，并根据中断向量将 CPU 的控制转向系统调用总控程序，同时 CPU 的状态将从用户态转向系统态。

(3) 调用相应的系统调用处理子程序。系统调用总控程序将进行系统调用的一般性处理，如保存某些通用寄存器的值，并根据系统调用号和系统内部设置的系统调用入口表转向相应的系统调用处理子程序完成特殊的功能请求。

(4) 返回执行结果。在系统调用处理子程序执行完后，系统要把执行是否成功，以及成功时的执行结果返回给调用者，并有可能进行 CPU 的重新调度，最后，通过中断返回指令恢复执行系统调用的用户进程或新进程的现场，继续往下执行。

9.3.2 其他典型问题分析

【例3】 操作系统的接口有哪几种？它们分别适用于哪种情况？

答：操作系统提供的接口主要有：

(1) 用户接口。包括脱机命令接口，联机命令接口和图形用户接口，其中脱机接口适用于批处理作业用户间接地控制自己的作业；联机命令接口适用于联机用户通过终端命令直接控制自己的作业和管理系统资源；图形接口也适用于联机用户直接控制自己的作业，而且，它比字符显示式的联机命令接口显示更直观、操作更简便。

(2) 程序接口。程序接口即系统调用，它适用于用户在编程时请求操作系统提供的服务，如申请和释放内存、打开和关闭文件等。

【例4】 命令解释程序的主要功能是什么？

答：命令解释程序的主要功能有：

(1) 等待用户输入。命令解释程序获得 CPU 控制权后，会在用户的终端屏幕上显示命令提示符，并等待用户输入命令。

(2) 接收并识别命令。命令解释程序接收用户通过终端键盘键入的命令，并对它进行分析，若命令合法，则转下一步去执行相应的命令处理程序；否则，显示错误信息。

(3) 执行相应的处理程序。对处理程序已包含在命令解释程序之中的内部命令，可直接由命令解释程序进行处理；而对其他的命令，命令解释程序还必须将命令所指定的程序装入内存，并为之创建一个子进程后，由子进程去完成相应的工作。

【例5】 说明系统调用与 API 有何不同。

答：系统调用是操作系统提供给编程人员的程序接口，它通过软中断指令把应用程序的请求传给内核，并调用相应的内核函数为用户完成所请求的功能。API 即应用程序接口，它定义了一组函数，用户可以直接调用这些函数获得给定的服务。API 通常是在函数库中实现的，API 函数和系统调用并没有严格的对应关系。如果 API 函数所对应的服务不涉及内核，那它便不需要任何系统调用，如求绝对值的函数 abs()；只有那些需要获得内核服务的 API 函数，其内部才会封装系统调用，这类 API 函数，有的可能恰好对应于一个系统调用，有的可能需要多个系统调用，而且，不同的 API 函数也可能封装了相同的系统调用。

9.4 习 题

9.4.1 选择题

1. OS 向用户提供的接口有多种：通过(A)，用户可从终端键入 dir(或 ls)并按下回车键来显示当前目录的内容；通过(B)，用户可双击窗口中的图标来运行相应的程序；通过(C)，用户程序可使用 open()来打开一个文件；通过(D)，用户可将作业说明书和作业一起提交给系统，从而让系统按作业说明书的要求来运行作业。

A，B，C，D：(1) 脱机用户接口；(2) 联机命令接口；(3) 系统调用接口；
(4) 图形用户接口。

2. 使命令的执行结果不在屏幕上显示，而将之引向另一个文件，这种功能称为(A)；使命令所需的处理信息，不是从键盘接收，而是取自另一个文件，该功能称为(B)；用于实现把第一条命令的输出作为第二条命令的输入；又将第二条命令的输出作为第三条命令的输入的功能的设施称为(C)。

A：(1) 脱机输出；(2) 管道线；(3) 联机输出；(4) 输出重定向。

B：(1) 管道线；(2) 输入重定向；(3) 批处理；(4) 脱机输入。

C：(1) 管道(线)；(2) 链接；(3) 批处理；(4) 输出重定向。

3. 从下列关于大、中型分时系统中的终端处理程序的论述中，选出一条正确的论述。

(1) 终端处理程序将从终端打入的字符，直接送给用户程序。

(2) 在现代大、中型机中，为了暂存用户从终端打入的字符，通常为每个终端设置一个可容纳几行字符的专用缓冲区。

(3) 为了提高回送的显示速度，往往用硬件来实现，只是在要求回送速度不高的场合，才用软件来实现。

(4) 在有的计算机中，从键盘送出的是键码，此时应采用某种转换机构，将键码转换为 ASCII 码。

4. 从下述关于联机命令接口的不同论述中，选出一条正确的论述。

(1) 联机命令接口，是用户程序与 OS 之间的接口，因此它不是命令接口。

(2) 联机命令接口包括键盘和屏幕两部分。

(3) 联机命令接口包括一组键盘命令、终端处理程序及命令解释程序三个部分。

(4) 联机命令接口是用户程序。

5. 从下述关于脱机命令接口的不同论述中，选择一条正确的论述。

(1) 该接口是作业说明。

(2) 该接口是一组系统调用。

(3) 该接口是命令文件。

(4) 该接口是作业控制语言。

6. 从下述关于 Shell 的不同论述中，选择一条错误的论述。

(1) Shell 是一种编程语言，它提供选择、循环等控制结构。

(2) Shell 是一个命令解释器，它对用户输入的命令进行解释执行。

(3) Shell 命令就是由 Shell 实现的命令，它们的代码包含在 Shell 内部。

(4) 在 Unix 和 Linux 系统中，有多种不同的 Shell 供用户选择。

7. 在 Intel X86 处理机上，用户进程 P 通过系统调用 creat 创建一新文件时，是通过(A)将控制转向 creat 的处理程序的；系统调用前，CPU 运行在(B)；在执行 creat 对应的处理程序时，则运行在(C)；系统调用返回后，(D)将得到 CPU。

A：(1) call 指令；(2) jmp 指令；(3) int 指令；(4) trap 指令；(5) 硬件中断。

B，C：(1) 核心态；(2) 用户态；(3) 核心态或用户态。

D：(1) Shell 进程；(2) P 进程；(3) 其他用户进程；(4) P 进程或其他用户进程。

8. 用户程序发出磁盘 I/O 请求后，系统的正确处理流程是：

(1) 用户程序→系统调用处理程序→中断处理程序→设备驱动程序

(2) 用户程序→系统调用处理程序→设备驱动程序→中断处理程序

(3) 用户程序→设备驱动程序→系统调用处理程序→中断处理程序

(4) 用户程序→设备驱动程序→中断处理程序→系统调用处理程序

9. 在同一台计算机上，可以运行 Windows、Linux、UNIX、DOS 等不同的操作系统，它们的系统调用一般是通过执行(A)系统调用指令来完成的；对运行在不同的硬件平台上的 Linux 操作系统，它们执行的系统调用指令一般是(B)。

A，B：(1) 相同的；(2) 不同的。

9.4.2　填空题

1. 用户程序必须通过 ① 方能取得操作系统的服务，该接口主要是由一组 ② 组成的。

2. 在字符界面下，用户必须通过 ① 方能取得操作系统的服务，该接口按对作业控制方式的不同又可分为 ② 和 ③ 。

3. 在联机命令接口中，实际上包含了 ① 、 ② 和 ③ 三部分。

4. 在键盘终端处理程序中，有 ① 和 ② 两种方式实现字符接收的功能。

5. 回显是指终端处理程序将用户从 ① 输入的每个字符送 ② 显示。用 ③ 方式来实现回显可以使它更方便、更灵活。

6. MS-DOS 中的 COMMAND.COM 或 UNIX 中的 Shell 通常被叫做 ① ，它们放在操作系统的 ② 层，其主要功能是 ③ 。

7. 用户与系统管理员协商一个唯一的用户名，供该用户以后进入系统时使用，称此过程为 ① ；用户每次打开自己的终端后，根据系统的提示，依次键入自己的用户名和口令的过程称为 ② 。

8. 图形用户接口使用了 WIMP 技术，将 ① 、 ② 、 ③ 、 ④ 和面向对象技术集成在一起，形成了一个视窗操作环境。

9. 将系统调用参数传递给内核函数有多种方式，MS-DOS 采用将参数送入 ① 的方式，Unix 则常采用 ② 方式，有的系统还可以通过 ③ 方式来传递少量的参数。

第十章 多处理机操作系统

本章主要讲述多处理机操作系统的基本概念，具体包括多处理机系统和多处理机操作系统的类型、多处理机进程同步、多处理机调度、网络操作系统和分布式文件系统等内容。

10.1 基本内容

10.1.1 多处理机系统概述

由于计算机元器件的运行速度受到 CPU 时钟频率的限制，现代计算机系统普遍采用多个处理机，形成多处理机系统 MPS(Multiprocessor System)，来提高计算机系统的性能。

1. 多处理机系统的类型

1) 紧密耦合 MPS 和松散耦合 MPS

按多个处理机之间的耦合程度，可将 MPS 分为紧密耦合 MPS 和松散耦合 MPS 两类。

(1) 紧密耦合 MPS。紧密耦合 MPS 通常是通过高速总线或高速交叉开关，来实现多个处理器之间的互连，系统中的所有资源和进程，都由操作系统实施统一控制和管理。多个处理机可以共享主存储器，即每个 CPU 都可以访问整个主存储器，此时，访问一个存储器字约需要 10 ns～50 ns。紧密耦合 MPS 也可以不共享主存储器，此时，每个 CPU 只能访问自己的私有存储器或存储器模块，CPU 之间通过消息进行通信，消息传递大约需要 10 μs～50 μs。

(2) 松散耦合 MPS。松散耦合 MPS 通常是通过通道或通信线路，来实现多台计算机之间的互连。每台计算机都有自己的存储器和 I/O 设备，并配置了 OS 来管理本地资源和在本地运行的进程。因此，每一台计算机都能独立地工作，必要时可通过通信线路与其他计算机交换信息，消息传递的时间一般需要 10 ms～50 ms。

2) 对称多处理机系统和非对称多处理机系统

按系统中所用的处理机的功能和结构是否相同，可将 MPS 分为对称多处理机系统和非对称多处理机系统两类。

(1) 对称多处理机 SMP 系统。这种系统中，各处理机单元在功能和结构上都是相同的。当前的绝大多数 MPS 都属于 SMP 系统。

(2) 非对称多处理机 ASMP 系统。在这种系统中有一个主处理机，其上配置有操作系统，而其他的处理机则为从处理机，它们执行由主处理机分配的任务。

2. 多处理机系统的结构

对于共享存储器的多处理机系统，根据各处理机对存储器模块存取速度是否相同，可形成 UMA(Uniform Memory Access，统一内存访问)和 NUMA(Nonuniform-Memory-Access，非统一内存访问)两种多处理机结构。

(1) UMA 多处理机。在 UMA 结构的多处理机系统中，处理机对于每个存储器单元的读写速度是相同的。各个处理机和存储器之间可通过总线、交叉开关或者多级交换网路进行连接。

(2) NUMA 多处理机。在 NUMA 多处理机系统中，拥有多个处理器模块(也称为节点)，各节点之间通过一条公用总线或互连模块进行连接和信息交互。系统中的公共存储器、各处理机的本地存储器以及节点内的群共享存储器，共同构成了系统的全部存储空间，它们都能被所有的处理机访问，但每个处理机对本地存储器、公共存储器以及远程存储器的读写速度是不同的。

3. 多处理机操作系统的类型

在多处理机系统中，目前所采用的操作系统主要有以下三种基本类型：

(1) 主从式(master-slave)。主从式系统中，有一台特定的处理机被称为主处理机，其他处理机则称为从处理机。操作系统始终只运行在主处理机上，它负责管理整个系统的资源，并负责为从处理机分配任务。从处理机不具有调度功能，只能运行主处理机分配给它的任务。

(2) 独立监督式(separate supervisor system)。这种方式一般适用于松散耦合的多处理机系统中。在这种系统中，每个处理机都有自己的专有资源(如存储器、I/O 设备和文件系统等)，并且在每个处理机上配置有操作系统，来管理自己的资源，并调度该处理机的进程集合中的进程。

(3) 浮动监督式(floating supervisor control mode)。这种方式常用于紧密耦合式的对称多处理机系统中。这种系统中，在某段时间内可以指定任何一台(或多台)处理机，作为系统的控制处理机，即所谓"主"处理机(或组)，由它(或它们)运行操作系统程序，负责全面管理功能，但根据需要，"主"处理机是可以浮动的，即从一台处理机切换到另一台处理机。

10.1.2　多处理机进程同步

在多处理机操作系统中，除了通常的锁、信号量和管程外，还引进了新的同步机制和互斥算法，以解决多个不同的处理机上程序并行执行时所引发的同步问题。

1. 自旋锁

在多处理机操作系统中，常为互斥共享的资源设置一把自旋锁，该锁最多只能被一个内核进程持有。在进程请求相应资源时，它先请求自旋锁，如果锁未被占用，那么进程便能访问相应资源；否则，如果锁已被其他进程占用，那么请求锁的进程会一直循环测试锁的状态(即自旋)，直到锁被释放为止。自旋锁适合用在互斥资源被占用时间较短的情况下，此时，阻塞并进行进程切换所花费的开销会比自旋更大，使用自旋锁的效率就会远高于需要阻塞的信号量机制。

2. 二进制指数补偿算法

多个 CPU 在对共享数据结构互斥访问时，如果该数据结构已被占用，请求者就需要不断地对锁进行测试，因此造成总线流量的增大。减少总线数据流量的一个方法是二进制指数补偿算法，它在每一个 CPU 对锁进行再次测试的 TSL 指令之前插入一个延迟时间，该延迟时间是按照一个 TSL 指令执行周期的二进制指数方式增加的。例如第一次测试时，发现锁不空闲，便推迟第二次测试指令的执行时间，等到 2^1 个指令执行周期后再执行，如果第二次测试仍未成功，则将第三次测试指令的执行时间推迟到 2^2 个指令执行周期后，……，以此类推，直到一个设定的最大值。虽然二进制指数补偿算法能有效降低总线上的数据流量，但当锁被释放时，可能由于各 CPU 的测试指令的延迟时间未到，没有一个 CPU 会及时地对锁进行测试，即不能及时地发现锁的空闲，造成浪费。

3. 待锁 CPU 等待队列机构

待锁 CPU 等待队列机构不仅能够减少总线的数据流量，还可以解决无法及时发现锁空闲的问题。当多个 CPU 需要互斥访问某个共享数据结构时，该机构会给未获得锁的 CPU 分配一个私有锁变量，并把它附在占用该共享数据结构的 CPU 待锁清单末尾。私有锁变量存放在相应 CPU 的私有高速缓存中，因此，CPU 等待私有锁进行的循环测试不占用总线。当共享数据结构的占有者 CPU 退出临界区时，它释放自己所占有的锁，同时释放待锁清单中的首个私有锁，从而允许首个待锁 CPU 及时地进入临界区。

4. 面包房算法和令牌环算法

面包房算法和令牌环算法均可用来实现分布式进程对临界资源的互斥访问。

面包房算法按照 FCFS 方式进行服务，当进程 Pi 请求临界资源时，它把一条带时间戳的请求信息 request(Ti, i) 发送给系统中的所有进程，然后等待其他进程的回答消息 reply(Tj, j)。通过这些消息和其中的时间戳，系统允许首个请求临界资源的进程进入临界区。

而令牌环算法则把所有的进程组成一个逻辑环，并在环中按固定的方向和顺序发送一个特定格式的报文(即令牌)，获得令牌的进程有权进入临界区，当其退出临界区时，再将令牌继续传递下去，以便其他进程可进入临界区。

10.1.3 多处理机调度

1. 进程分配方式

(1) SMP 系统中的进程分配方式。在 SMP 系统中，可采用静态分配方式，为每个处理器设置一个专用就绪队列，其中的进程固定地分配到该处理器上执行；也可采用动态分配方式，在系统中设置一个公共的就绪队列，其中的进程可分配到任何一个处理器上执行。

(2) ASMP 系统中的进程分配方式。在 ASMP 系统中，常采用主—从式 OS，只在主处理机上配置 OS，由它进行进程调度。从处理机空闲时，便向主处理机发送索求进程的信号，等待主处理机为它分配进程。

2. 进程(线程)调度方式

多处理机中的进程(线程)调度常采用以下几种方式：

(1) 自调度。系统中有一个公共的进程或线程就绪队列，所有的处理器在空闲时，都可以自己到该队列中取得一进程(或线程)来运行。这种方式由单处理机的进程调度方式演变而来，实现简单，且不会发生处理器忙闲不均的现象。自调度的主要缺点是公共的就绪队列容易成为系统性能的瓶颈，处理机的高速缓存的使用效率较低，线程切换比较频繁。

(2) 成组调度。成组调度将一个进程中的一组线程同时分配到一组处理机上去运行。这种方式可以显著地降低调度频率，减少调度的开销；另外，由于一组相互合作的线程能同时运行，可有效减少线程的切换次数，改善系统的性能。

(3) 专用处理机分配。这种方式将属于一个应用程序的一组线程，分配到一组处理机上，在应用程序未结束之前，这些处理机专用于处理这组线程。专用处理机分配可以完全避免进程或线程的切换，从而可大大加速程序的运行。

(4) 动态调度。该调度方式允许操作系统和应用程序共同进行调度决策。操作系统负责把处理机分配给作业，而每个作业负责将分配到的处理机再分配给自己的某一个线程。动态调度方式优于成组调度和专用处理机调度方式，但其开销较大。

10.1.4　网络操作系统

网络操作系统，是在计算机网络环境下，对网络资源进行管理和控制，实现数据通信和对网络资源的共享，以及为用户提供与网络资源之间接口的一组软件和规程的集合。

1. 网络操作系统分类

按照网络操作系统的工作模式，可将网络操作系统分为：

1) 基于服务器模式

最常见的基于服务器模式为客户/服务器(C/S)模式，它将网络中的各个站点分成服务器和客户机两大类。服务器是网络的控制中心，其任务是向客户提供一种或多种服务，在服务器中包含了大量的服务程序和服务支撑软件。客户则是指用户用于本地处理和访问服务器的站点，在客户中包含了本地处理软件和访问服务器上服务程序的软件接口。这种模式的客户器可直接与服务器进行交互，通常称之为两层结构的 C/S 模式，它常用在传统的小型局域网中。

Internet 采用的是浏览器/服务器(B/S)工作模式，它增加了一个 Web 服务器，此时的客户机不是直接去访问 Internet 中的(数据库)服务器，而是去访问 Web 服务器，再由 Web 服务器代理客户机去访问某台(些)(数据库)服务器。由于已配上浏览器软件的客户机可以浏览在 Internet 中几乎所有的允许访问的服务器，因此，这时便把客户机称为 Web 浏览器，从而形成 Web 浏览器、Web 服务器和(数据库)服务器的三层的 C/S 模式。通常把这种三层结构的模式称为 B/S 模式。

2) 对等模式

采用对等模式时，系统中不设专用服务器，网络上的每台计算机处于平等地位，每台计算机既可作为客户去访问其他站点，又可作为服务器向其他站点提供服务。此时，每台计算机都分前台和后台方式工作，前台为本地服务，后台为其他结点的网络用户服务。

2. 网络操作系统的功能

网络操作系统应该具有下述几方面的功能：

(1) 数据通信。这是网络最基本的功能，其主要任务是在源主机和目标主机之间，实现无差错的数据传输。具体功能包括建立和拆除通信链路、报文的分解与组装、传输控制、差错控制、流量控制和路由选择等。

(2) 应用互操作功能。所谓互操作，是指不同的网络结点间不仅能够通过同一类型的传输协议(如 TCP/IP)实现通信，而且还能实现信息的互用，亦即一个网络中的用户能够去访问另一个网络文件系统中的文件。

(3) 网络管理功能。网络管理包括网络配置管理、故障管理、性能管理、安全管理和计费管理，其目的在于最大限度地增加网络的可用时间，提高网络设备的利用率，改善网络的服务质量，并保障网络的安全性。

10.1.5　分布式文件系统

分布式系统，是多台独立的计算机通过通信线路互连而构成的松散耦合多处理机系统，系统的处理和控制功能分布在各个处理机上。分布式系统的关键部分是分布式文件系统，它将系统中分布在本地或远地若干节点中的物理存储设备，以共享文件系统方式统一管理，提供给不同节点上的用户共享。除了传统文件系统的问题外，分布式文件系统还要解决以下问题：

1. 远程文件的访问方法

远程文件的访问方法主要有缓存机制和远程服务机制两种方式。缓存机制将远程服务器上的文件复制到本地，以后对文件的访问便可在本地的副本中进行，更新过的副本需要写回到远程服务器中。远程服务机制则将客户机的访问请求发送给服务器，由服务器执行访问，并将结果回送给用户。前一种方式的主要问题是数据一致性问题；而后一种方式每次远程访问都是跨越网络处理的，会明显增加网络通信量和服务器负担，引起性能下降。

2. 命名

在分布式系统中，文件和目录的命名方式主要有以下三种形式：

(1) 主机名 + 本地名。如文件名为 "/host/local-name-path"。该方案，文件名中隐含了文件的位置，而且当文件需要从一个服务器移到另一个服务器时，其文件名也需随着改变，因此不符合命名的透明性。

(2) 将服务器中的远程目录加载到客户机的本地目录中。该方案管理复杂度很高，结构混乱，而且安全程度也低，一旦一个服务器故障，将导致客户机上的目录集的失效。

(3) 全局统一命名。系统采用统一的全局命名结构，每个文件和目录使用唯一命名。考虑到不同系统中的一些特殊文件，使得该方案实现难度较大。

3. 共享语义

在单处理器系统中，多个进程共享文件时，读和写的语义是：一个写操作后跟一个读操作，读操作将返回刚写入的值；若两个连续的写操作后，跟一个读操作，则读操作将返回后一个写入的值。在分布式系统中，若只有一个文件服务器，且不是采用缓存机制访问文件，则所有的客户机都将看到同样的读写顺序，保证顺序一致性；若有多个服务器，或者采用缓存机制访问文件，则需要精确定义读和写的共享语义，以保证客户机并发访问数据的一致性。客户机共享文件的语义主要有以下几种：

(1) UNIX 语义，文件上的每个操作对所有进程都是瞬间可见的。

(2) 会话语义，在文件关闭之前，所有改动只对作改动的进程本身可见，对其他进程都是不可见的。

(3) 不允许更新文件，不能进行更改，只能简单地进行共享和复制。

(4) 事务处理，所有改动以原子操作的方式(顺序)发生。

10.2　重点、难点学习提示

学习本章的目的是使学生了解多处理机操作系统的基本概念，为此，应对以下几个重点与难点问题进行认真的学习。

1. 多处理机系统概述

(1) 引入多处理机，能极大地增强计算机系统的性能，在学习时必须了解现代计算机系统，为什么要用多处理机来增强系统的性能。

(2) UMA 多处理机系统有基于总线、使用单级交叉开关、使用多级交换网络等多种结构，在学习时应该了解每一种方式有什么局限，可通过哪些手段改进，为什么还要引入NUMA 结构。

(3) 多处理机操作系统有主从式、独立监督式和浮动监督式三种类型。在学习时，首先应了解多处理机系统与单处理机系统相比有哪些新的特点，因此，多处理机操作系统应解决哪些新的问题；其次，还应了解三种类型有什么优缺点，分别适合哪种场合。

2. 多处理机同步和调度

(1) 在多处理机系统中引入了自旋锁机制，在学习时首先应理解待锁时，为什么自旋有时比让出 CPU 更高效，并对自旋锁和信号量机制的异同有清楚的认识；其次，应了解自旋为什么会造成总线流量的增加，该问题可通过哪些方法解决。

(2) 多处理机调度有多种方式，在学习时应理解最简单的自调度方式有什么缺点；成组调度之所以性能优于自调度是因为解决了自调度的哪些问题；专用处理器分配虽然浪费处理机，可为什么还是被用于高度并行的多处理机系统中。

3. 网络操作系统和分布式文件系统

(1) 基于服务器的模式是网络操作系统常用的一种工作模式，在学习时应了解在客户机/服务器模式中客户机是怎样取得服务器的服务的，而 Internet 采用的浏览器/服务器模式，与客户/服务器模式有什么联系和区别。

(2) 网络操作系统必须具备数据通信、网络资源共享、应用互操作和网络管理等功能，在学习时请思考：如果缺少了其中的某个功能，会对网络系统产生什么影响。

(3) 分布式文件系统，除了解决常规文件系统的问题外，还需要很好地解决远程文件的访问方法、文件和目录的命名、共享语义等问题，在学习时请思考如果这些问题没解决，会对分布式文件系统产生什么影响。

10.3　典型问题分析和解答

10.3.1　多处理机概述中的典型问题分析

【例1】　引入多处理机的主要原因是什么？

答：(1) 提高系统运行速度和吞吐量。引入多处理机的一个重要原因是为了提高计算机系统的运行速度。单纯通过提高 CPU 的时钟频率来提高计算速度，从理论上受到电子信号的传输速度的限制；另一方面，为了减少电子信号的传输时间而缩减电子元器件的体积时，电子元器件的散热又成为一个难以解决的问题。而多处理机系统中，虽然每个处理机都以"通常"的速度运行，但由于多个处理机并行地工作，即使它们之间的协调需要一定的开销，但总体上有比单个处理机强大得多的处理能力，从而可大大增加系统的吞吐量。

(2) 节省成本。在达到相同处理能力的情况下，与 n 台独立的计算机相比，多处理机的成本会更低，例如，共享存储器的紧密耦合 MPS，其中的多个处理机可以做在同一个机箱中，并能共享外设、大容量存储器和电源供给，这些都会降低系统成本。

(3) 提高系统可靠性。在多处理系统中，当一个处理机发生故障时，其所处理的任务，可以迁移到其他的一个或多个处理机上继续处理，从而保证整个系统的正常运行。

【例2】　为什么要为每个 CPU 配置高速缓冲区？CC-NUMA 和 NC-NUMA 所代表的是什么？

答：在基于总线的 SMP 结构中，为每个 CPU 配置高速缓冲区可以大大减少 CPU 对总线的访问频率，从而有效地减少 CPU 访问存储器时因为总线忙而造成的等待，使得系统可支持更多的 CPU。在 NUMA(非一致性存储器访问)多处理机中，为每个 CPU 配置高速缓冲区还可以大大减少 CPU 对远程内存的访问，从而有效地提高对存储器访问的平均时间。

CC-NUMA 是指为每个 CPU 配置了一致性高速缓存的 NUMA 多处理机，而 NC-NUMA 则是指无高速缓存的 NUMA。

10.3.2　多处理机进程同步中的典型问题分析

【例 3】　如何利用自旋锁来实现对临界资源的互斥访问？它与信号量的主要差别是什么？

答：(1) 可为该临界资源定义一把初值为 0 的自旋锁 lock，其值为 0 表示锁可用；否则，若值为 1，则表示锁已被其他进程占用，然后便可按如下方式来实现对临界资源的互斥访问：

　　　　spin_lock(&lock);
　　　　临界区代码；
　　　　spin_unlock(&lock);

其中，spin_lock(&lock)用来请求自旋锁，它可通过循环执行多处理机环境下的 TSL 指令(测试锁原先的值是否为 0，并将锁的值置为 1)来实现。若锁的值为 1，就继续循环；否则，若锁的值为 0，则进入临界区。spin_unlock(&lock)则将锁的值恢复为 0。

(2) 自旋锁与信号量的主要区别是：在自旋锁被占用时，进程不会阻塞，而是继续循环测试锁的状态，即"旋转"，而信号量则会阻塞进程，将 CPU 从等待临界资源的进程切换到其他进程；自旋锁保持期间是不可抢占的，而信号量保持期间是可以被抢占的。自旋锁主要用在多处理机系统的内核中，单 CPU 系统中通常不需要自旋锁。如果被保护的临界资源，需要在中断上下文中访问，或调用进程所保护的临界区非常小，就应使用自旋锁；而如果被保护的临界资源，仅在进程的上下文中访问，或有共享设备，或调用进程所保护的临界区较大时，则应使用信号量进行保护。

【例 4】 何谓二进制指数补偿算法？它所存在的主要问题是什么？

答：二进制指数补偿算法是指在利用自旋锁来实现对临界资源的互斥访问时，如果本次通过 TSL 指令发现锁不空闲，便推迟下一次测试指令的执行时间，且每次所推迟的延迟时间按照一个 TSL 指令执行周期的二进制指数方式增加(即第一次的延迟是 1 条指令，第二次为 2 条指令，第 3 次为 4 条指令，……)，直到一个设定的最大值。二进制指数补偿算法通过减少对锁进行频繁测试的次数，以有效降低总线流量。

二进制指数补偿算法的主要问题是，当锁已被释放时，可能由于各 CPU 的测试指令的延迟时间未到而没法及时执行测试指令，因此不能及时发现锁已空闲，而造成浪费。

10.3.3 多处理机调度中的典型问题分析

【例 5】 试比较自调度和成组调度。

答：(1) 自调度是指系统中有一个公共的进程或线程就绪队列，所有的处理器在空闲时，都可以自己到该队列中取得一进程(或线程)来运行。成组调度将一个进程中的一组线程，同时分配到一组处理机上去运行。

(2) 成组调度的性能优于自调度，因为成组调度能有效地减少自调度中线程因为等待合作线程而阻塞的情况，减少了线程切换次数，而且每次调度可以解决一组线程的处理机分配问题，因此可显著地降低调度频率，减少调度开销。

10.4 习 题

10.4.1 选择题

1. 共享存储器的多处理机系统属于(A)；如果采用总线结构的多处理机系统，为了缓解多个 CPU 对系统总线的争用，可为每个 CPU 配置(B)。

A：(1) 计算机网络；(2) 紧密耦合 MPS；(3) 松散耦合 MPS；(4) 分布式系统。

B：(1) 高速缓存；(2) 私有存储器；(3) 更大的共享存储器；
  (4) 高速缓存或私有存储器；(5) 旋转锁。

2. NUMA 多处理机结构中，所有共享存储器在物理上是(A)；一个 CPU 访问(B)速度最快，访问(C)速度最慢；比起 UMA 结构，NUMA 结构的最明显的优点是(D)。

A：(1) 集中的；(2) 对称的；(3) 分布的；(4) 虚拟的。

B，C：(1) 本地存储器；(2) 公共存储器；(3) 其他节点的存储器；

(4) 群内共享存储器。

D：(1) 访问内存更快；(2) 管理更简单；(3) 扩展能力更强；(4) 资源利用率更高。

3. 多处理机操作系统主要有三种类型，其中较易实现的是(A)，可靠性最高的是(B)，自主性较强但较易造成处理机负载不均现象的是(C)。

A，B，C：(1) 主从式操作系统；(2) 独立监督式操作系统；(3) 浮动监督式操作系统。

4. 以下同步方式中，可以减少总线数据流量的是(A)；既能减少总线数据流量，又能及时发现锁空闲的是(B)。

A，B：(1) 自旋锁；(2) 二进制指数补偿算法；(3) 待锁 CPU 等待队列机构；

(4) 读写锁。

5. 多处理机的调度有多种方式，其中：(A)方式不会发生处理器忙闲不均的现象，因此有较高的处理器利用率；(B)方式可以有效地降低合作线程因相互等待而造成线程切换的频率；(C)方式虽然会严重浪费处理器，但可以大大加速程序的运行；(D)方式则允许操作系统和应用程序共同进行调度决策。

A，B，C，D：(1) 动态调度；(2) 自调度；(3) 专用处理器分配；(4) 成组调度。

6. 在 OSI/RM 的七层模型中，路由选择主要是由(A)完成的；数据传输过程中的加密和解密工作则主要是由(B)完成的。

A，B：(1) 物理层；(2) 表示层；(3) 传输层；(4) 网络层；(5) 数据链路层。

7. 物理层中数据传输的单位是(A)，数据链路层数据传输的单位是(B)，而网络层则是(C)。

A，B，C：(1) 比特；(2) 数据报；(3) 帧；(4) 数据段。

8. 下列关于传输层协议 TCP 和 UDP 的描述中，正确的是(A)。

A：(1) TCP 和 UDP 都是面向连接的协议，但 TCP 的数据服务更可靠；

(2) TCP 和 UDP 都是面向无连接的协议，但 TCP 的数据服务更可靠；

(3) TCP 是面向连接的协议，UDP 是面向无连接的协议，且 TCP 的数据服务更可靠；

(4) TCP 是面向连接的协议，UDP 是面向无连接的协议，且 UDP 的数据服务更可靠。

9. 与两层的 C/S 模式比较，三层的 C/S 模式有很多优点，但(A)不是它的优点。

A：(1) 使系统的可扩充性更好；(2) 访问效率更高；(3) 使客户机的维护更为方便；

(4) 简化了客户机。

10. 与其他多处理机系统相比，分布式系统具有一些不同的特征，这些特征包括(A)。

A：(1) 互连的每个节点都是一台独立的计算机；(2) 耦合程度更为松散；

(3) 每个节点可运行不同的操作系统；(4) 以上全部特征。

11. 分布式系统中，采用"主机名+本地名"对文件进行命名的主要问题是(A)。

A：(1) 文件访问效率低；(2) 不符合位置透明性；(3) 不符合移动透明性；

(4) 既不符合位置透明性，又不符合移动透明性；(5) 不能保证一致性。

10.4.2 填空题

1. 按系统中各个处理器的功能和结构是否相同，可将多处理机系统分为 ① 和 ② 两种类型。

2. UMA 多处理机结构中，多个处理机对 ① 的访问速度是相同的，这种结构可采用 ② 、 ③ 和 ④ 等方式将多个 CPU 和存储器互连起来。

3. 在 CC_NUMA 结构中，为每个 CPU 配置了各自的 ① ，其主要目的是 ② 。

4. 与单机操作系统不同，多处理机操作系统具有 ① 、 ② 、 ③ 和 ④ 等新特征。

5. 自旋锁和信号量均可用来实现进程互斥，单处理机系统中不适合用 ① ；在多处理机系统中，当临界资源被占用时间非常短暂时比较适合用 ② ，否则更适合用 ③ 。

6. 在对称多处理机系统中，静态分配方式是指 ① ，因此需为 ② 设置一个就绪队列；而动态分配方式则可以为 ③ 设置一个就绪队列。

7. 网络操作系统有多种模式，传统的小型 LAN 常采用 ① 模式，大型企业网中应采用 ② 模式，而在基于 Internet 的 Internet 内部网络中，则应采用 ③ 模式。

8. 网络操作系统最基本的功能是 ① ，此外还应具有 ② 、 ③ 和系统容错等功能。

9. 为了实现数据通信，网络操作系统应具有连接的建立与拆除、 ① 、 ② 、 ③ 和 ④ 等功能。

10. 信息的互通性是指 ① ，而信息的互用性则是指 ② 。

11. 网络管理的功能包括 ① 、 ② 、 ③ 、 ④ 和计费管理等功能。

第十一章　多媒体操作系统

> 本章主要讲述多媒体系统的基本概念，以及多媒体操作系统不同于常规操作系统的部分，具体包括多媒体的概念和特点、多媒体数据压缩、多媒体的接纳控制和实时调度、多媒体存储空间的管理和磁盘调度等内容。

11.1　基本内容

11.1.1　多媒体系统简介

多媒体技术将成熟的音像技术、计算机技术和通信网络技术结合在一起，已广泛应用于工业生产管理、学校教育、公共信息咨询、商业广告、军事指挥与训练以及家庭生活与娱乐等各个领域。

1. 多媒体的概念

媒体是指信息的载体，客观世界中存在着各种各样不同形式的媒体，如数字、文字、声音、图像和图形等。在计算机领域，多媒体往往是指多媒体技术，即是同时对多种媒体信息进行获取、处理、编辑、存储和展示的理论、技术、设备、标准等规范的总称。

2. 多媒体系统的特点

与传统计算机系统相比，多媒体系统具有以下特点：

(1) 多样性和集成性。一个多媒体文件中集成了多种媒体文件，如存放一部数字电影的多媒体文件通常包含一个视频文件，以及对应于多种语言的多个音频文件和多个字幕文本文件，在播放时，需要将视频文件，以及用户选择的音频文件和字幕文件同时播出，而且还应该保持每个子文件之间的同步。

(2) 极高的数据率。为了保证有好的视觉和听觉感受，视频和音频都必须具有很高的数据率，相应地，在计算机中储存这些数据需要非常大的存储空间。

(3) 实时性。多媒体数据需要实时地传输和处理，才能保证多媒体文件的播放质量。

(4) 交互性。多媒体系统具有人-机交互功能，人可以通过键盘、鼠标、触摸屏等人机交互设备控制各种媒体的播放，主动地选择和接收信息。

3. 多媒体操作系统

多媒体计算机中所配置的多媒体操作系统，除了具备常规操作系统的功能外，还需要提供针对多媒体环境下任务的调度和管理、文件管理、存储管理、网络及通信的机制和管理、与用户及程序的接口等功能，以满足对多媒体数据处理的需要。

4. 多媒体数据压缩

由于多媒体具有极高的数据率，对多媒体文件进行大幅度的压缩，可大大减少存储所占用的空间以及网络传输所需要的时间。在被访问前，被压缩的数据还必须解压缩，而且，压缩算法与解压缩算法间允许存在一定的不对称性。

(1) 静止图像的压缩标准。静止图像压缩的国际标准为 JPEG(Joint Photographic Experts Group，联合图像专家小组)，它支持多种压缩级别，通常可获得到 20∶1 或更好的压缩效果。在运动图像的压缩标准 MPEG 中，也仍然需要利用 JPEG 先对每一帧图像进行压缩。

(2) 运动图像的压缩标准。运动图像压缩的国际标准为 MPEG(Motion Picture Experts Group，运动图像专家小组)。用 MPEG 压缩后的文件由 I 帧和 P 帧组成，其中 I 帧是利用 JPEG 对视频中的某个帧进行静止图像的压缩后形成的，它通常每秒至少在视频中出现一到两次；而 P 帧只需记录与前一帧的差值，因此可大大减少数据量，获得更高的压缩比。

(3) 音频压缩标准。最常用的音频压缩标准是有 3 个独立压缩层次的 MPEG 音频压缩算法，其中 MP3(MPEG 音频层 3)是功能最强大，也是目前最流行的。

11.1.2 多媒体的接纳控制和实时调度

多媒体系统通常要求很高的实时性，例如，数字电影便是一个要求比较严格的周期性软实时任务，其中的音频和视频数据都要求按一定的时间限制，以连续的速率来播放。因此，必须为多媒体系统配置接纳机制，来控制同时运行的进程数目，并选用适当的调度算法，来满足进程对截止时间的要求。

1. 软实时任务的接纳控制

为了保证服务质量，多媒体系统经常使用接纳控制，当一软实时任务 SRT 进入系统时，只有当系统有足够的资源来满足它时，系统才接纳该任务。

(1) SRT 任务带宽和尽力而为任务带宽。为了能确保 SRT 任务的实时性，并适当考虑非实时任务的运行，多媒体系统仅将一部分 CPU 时间分配给软实时任务，其余的 CPU 时间则留给非实时任务，这就是所谓的 SRT 任务带宽和尽力而为任务带宽。如果 SRT 任务被接纳了，它将获得(分配到)一部分 SRT 任务带宽，进程管理便会尽可能地保证其实时性；若 SRT 任务未能被接纳，系统则有可能将它分配到尽力而为任务带宽中运行，此时系统只是尽可能地让它得到运行的机会，但不做任何保证。

(2) CPU 代理进程和接纳控制。进程的接纳控制由 CPU 代理进程完成。SRT 任务在进入系统时，必需向 CPU 代理给定其定时服务质量参数，其中包含 SRT 任务的运行周期(p)、每一周期中的运行时间(t)和 CPU 占有率(u)等。当 CPU 代理收到请求后，根据一定的接纳策略计算，确定是否可以接纳该任务：如果在接纳后不仅能够保证它所要求的截止时间需求，而且还不会影响到原有 SRT 任务的运行，则 CPU 代理便可以接纳该进程，为它预留足够的 CPU 带宽和其他资源，并将它插入进程就绪队列中等待调度；否则，CPU 代理将拒绝接纳。

2. 多媒体实时调度

常用的多媒体实时调度算法有以下几种：

(1) 最简单的实时调度方法。在多媒体服务器中，假定所要播放的电影都具有相同的类型，如都采用相同的制式、分辨率和压缩比，那么，为这些电影所建立的各个进程将具有相同的周期和处理时间，此时，可采用最简单的实时调度算法，将这些进程按 FCFS 原则，排成一个进程就绪队列，并采用定时轮转的策略来调度和运行它们。不幸的是，这种调度算法很难满足实际需要，因为，现实中上述假设很难成立。

(2) 速率单调调度 RMS(Rate Monotonic Scheduling)算法。RMS 算法适用于周期性实时任务，是一种可抢占的静态优先权优先算法。它要求系统中的进程满足下列条件：

① 在系统中允许同时存在周期性进程和非周期性进程，所有周期性任务具有固定的周期；

② 所有的进程之间相互独立，互不依赖；

③ 每个周期性进程在一个周期中，所需完成的工作量是相同的；

④ 非周期性进程无最终时限的限制。

RMS 算法中，周期性进程的优先权等于进程的运行频(速)率，周期越短的进程，运行频率越高，其优先权也越高；而非周期性进程被赋予的优先权低于周期性进程，仅在无周期性实时任务时运行。

(3) 最早截止时间优先 EDF 算法。第三章介绍过的 EDF 算法也经常被用在多媒体实时任务的调度中，与 RMS 相比，它不要求实时任务是周期性的，并且比 RMS 算法有更好的 CPU 利用率，但由于 EDF 算法使用的是动态优先权，算法的复杂度比 RMS 算法会更高一些。

11.1.3　多媒体存储器的分配方式

多媒体文件有着不同于常规文件的特性，它们不仅具有很高的数据率，而且访问时必须保证其实时性，因此，需要采取与传统文件服务器截然不同的文件分配方法。

1. 交叉连续存放方式

多媒体文件通常会被顺序访问，而连续分配方式可大大减少顺序访问时寻道的时间，有效地提高访问的效率。对于由一个视频、多个音频和多个字幕子文件组成的多媒体文件，即使这些子文件各自都是连续文件，但如果这些子文件之间未连续存储，在传输一帧信息时，仍需要从视频文件跳到音频文件，再从音频文件跳到字幕文件的多次寻道。为了减少上述寻道时间，可采用如图 11.1 所示的按帧交叉连续存放的方式：首先存放第一帧的视频数据，紧接着存放第一帧中的各种音频数据，再接着存放它的多个文本数据；然后是第二帧的视频、音频、文本数据……。这种方式的缺点是，每次读出的数据中，也包含了用户不需要的音频和文本，这不仅增加了磁盘 I/O 的负担，也占用了更多的内存缓冲区；此外，由于帧的大小不一，交叉连续存放方式无法实现随机访问、快进和快退等功能。

图 11.1　交叉连续存放方式

2. 索引存放方式

为了克服交叉连续存放方式的缺点，又引入了下列两种索引存放方式：

(1) 帧索引存放方式。帧索引存放方式又称为小盘块法，其中选定的磁盘块的大小远小于帧的大小。采用帧索引方式存放多媒体文件时，将为每个帧分配若干个连续的磁盘块，用来存放帧所对应的视频、音频和文本信息；然后还需为每个多媒体文件建立一个帧索引表，文件中的每个帧占索引表中的一个表项，用来记录帧对应的磁盘空间的首地址和盘块数。图 11.2(a)给出了小盘块法的示意图。

(2) 块索引存放方式。块索引存放方式又称为大盘块法，其中选定的磁盘块的大小远大于一个帧的大小，因此，一个盘块上可以存放多个帧。采用块索引存放方式时，将为每个多媒体文件配置一个块索引表，索引表中的每个表项对应于文件的一个逻辑块，用来记录该块对应的磁盘块块号，块中第一个帧的帧号和该块中所存放的帧的个数。大盘块法如图 11-2(b)所示。

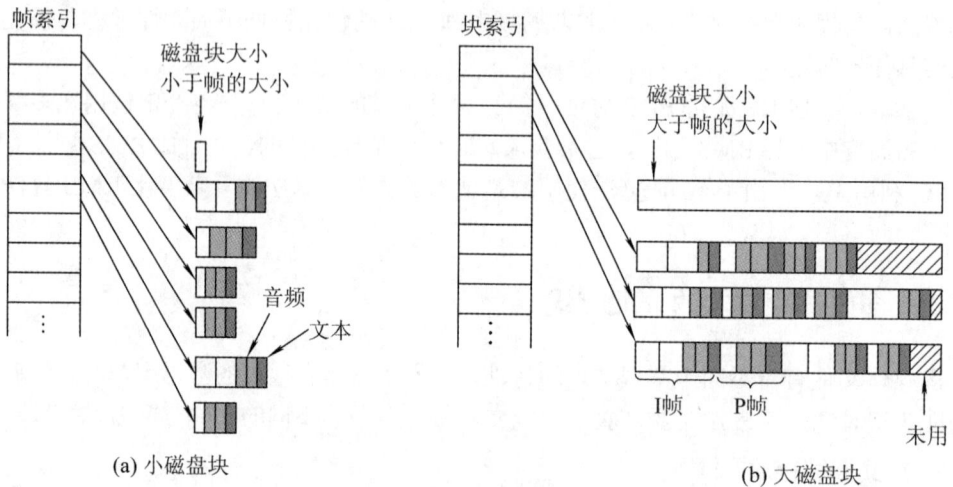

(a) 小磁盘块   (b) 大磁盘块

图 11.2 索引存放方式

显然，块索引方式的磁盘空间管理要比帧索引方式简单，索引表所占空间要比帧索引方式小，但其磁盘块碎片要比帧索引方式大，磁盘缓冲管理要比帧索引方式复杂。帧索引方式能很好地支持随机存取，块索引方式虽然也支持随机存取，但因为它需要通过块索引表搜索随机存取的帧位于哪个块中，实现起来比帧索引方式复杂。另外，块索引方式不支持快进快退功能，帧索引存放方式则可以支持效果一般的快进快退功能。

3. 近似视频点播的文件存放

采用近似视频点播方式的视频服务器，每隔一定时间开始一次电影的播放。例如，从晚上 8 点开始第 1 次播出，到 8:05 分开始第 2 次播出，8:10 分点开始第 3 次播出，……。如果某用户想在 8:08 分看该电影，那他只须等 2 分钟，到 8:10 分时便可看到。如图 11.3 所示，对于一部点播量非常大的 NTSC 制式(每秒 30 帧)热门电影，如果电影长度为两小时，则只需要 24 个数据流(每 5 分钟一个)，就能满足所有用户的需要，比普通的点播方式要大大节约系统资源。

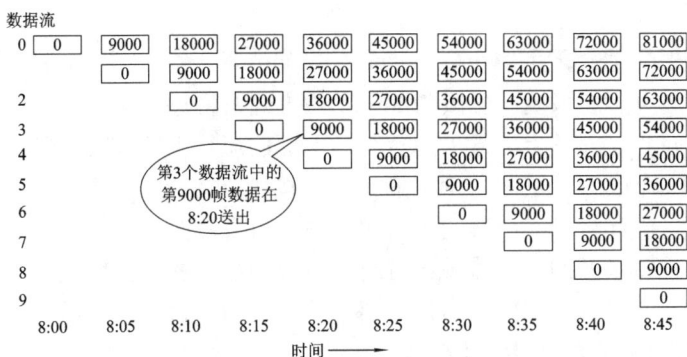

图 11.3　近似视频点播的数据流图

如图 11.4 所示，在采用近似视点播时，可将在同一时间播放的帧依次放在一起，作为一个记录写入磁盘。如上例中的帧 0，9000，18000，27000，……，207000，共 24 个帧；然后是帧 1，9001，18001，27001，……，207001；……。在播放时，同时播放的帧可以一起读出，能有效减少寻道时间，提高系统效率。

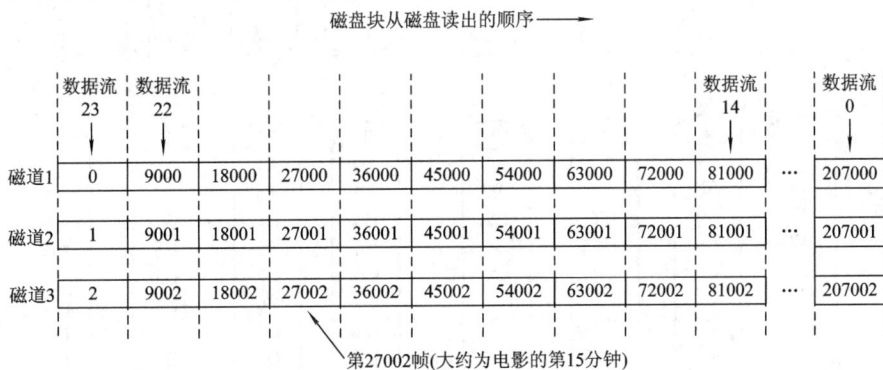

图 11.4　近似视频点播的文件存放

4．多部电影的存储方法

1) 单个磁盘的情况

现在来考虑一个磁盘存储多部电影的情况。通常，根据每一部电影的流行程度，其点击率是不同的，考虑到这个情况，可将多部电影按管风琴算法储存在磁盘上，即：将第 1 流行的电影存储在磁盘的中央，第 2、3 流行的电影存储在第 1 流行的电影的两边，第 4、5 流行的电影又存储在第 2、3 流行的电影的外面两边，如图 11.5 所示。该算法尽可能把磁头保持在磁盘的中央，以减少平均寻道的时间，实践证明它的确能取得较好的效果。

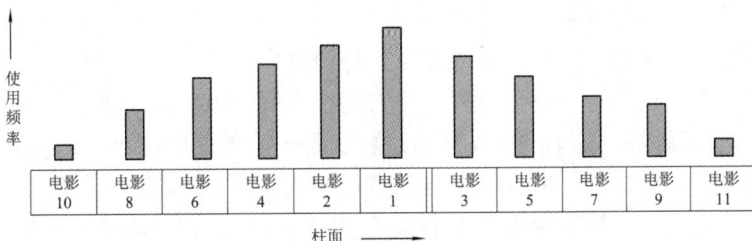

图 11.5　多部电影按管风琴算法分布

2) 多个磁盘情况

通常，视频服务器会采用多个磁盘来储存多部电影。例如，某个利用四个磁盘来存放 A、B、C、D 四部电影的系统，可按图 11.6(a)的方式，将每部电影分别存放在不同的磁盘上，这种方式的缺点是，各个磁盘上的负荷与电影的流行程度有关，可能会很不均衡。第二种方式如图 11.6(b)所示，它将一部电影按帧或按块分为若干个条带，再将这些条带分别存入多个磁盘中，因此可以在所有的磁盘间分散负荷，从而更好地利用总的磁盘带宽，但由于每部电影都是从头开始，故该方式可能会引起磁盘 1 的负荷增加。进一步的改进是采取交叉存放方式，即将每一部电影的起始部分放入不同的盘中，如图 11.6(c)所示。第四种存放方式是采取随机存放，如图 11.6(d)所示。

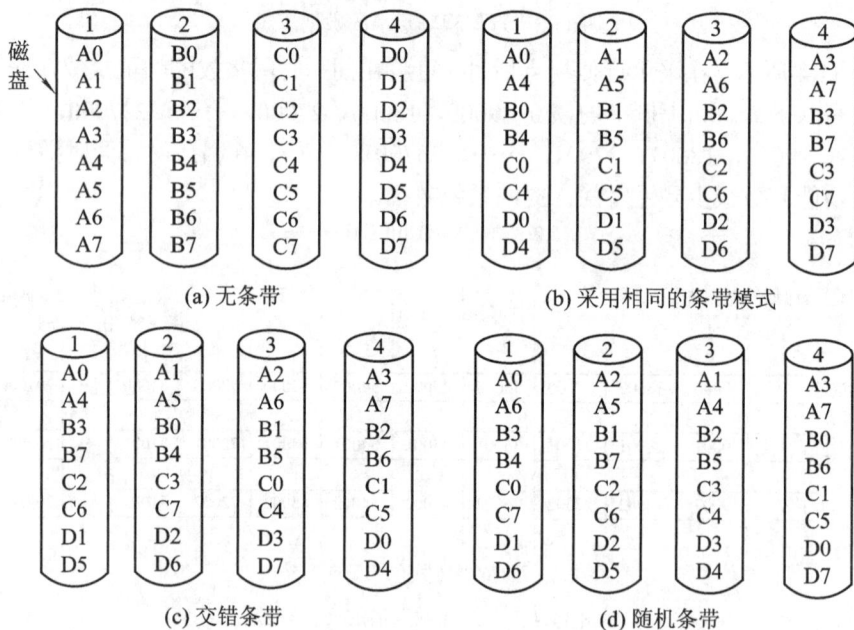

图 11.6　在多个磁盘上的存放方式

11.1.4　多媒体磁盘调度

对多媒体的磁盘调度同样不仅要求提高磁盘的数据传输速率，而且还要保证实时性，即满足实时任务对截止时间的要求。下面介绍两种多媒体磁盘调度方式。

1. 静态磁盘调度

假如视频服务器中仅有一个磁盘，有 10 个用户在观看不同的电影，而这些电影又具有相同的帧频、分辨率，这时，系统可以为每一部电影建立一个进程，在进程调度时可采用轮转方式。首先让第一个进程运行，当它运行完后调度第二个进程运行，直至最后一个进程运行完毕。这里的关键问题是，所有进程运行一次的时间应小于每帧之间的时间间隔，对于 NTSC 制式，该时间间隔为 33.3 ms；对于 PAL 制式，该时间间隔为 40 ms。

对上述情况，每一轮的磁盘请求个数是固定的，可采用按磁道顺序排序的静态磁盘调度算法，即将每轮的所有磁盘请求按磁道号进行排序，并以此顺序对它们进行处理。这样的优化，可以大大减少平均寻道时间，从而使得视频服务器可以同时传送更多的电影，或者有更多的剩余时间处理非实时任务。

2. 动态磁盘调度

当用户所看的多部电影不具有相同的帧频、分辨率时，所播放的电影对磁盘的请求会带有一定的随机性。此时，可采用 SCAN-EDF 算法来进行磁盘调度，它将多个截止时间相近的磁盘请求，放在一个组中，由此可以形成若干个组，在每一个组中再按照 SCAN 算法进行调度。组可以按请求的个数，例如 10 个请求为一组来划分；也可以按截止时间的时间段来划分，如隔 100 ms 为一组。SCAN 算法能有效降低平均寻道时间，但有可能错过最终时限；EDF 算法则满足了最终时限，但又会增加总寻道时间；SCAN-EDF 算法将 SACN 和 EDF 结合起来，既能基本上满足实时性要求，又可获得较好的性能。

11.2　重点、难点学习提示

学习本章的目的是使学生了解多媒体系统和多媒体操作系统的基本概念，为此，应对以下几个重点与难点问题进行认真的学习。

1. 多媒体系统的特点

在学习时，首先要清楚地了解多媒体系统具有多样性、极高的数据率、实时性、集成性和交互性等特征，尤其是其中的数据率高和实时性的特征，正是这些特征决定了多媒体需要数据压缩、进程实时调度和特别的文件存储空间管理方式及磁盘调度方式。

2. 多媒体的接纳控制和实时调度

为了保证服务质量，多媒体系统通常配置接纳机制来控制同时运行的进程数量，并对这些进程采取实时调度的方式，在学习时应该对下列问题有较深入的理解：

(1) 接纳机制。多媒体的接纳机制通常采用预留资源的方式，在学习时，必须清楚了解如果没引入接纳机制，多媒体系统会出现什么问题。

(2) 多媒体实时调度。多媒体任务都是有截止时间要求的实时任务，如通常的数字电影便是作为一个软实时任务运行的。在学习时，应该较好地理解 RMS 是根据什么来确定任务的优先权的，它适合用在哪些场合；EDF 又是根据什么来确定任务的优先权的，比起 RMS 算法，EDF 算法有哪些优缺点。

3. 多媒体文件存储器分配方式和磁盘调度

除了进程调度，多媒体操作系统与传统操作系统的主要区别还体现在多媒体文件存储器的分配方式和磁盘调度上。

(1) 连续存放方式。连续分配方式的顺序访问效率是最高的，在学习时必须理解交叉连续存放方式是将哪些信息交叉后连续存放在一起的，这样做能带来什么好处，又有什么不足的地方。在近似视频点播时，连续存放方式如何改进才能获得更好的效率。

(2) 索引存放方式。索引存放方式可分为帧索引和块索引两种方式，在学习时应理解帧索引方式和块索引方式是为了解决什么问题而引入的，这两种索引方式与普通文件的索

引方式有什么不同，这两种方式之间在盘空间利用率、磁盘和缓冲管理的复杂程度、随机
存取和快进快退等方面有哪些区别。

(3) 磁盘调度。多媒体数据和常规数据的主要区别是多媒体数据有特定的速率和截止
时间的要求，体现在磁盘调度上，调度算法不仅要考虑平均寻道时间，还需要保证对截止
时间的要求。在学习时，必须理解在多媒体系统中，为什么要将 SCAN 算法和 EDF 算法
结合起来使用，如果单用其中的一种算法进行磁盘调度会有什么问题。

11.3　典型问题分析和解答

【例1】　简述多媒体文件具有哪些特点。

答：多媒体文件具有多样性、极高的数据率、实时性、集成性和交互性等特点。

(1) 多样性。一个多媒体文件中包含了多种媒体文件(如数字电影中的视频文件、多个
音频文件、多个字幕文本文件)。

(2) 极高的数据率。多媒体文件中的视频和音频数据量都非常巨大，因此需要通过数
据压缩来减少对存储器容量和传输带宽的要求。

(3) 实时性。多媒体文件播放时有特定的速率和截止时间的要求，具有较强的实时性。

(4) 集成性。多媒体文件由文本、静止图像、音频、视频等多种媒体信息集合而成，
在播放多媒体文件时，还需要系统中集成的多种不同的硬件和软件共同配合。

(5) 交互性。多媒体文件播放时，用户可以通过键盘、鼠标、触摸屏等人机交互设备
与计算机进行交互，从而达到控制各种媒体的播放以及主动地选择和接收信息的目的。

【例2】　试对多媒体系统常用的 EDF 算法和 RMS 算法进行比较。

答：EDF 算法即最早截止时间优先算法，它将 CPU 优先分配给截止时间最早的进程。
RMS 算法即速率单调调度算法，它根据进程的运行频(速)率来确定周期性进程的优先权，
将 CPU 优先分配给周期最短的，即运行频率最高的进程。它们之间的比较如下：

(1) 适用场合。RMS 算法只适合用于周期性实时任务的调度；EDF 算法不仅适用于周
期性实时任务，也适合用于非周期性实时任务的调度。

(2) 处理机的利用率。在利用 RMS 算法时，处理机的利用率存在着一个上限。它随进
程数的增加而减小，逐渐趋于最低的上限 0.693。然而对于 EDF 算法，并不存在这样严格
的限制，因而该算法可以达到 100%的处理机利用率。

(3) 算法复杂度。RMS 算法采用静态的优先权，算法比较简单。而 EDF 算法采用动
态的优先权，每次调度时都需要先计算所有进程截止时间的大小，因此 EDF 算法比 RMS
算法复杂。

【例3】　为什么说 SCAN-EDF 算法既能满足实时性要求，又可获得较好的性能？

答：SCAN-EDF 算法将多个截止时间相近的磁盘请求放在一个组中，由此可以形成若
干个组，在每一个组中再按照 SCAN 算法进行调度。由于组与组之间是按照 EDF 算法进
行调度的，因此，SCAN-EDF 算法能保证截止时间最早的那组任务优先得到 CPU，即它能
满足实时性的要求；而在每组之内，它又通过 SCAN 算法对寻道时间进行优化，所以它也
可以获得较好的性能。

11.4　习　　题

11.4.1　选择题

1. 以下选项中，(A)属于表示媒体范畴，(B)属于交换媒体范畴。

A，B：(1) 文字；(2) 图像编码；(3) 键盘；(4) 电子邮件。

2. 以下属于多媒体范畴的是(A)，它与选项中其他媒体的主要区别体现在(B)方面。

A：(1) 交互式视频游戏；(2) 报纸；(3) 彩色画报；(4) 模拟电视。

B：(1) 实时性；(2) 并发性；(3) 交互性；(4) 数据率。

3. 下列设备，不属于多媒体输入设备的是(A)。

A：(1) 数码相机；(2) 触摸屏；(3) 智能传感器；(4) 调制解调器。

4. 一幅 RGB 模式的彩色静态图像，如果大小为 256×512 像素、色彩深度为 24，则其数据量为(A)字节。

A：(1) $256 \times 512 \times 3$；(2) $256 \times 512 \times 24$；(3) $256 \times 512 \times 3 \times 24$；(4) $256 \times 512 \times 3 \times 3$。

5. 彩色电视主要有三种制式，其中(A)制式每秒包含 30 帧；其余两种制式每秒都包含 25 帧。我们国家采用的是其中的(B)制式。

A，B：(1) NTSC；(2) SECAM；(3) PAL。

6. 动态图像压缩标准为(A)，压缩后的文件中包含(B)帧和(C)帧两种帧类型，前者采用(D)算法进行了帧内压缩；后者经过帧间压缩，使其数据量更小。

A，D：(1) MPEG；(2) JPEG；(3) MP；(4) AVI。

B，C：(1) M；(2) I；(3) P；(4) A。

7. 在多媒体系统中，如果所有的实时任务均为周期性任务，而且 CPU 的利用率不高，则常采用比较简单的(A)进程调度算法；否则，则常采用(B)进程调度算法。

A，B：(1) 时间片轮转；(2) 速率单调调度；(3) 先来先服务；(4) 最早截止时间优先。

8. 如果人们愿意接受的最大等待时间为 6 分钟，那么，当采用近似点播方式时，对于一部 2 小时的 NTSC 制式电影，需要(A)个数据流；在磁盘上将(B)帧连续存放在一起可以优化寻道时间。

A：(1) 20；(2) 24；(3) 30；(4) 35。

B：(1) 0，1，2，…；(2) 0，9000，18000，…；(3) 0，10800，21600，…；
　　(4) 0，20，40，…。

9. 某个采用小盘块法存放文件的 HDTV 视频点播系统，其盘块大小为 1 KB，视频分辨率为 1280×720，数据流速率为 12 Mb/s(b/s 即 bps)，对于一部采用 NTSC 制式的 2 小时电影大约会有(A)MB 的内部碎片；如果采用 PAL 制式，则内部碎片大约为(B)MB。而采用大盘块法时，与小盘块法相比，该电影的内部碎片一般会(C)。

A，B：(1) 90；(2) 108；(3) 360；(4) 864。

C：(1) 更多；(2) 更少；(3) 差不多。

10. 采用 SCAN-EDF 调度算法时，如果分组按时间段大小为 100 ms 的方式进行，时刻 0，磁头在 50 号柱面上，并正朝柱面号增大的方向上移动，那么对下列按(截止时间，柱面号)给出的请求序列：(150，25)、(201，112)、(399，95)、(94，31)、(295，185)、(70，92)、(165，150)、(125，101)、(300，85)、(50，67)，磁盘调度的顺序按柱面号依次为(A)。

    A：(1) 67、92、31、101、25、150、112、285、85、95；
          (2) 67、85、92、95、101、112、150、185、31、25；
          (3) 67、92、31、25、101、150、185、112、95、85；
          (4) 其他顺序。

11.4.2 填空题

1. 在超文本中，文本信息的组织采用 ① 结构，将多媒体和超文本结合起来便形成了 ② 。

2. 多媒体文件中集成了多种媒体文件，故具有 ① 和 ② 的特点；多媒体文件中包含的连续媒体使得它还具有 ③ 和 ④ 的特征；除上述特征之外，它还具有 ⑤ 的特征。

3. 对多媒体数据进行数据压缩，可以显著减少它们需要占用的 ① ，另外还可以大大降低它们对 ② 的要求。

4. 静止图像的压缩标准为 ① ，动态图像的压缩标准则为 ② 。当前流行的 MP3 是采用 ③ 压缩标准中的音频压缩算法部分，该压缩算法包含 ④ 个独立的层次。

5. 常见的视频文件格式有采用无损压缩法形成的 ① 文件，采用音频和视频交错的 ② 文件，以及具有较高压缩比的 ③ 文件等。

6. 多媒体实时任务与其他任务的主要区别在于它们必须按严格的 ① 进行处理，并必须在一规定的 ② 前完成。

7. 为了避免同时运行的多媒体任务太多，而难以保证它们对截止时间的要求，多媒体系统中必须引入 ① 机制，该机制通常采用 ② 策略来保证系统的服务质量。

8. 多媒体文件服务器通常被称为 ① 服务器，因为，它获得一个多媒体文件的读取请求后，便会以一定的速率送出数据，直到用户要求终止为止；而传统的文件服务器则被称为 ② 服务器。

9. 可采用多种方式在磁盘上存放多媒体文件，其中 ① 虽然不支持对文件的随机访问，但可以使磁盘中内部碎片最少； ② 的存储空间管理最为简单； ③ 则会使缓冲管理比较简单，且能支持有限的快进快退功能。

10. 当一部电影有两个在时间上相隔很近(比如 5 秒钟)的观众时，多媒体服务器可采用 ① 技术，或者也可以通过 ② 使得两部电影 ③ 的方法来来提高系统效率。

11. 多媒体磁盘调度首先必须能够 ① ，其次还应能够 ② ； ③ 算法同时考虑了上述两个因素，故能取得较为满意的效果。

第十二章 保护与安全

本章主要讲述系统安全相关的概念和保障系统安全的基本技术，具体包括系统安全的内容、安全威胁的类型、数据加密技术、用户验证和安全攻击等内容。

12.1 基 本 内 容

12.1.1 系统安全的基本概念

计算机系统经常会受到无意或恶意的攻击，操作系统必须采用多种措施来对系统的资源加以保护，从而保证整个系统的安全性。

1. 系统安全的内容

系统安全性包括三个方面的内容，即物理安全、逻辑安全和安全管理。物理安全是指系统设备及相关设施受到物理保护，使之免遭破坏或丢失；安全管理包括各种安全管理的政策和机制；而逻辑安全则是指系统中信息资源的安全，它又包括以下三个方面：

(1) 数据机密性。数据机密性是指系统仅允许被授权的用户访问计算机系统中的信息。

(2) 数据完整性。数据完整性是指系统中所保存的信息既不会丢失，也不会被非授权用户修改，且能保持数据的一致性。

(3) 系统可用性。系统可用性是指系统中的资源随时都能供授权用户访问。

2. 系统安全威胁的类型

安全威胁是指对系统安全造成破坏的隐患，它主要有以下几种类型：

(1) 假冒。假冒是指攻击者伪装成另一合法用户，利用安全体制所允许的操作，对系统或网络进行攻击和破坏。

(2) 数据截取。数据截取是指未经核准的用户通过非正当的途径(如直接从电话线上窃听)截取网络中的文件和数据。

(3) 拒绝服务。拒绝服务是指未经主管部门许可而拒绝一些用户对系统中的资源进行访问。

(4) 修改。修改是指未经授权的用户不仅能从系统中截获信息，而且还可以修改系统中的信息。

(5) 伪造。伪造是指未经授权的用户将一些虚假信息送入计算机中，或者在文件中添加记录。

(6) 否认。否认是指用户不承认自己曾经做过的事。

(7) 中断。中断是指系统的某资源被破坏或变得不可用，如磁盘故障、通信线路被切断等。

(8) 通信量分析。通信量分析是指攻击者通过窃听手段来窃取在线路上传输的数据包，再分析数据包中的协议控制信息来了解通信者的身份、地址，或者通过分析数据包的长度和频度来了解消息的性质。

12.1.2 数据加密技术

数据加密技术包括数据加密和解密、数字签名、签名识别和数字证明书等几个方面的内容，它是保障计算机系统和网络安全的最基本、最主要的技术。

1. 数据加密技术

一般的数据加密模型如图 12.1 所示。其中，明文是指原始的数据或信息，密文是指对明文加密后得到的文本，加密(解密)算法是指用来实现从明文(密文)到密文(明文)转换的公式、规则或程序，而密钥是指加密和解密算法中的关键参数。加密和解密的过程如下：在发送端利用加密算法 E 和加密密钥 Ke 对明文 P 进行加密，得到密文 $Y = E_{ke}(P)$；密文 Y 被传送到接收端后则要利用解密算法 D 和解密密钥 Kd 进行解密，从而将密文恢复为明文 $P = D_{Kd}(Y)$。

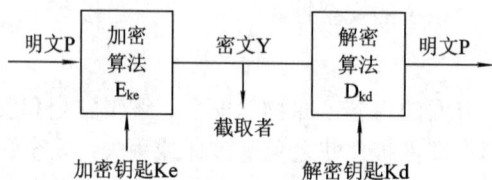

图 12.1 一般数据加密模型

目前常用的加密技术有对称加密和非对称加密两种方式。

(1) 对称加密。对称加密算法也称作保密密钥算法，其中，加密算法和解密算法之间存在着一定的相依关系，即加密和解密算法往往使用相同的密钥，或者在知道了加密密钥 Ke 后，就很容易推导出解密密钥 Kd。它具有加密速度快的优点，但密钥的分配和管理比较复杂。最有代表性的对称加密算法是数据加密标准 DES。

(2) 非对称加密。非对称加密算法也称作公开密钥算法，其中的加密密钥 Ke 和解密密钥 Kd 不同，而且难以从 Ke 推导出 Kd 来，因此，可以将其中的一个密钥公开成为公开密钥。在利用非对称加密算法进行数据加密时，发送者可利用接收者的公开密钥对数据进行加密，而接收者在接收到密文后，可使用自己的私有(保密)密钥进行解密，从而保证信息的安全性。这种方法的优点是密钥管理简单，但加密算法比较复杂。最有代表性的非对称加密算法是 RSA 算法。

2. 数字签名

数字签名可用来验证传输的文件在传输过程中是否遭到他人修改，并可确定发信人的身份。为了能够用数字签名来代替传统的签名，必须满足以下三个条件：① 接收者能够核实发送者对报文的签名；② 发送者事后不能抵赖其对报文的签名；③ 接收者无法伪造对报文的签名。

目前，常用公开密钥法实现数字签名，发送方可使用自己的私有密钥对要发送的信息进行加密，而接收方则可利用发送方的公开密钥对收到的信息进行解密。

3. 数字证明书

数字证明书相当于电子化的身份证明，证书里是一些帮助确定用户身份的信息资料，如：用户名称、发证机构名称、用户的公开密钥、公开密钥的有效日期、证明书的编号以及发证者的签名。数字证书上要有值得信赖的认证机构(CA)的数字签名，证书的作用是对人或计算机的身份及公开密钥进行验证。数字证明书即可以向一家公共的认证机构申请，也可以向自己运行有证书服务器的私人机构申请。

12.1.3　用户验证

用户验证主要是证实被认证的对象是否名符其实，它是保障计算机和网络安全的第一道防线。

1. 使用口令验证

利用口令来确认用户的身份，是当前最常用的验证方法。在口令机制中，系统通常都配置有一份口令文件，用于保存合法用户的用户名、口令和特权。每当用户要使用计算机系统时，他首先必须提供用户名和口令进行登录，只有当这两者与口令文件中的某个项相匹配时，系统才认为该用户是合法用户，并允许他进入系统。

在这种机制中，保证口令文件的安全是至关重要的。通常采用加密技术对口令文件进行加密并以密文的方式保存该文件；当用户登录时，系统将对用户输入的口令进行加密，并与口令文件中已加密的口令进行比较。

2. 基于物理标志的验证技术

当前还广泛利用人们所具有的某种物理标志来进行身份认证，如常用的磁卡和 IC 卡。可以将用户的信息记录在他所持有的磁卡或 IC 卡中，当他将卡片插入或划过卡片读写器时，读写器便将其中的数据读出，并传送到计算机中，与系统中用户信息表中的信息进行比较，若找到匹配的表项，便认为该用户是合法用户，并允许他访问系统。这种技术通常还与口令机制结合起来，每次使用卡片时先要求用户输入口令，以保证持卡者确实是卡片的主人。

3. 生物识别验证技术

利用人所具有的、难于伪造的生理标志来确认用户的身份，也是目前广泛使用的一种验证技术。每个人的指纹是唯一的，而且终身不变，因而用指纹来进行身份认证是万无一失的。指纹识别系统可通过指纹读取设备将用户的指纹图像输入到计算机系统中，并与保存在系统中的指纹进行比较，从而进行用户身份的识别。目前，指纹识别已被应用到电脑登录、身份识别和保管箱管理系统等多个方面。其他还有多种生物标志可用于身份认证，如眼纹、声音以及人脸等等。

12.1.4　安全攻击

攻击者会采取各种方法对计算机系统进行攻击，下面介绍一些常用的攻击方式，在设计操作系统时，应采取必要措施以防范类似的攻击。

1. 早期常用的攻击方式

(1) 在许多 OS 中，在进程终止而归还资源时，并不清除其中的有用信息，攻击者可请求调用许多内存页面和大量的磁盘空间或磁带，以读取其中的有用信息。

(2) 尝试利用非法系统调用或者在合法的系统调用中使用非法参数，还可能使用虽是合法的但为不合理的参数来进行系统调用，以达到搅乱系统的目的。

(3) 在登录过程中按 DEL 或者 BREAK 键等，有的系统便会封杀掉校验口令的程序，使得用户无须再输入口令便可能成功登录。

(4) 尝试许多在明文规定中不允许做的操作，以破坏系统的正常运行。

(5) 伪装成一个忘记了口令的用户，或采用其他方式，从系统管理员处骗取口令。

2. 利用程序的攻击方式

(1) 逻辑炸弹。逻辑炸弹是程序员在应用程序中秘密加入的一段破坏性代码，平时程序可正常运行，但当一个预先设定的逻辑条件满足时，便会引爆，从而造成严重的破坏。

(2) 陷阱门(trapdoor)。陷阱门是程序员在设计系统时，为了方便对程序的调试，而有意设计的、进入系统的一个隐蔽入口点。陷阱门若被怀有恶意的人使用，他便可跳过正常的验证过程进入相应的系统，构成严重的安全威胁。

(3) 缓冲区溢出。由于 C 语言编译器存在着某些漏洞，如它对数组不进行边界检查。如果某个程序调用一个函数，该函数利用一个在堆栈中分配空间的局部变量数组来接收用户的输入数据，并没有对数组边界进行检查。一旦被攻击者发现这样的漏洞，他便可以通过输入超过数组长度的大量数据，将栈中的有用信息(如函数的返回地址)覆盖掉，甚至可以通过精心计算，将他所设计的恶意软件的起始地址，覆盖在原来栈中存放的函数返回地址上，这样函数返回后就会去执行该恶意软件，造成对系统的攻击。

(4) 病毒。计算机病毒实际上是一段程序，它能把自己附加在其他程序之中，并不断地进行复制，再去感染其他程序。病毒是目前常见的一种攻击计算机系统的方式，它会通过消耗系统的空间、占用处理机的时间、破坏文件和使机器运行异常等方式危害系统。

(5) 蠕虫。蠕虫与病毒相似，也能进行自我复制，并通过网络在计算机间传播。蠕虫以与病毒类似的方式危害系统，但与病毒寄生在其他程序上不同，蠕虫是一个独立的程序。

(6) 特洛伊木马。特洛伊木马表面上是一个合法的程序，如一个游戏程序，或一个软件的"升级"版本，但该程序中嵌有危害安全的隐蔽代码。当该程序执行时会引发隐蔽代码执行，产生难于预期的后果。

(7) 登录欺骗。用一个恶意的欺骗登录程序，在屏幕上显示"Login:"，当用户被骗而输入登录名后，欺骗登录程序再要求用户输入口令，从而获取用户的登录名和口令。

(8) 移动代码。移动代码是指能在不同机器之间来回迁移的代码。当在本地执行从其他机器迁移过来的远程代码时，该远程代码便拥有本地资源的访问权限，因此，用户在执行移动代码完成相应操作时，也将承担万一它是恶意软件的风险。防范恶意的移动代码可采用沙盒法，一个沙盒是专门分配给一个不可信的移动代码的限定的虚拟地址空间区域，如果发现移动代码有跳转到盒外某个地址去运行的任何企图，系统将停止该程序的运行。另外，还可以对移动代码采用解释执行的方式，由解释器逐条检查移动代码，再决定是否执行该条代码，及是否要将它放入沙盒中来限制它的运行。

3. 病毒的预防和检测

对于病毒的威胁，最好的解决办法是预防。用户应该使用具有高安全性的操作系统，并使用从正规渠道进来的正版软件，对于来历不明的电子邮件不要轻易打开。另外，平时还必须定期对重要的软件和数据进行备份，这样即使发现病毒，也可以用备份来还原被感染的文件。

除了做好上述的预防工作外，还应当购买性能优良的反病毒软件，定期检查计算机系统。目前常用的反病毒软件中，病毒的检测方法主要有以下几种：

(1) 基于病毒数据库的检测法。这种方法先用"诱饵文件"程序采集的病毒样本建立病毒数据库，在扫描计算机上的可执行文件时，将与病毒数据库中的样本进行比较，如发现有相同的再设法将它们清除。

(2) 完整性检测法。这种方法先计算每个文件的检查和(或称校验和)，然后再计算目录中所有相关文件的检查和，将所有这些检查和都写入一个检查和文件中，如果下次检测时重新计算出的检查和与原来文件中的检查和不匹配，则表明相应文件已被病毒感染。

12.1.4 可信系统

对有些组织特别是军事部门，比起让系统拥有各种强大的功能，他们更重视系统的安全性，而建立可信系统的最佳途径是保持系统的简单性。

1. 安全模型

为了建立一个可信系统，首先需要根据系统对安全的需求和策略构建一个安全模型。目前比较常用的安全模型有访问矩阵模型和信息流控制(information flow control)模型。

(1) 访问矩阵模型。访问矩阵模型也称为保护矩阵，系统中的每一个主体(用户)都拥有矩阵中的一行，每一个客体(如程序、文件或设备)都拥有矩阵中的一列，矩阵中的交叉项用于表示某主体对某客体的存取权限集。

(2) 信息流控制模型。信息流控制模型是对访问矩阵模型的补充，它用于监管信息在系统中流通的有效路径，控制信息流从一个实体沿着安全途径流向另一实体，如被广泛使用的 Bell-La Padula 模型，它把信息分为内部级(U)、秘密级(C)、机密级(S)和绝密级(TS)四个安全等级，并对信息的流动做出了不能上读、不能下写的两项规定，另外还规定，进程可以读写对象，但不能相互直接通信，以保证模型的安全性。

2. 可信计算基 TCB(Trusted Computing Base)

可信系统的核心是最小的可信计算基 TCB，其中包含了实施所有安全规则所必须的硬件和软件。一个典型的可信计算基在硬件方面与一般计算机系统相似，只是少了些不影响安全性的 I/O 设备；TCB 中配置了 OS 最核心的功能，如进程创建、进程切换、内存映射以及部分文件管理和设备管理功能，并且 TCB 完全独立于 OS 的其余部分。

在 TCB 中还配置了一个安全核心数据库，在数据库内存放了许多与安全有关的信息，其中最主要的是描述系统的安全需求和策略的安全模型的信息。

TCB 的一个重要组成部分是访问监视器，它利用安全核心数据库中存放的访问控制文件和信息流控制文件，对每次与安全有关的系统请求(如打开文件)进行仲裁。访问监视器

具有以下特性:

(1) 完全仲裁。对每一次访问都实施安全规则,保证对主存、磁盘和磁带中数据的每一次访问,均须经由它们的控制。为了提高系统的速度,通常有一部分功能由硬件实现。

(2) 隔离。保证访问监视器和安全核心数据库的安全,任何攻击者都无法改变访问监视器的逻辑结构以及安全核心数据库中的内容。

(3) 可证实性。访问监视器的正确性必须是可证明的,即在数学上可以证明访问监视器执行了安全规定,并提供了完全仲裁和隔离。

TCB 被设计得非常小,比较容易做正确性验证,因此 TCB 软件自身是可信软件,而在此基础上建立的系统便可认为是一个可信系统。

3. 设计安全操作系统的原则

如何设计一个高安全性的 OS,是当今人们面临的一种挑战。经过长期的努力,人们提出了若干设计安全 OS 的原则。

(1) 微内核原则。采用微内核的结构来设计操作系统,易于保证内核的正确性,使其成为一个可信任计算基。

(2) 策略与机制分离原则。在设计安全内核时采用策略与机制分离原则,以减小安全内核的大小和增加系统的灵活性。

(3) 安全入口原则。为确保安全内核的安全,在安全内核与其他部分之间,只提供唯一的安全接口,凡是要进入安全内核进行访问者,都必须接受严格的安全检查。

(4) 分离原则。采用物理分离、时间分离、密码分离和逻辑分离等方法将每个用户进程与所有其他用户进程分离开,以防止共享造成的威胁。

(5) 部分硬件实现原则。软件实现较容易受到攻击和病毒的感染,因此,在安全内核中部分用硬件实现,可以增加安全性,而且还能提高处理速度。

(6) 分层设计原则。一个安全的计算机系统至少由四层组成:最低层是硬件,次低层是安全内核,第三层是 OS,最高层是用户。其中每一层又都可分为若干个层次。安全保护机制在满足要求的情况下,应力求简单一致,并将它的一部分放入到系统的安全内核中,把整个安全内核作为 OS 的底层,使其最接近硬件。

12.2 重点、难点学习提示

本章的学习目的是能初步建立起系统安全性的概念,为此,应对以下几个重点与难点问题进行认真的学习。

1. 数据加密的基本概念

当今保障计算机系统和网络安全的最基本、最主要的技术就是数据加密技术。故在学习时,应对下述问题有较深入的了解:

(1) 什么是数据加密和解密。数据加密是指通过加密算法和加密密钥将明文转变为密文,而解密则是通过解密算法和解密密钥将密文恢复为明文。在学习时,读者应对上述数据加密和解密的一般过程有较清晰的了解。

(2) 对称与非对称加密算法。根据加密算法的对称性,可将它们分为对称与非对称加密算法两类。在学习时应了解对称加密算法和非对称加密算法对密钥有何要求,它们各有什么特点,又分别适用于哪些场合,为什么在实际应用中常将这两种算法结合起来使用。

2. 数字签名

随着电子商务时代的到来,数字签名和数字证明书被广泛用于对通信(交易)双方身份的认证,以确保电子交易的安全性。在学习时,读者应了解下述问题:

(1) 什么是数字签名。在利用网络传递信息时,可将公开密钥用于数字签名来代替传统的签名,以备日后查验。在学习时应了解数字签名必须满足哪些条件方能真正替代传统的签名。

(2) 简单数字签名和保密数字签名。学习时应明白用公开密钥实现简单数字签名时,是如何进行加密和解密的,它是否能满足对数字签名的几点要求;进行保密数字签名时,又应该如何进行加密和解密。

3. 基于口令的身份认证技术

口令机制易于理解和实现,它是当前使用最广泛的一种身份验证技术。在学习时,应对下述内容有较清晰的认识和掌握:

(1) 如何利用口令来进行身份认证。在口令机制中,用户必须提供合法的用户名和口令才能使用计算机系统。在学习时应了解,系统是如何判断用户名和口令的合法性的;为了防止攻击者获取或猜出用户使用的口令,口令机制必须满足哪些基本要求。

(2) 口令文件。口令文件是用来保存合法用户的口令和与用户相联系的特权的,在学习时应了解如果口令文件的安全性得不到保障将会产生什么问题,通常可利用哪些办法来保障口令文件的安全。

4. 安全攻击

在网络高度普及的今天,病毒、蠕虫和移动代码已成为计算机系统最严重的外部威胁。为此,读者应对下述内容作较深入了解:

(1) 病毒和蠕虫。病毒和蠕虫都会自我复制、迅速传播并对计算机系统造成极大的破坏,在学习时应了解它们的特征,并了解它们通常是怎样隐藏在计算机系统中,又是如何传播出去的,用户可通过哪些方式判断系统是否感染了病毒和蠕虫。

(2) 病毒的预防和检测。通过学习应掌握预防以及检测病毒的具体方法,从而将病毒对计算机的危害降到较低的程度。

(3) 移动代码。移动代码是在本地执行的远程代码,在学习时应了解为什么移动代码会对计算机的安全构成威胁,并了解哪些方法可以防范恶意的移动代码。

12.3 典型问题分析和解答

12.3.1 数据加密技术的典型问题分析

【例1】 试比较对称加密算法和非对称加密算法。

答:可以从表 12-1 所示的几个方面比较对称加密算法和非对称加密算法。

表 12-1 对称加密算法和非对称加密算法的比较

比较内容	对称加密算法	非对称加密算法
密钥的保密性	密钥必须保密,故密钥的传递需要可靠的通道	公开密钥无需保密,可通过一般的通信环境传递;而私用密钥则无需传递
密钥的量	密钥量大,难以管理,如 N 个用户之间相互保密地传送数据,需要 N(N − 1)/2 个密钥	密钥量大大减少,N 个用户之间相互保密地传送数据,只需要 2N 个密钥
加密速度	加密速度快,故适合大量数据的加密	加密速度慢,只适合少量数据的加密
互不相识的用户之间的通信	通信双方需要共享保密的密钥,故无法满足互不相识的用户之间的保密通信	由于公开密钥是公开的,故可以满足互不相识的用户之间的保密通信
数字签名	由于密钥至少是两人共享,故难以解决对数字签名的验证问题	可以完成数字签名

【例2】 如何利用数字签名验证信息内容?

答:要利用数字签名验证信息内容和确定签名人的身份,可采用如下的方法。

(1) 发送方使用 Hash 算法为自己的任意长度的消息生成一个简短的、固定长度的消息摘要,也称作信息标记;

(2) 发送方用自己的私有密钥对摘要进行加密,将此作为自己的数字签名,并与消息原文一起发送给接收方;

(3) 接收方收到消息后,使用发送方的公开密钥对其中的数字签名进行解密,从而得到发送方消息摘要的副本;

(4) 接收方使用相同的 Hash 函数来计算接收到的消息的消息摘要;

(5) 比较两个摘要,如果两者完全相同,则可确认数字签名是正确的,即发送方的消息在发送的过程中没有发生改变。

12.3.2 用户验证的典型问题分析

【例3】 在口令机制中,应如何保证口令文件的安全性?

答:口令文件的安全性是至关重要的,为保证它的安全可采取如下的保护措施。

(1) 采用加密技术。首先,对口令文件中的口令部分必须采用加密技术进行加密后保存。当验证口令时,系统需用同样的算法对用户输入的口令进行编码,并将编码后的口令与存储在口令文件中的已加密的口令进行比较。为了防止密钥的泄漏,对口令的加密算法可采用单向加密的方式,即只能将口令的明文转换成密文,而不能将密文解密成明文。

(2) 采用强制性的保护措施。为了防止攻击者利用加密程序、采用字典攻击等方式来破译口令,还可采用强制性的保护措施,如仅允许操作系统本身访问口令文件,或者进一步强制为仅允许那些需要访问该表的系统模块访问口令文件。

12.3.3 安全攻击的典型问题分析

【例4】 病毒和蠕虫有什么异同?

答:病毒和蠕虫都是利用程序来威胁计算机系统的安全,它们都具有传染性、隐蔽性和破坏性的特点,但病毒是一段代码,需要寄生在另一个合法程序中,而蠕虫则是一个独立的程序;病毒通过宿主程序的运行而感染给更多其他的程序,蠕虫则通过自我复制而传播到其他计算机中。

【例5】 什么叫缓冲区溢出?攻击者是如何利用缓冲区溢出进行攻击的?

答:如果程序员没有对某个数据结构进行边界检查,而编译器也不对它进行边界检查,那么就可以向该数据结构填充超过其本身容量的数据,溢出的数据将覆盖在合法数据上,这种情况叫做缓冲区溢出。

攻击者可以利用缓冲区溢出进行攻击,比如,在 C 语言中进行函数调用时,会首先将函数调用的参数和函数的返回地址依次压入堆栈的栈顶;如果函数体内还定义了一个局部变量(如一个数组),则还将在堆栈栈顶位置为局部变量分配空间。攻击者通过向该数组写入超过其容量的大量数据,则这些溢出的数据将覆盖掉保存在堆栈中的函数返回地址,函数返回时,将根据栈中的内容跳转到一个随机的地方,从而引起程序崩溃;如果攻击者经过精心计算,将一段恶意代码以及该恶意代码的起始地址写到该数组中,并且使恶意代码的起始地址刚好覆盖到函数返回地址上,那么函数返回后,便会执行该恶意代码。通过程序崩溃拒绝服务,或者通过恶意代码,攻击者便可达到攻击的目的。

12.4 习 题

12.4.1 选择题

1. 对计算机系统硬件的主要威胁在(A)方面。而对软件的主要威胁既可在(B)方面,如软件被有意或无意地删除;也可在(C)方面,如生成了一份未经授权的软件副本;还可在(D)方面,如出于软件被非法更改而导致执行了一些非预想的任务。

A,B,C,D:(1) 保密性; (2) 完整性; (3) 可用性; (4) 有效性。

2. 在远程通信中的安全威胁可分为(A)和(B)两类,其中(A)包括攻击者通过搭接通信线路来截获信息和(C)等方式,对付它的最有效的方法是(D)。

A,D:(1) 主动攻击; (2) 被动攻击; (3) 远程攻击; (4) 本地攻击。

C:(1) 改变消息内容; (2) 分析通信量; (3) 拒绝服务; (4) 制造虚假消息。

D:(1) 检测和恢复; (2) 认证技术; (3) 数据加密; (4) 访问控制技术。

3. 有多种方式威胁到计算机的安全性,其中数据截取会威胁到(A);修改和假冒则还会威胁到(B),通过病毒耗尽计算机的资源则会威胁到(C)。

A,B,C:(1) 数据机密性; (2) 系统可用性; (3) 数据完整性; (4) 系统的可靠性。

4. 最基本的加密算法有两种,它们分别是(A)和(B),其他方法大多是基于这两种方法形成的。Julius Caeser 算法是一种著名的(A)算法。

A，B：(1) 易位法；(2) DES 算法；(3) Hash 算法；(4) 置换法。

5. DES 算法是一种(A)，它的密钥长度为(B)位。

A：(1) 序列加密算法；(2) 公开密钥加密算法；(3) 对称加密算法；
  (4) 数字签名算法。

B：(1) 56；(2)64；(3) 16；(4) 48。

6. 在下列关于对称和非对称加密算法的描述中选出一条错误的描述。

(1) 对称加密算法的实现速度快，因此适合大批量数据的加密。

(2) 对称加密算法的安全性将依赖于密钥的秘密性，而不是算法的秘密性。

(3) 从密钥的分配角度看，非对称加密算法比对称加密算法的密钥需求量大。

(4) 非对称加密算法比对称加密算法更适合用于数字签名。

7. A 方有一对密钥(KA 公开，KA 秘密)，B 方有一对密钥(KB 公开，KB 秘密)，A 方向 B 方发送数字签名 M，对信息 M 加密为：M'=KB 公开(KA 秘密(M))。B 方收到密文的解密方案是(A)。

A：(1) KB 公开(KA 秘密(M'))；(2) KA 公开(KA 公开(M'))；
  (3) KA 公开(KB 秘密(M'))；(4) KB 秘密(KA 秘密(M'))。

8. 数字签名不能够保证(A)。

A：(1) 接收者能够核实发送者对报文的签名；(2) 发送者事后不能抵赖对报文的签名；
  (3) 攻击者截获签名后的数据并解密；(4) 接收者不能伪造对报文的签名；
  (5) 接收者能够验证接收到的信息在传输过程中是否被他人修改过。

9. 在计算机系统和网络中，可有多种技术进行身份认证，其中口令技术是根据(A)来进行身份认证的，IC 卡是根据(B)来进行身份认证的，指纹识别技术是根据(C)来进行身份认证的。

A，B，C：(1) 用户特征；(2) 用户的拥有物；(3) 用户已知的事；(4) 用户特权。

10. 在下列方法中，(A)与文件的保护无关；在许多系统中，用户是否能对某个文件进行相应的访问，将受(B)的共同限制。

A：(1) 口令机制；(2) 数据加密技术；(3) 访问控制表；
  (4) 访问之前执行 open 操作，访问之后执行 close 操作。

B：(1) 用户的优先级和访问控制表；(2) 用户的优先级和访问权限表；
  (3) 用户优先级和文件的口令；(4) 访问控制表和访问权限表。

11. 下列攻击方式，(A)只有在程序员预先设定的某个条件满足时才会开始攻击系统；(B)能使攻击者避开正常的身份验证过程而直接进入系统；(C)寄生于某个看上去合法的程序中，但要通过用户主动下载并运行才会攻击系统。

A，B，C：(1) 逻辑炸弹；(2) 特洛伊木马；(3) 陷阱门；(4) 计算机病毒。

12. 当前最严重的外来威胁是(A)和(B)，其中(A)是一段附着在其他程序中的代码；(B)则是一个完整的程序，它们都能进行自我复制并由感染的程序和系统传播出去。

A，B：(1) 逻辑炸弹；(2) 蠕虫；(3) 陷阱门；(4) 计算机病毒。

13. 计算机感染病毒后会产生各种现象，以下不属于感染病毒的现象是(A)。

A：(1) 文件占用的空间变大；(2) 系统运行的速度异常慢；(3) 屏幕显示异常图形；

(4) 机内的电扇不转。

14. 移动代码是指(A)；防范恶意的移动代码可采用沙盒法，一个沙盒通常是(B)。

A：(1) 可以在计算机间迁移的代码；(2) 可以在内存中移动位置的代码；

(3) 可以移动内存中数据的代码；(4)可以在计算机间传递信息的代码。

B：(1) 一段专门的运行时间；(2) 一块专门的内存区域；(3) 一段虚拟地址空间区域；

(4) 一个专门的缓冲区。

12.4.2　填空题

1. 信息资源的安全包括 ① 、 ② 和 ③ 三方面的内容。

2. ① 是一种较常见的威胁数据机密性的方式，为了防止此类威胁，在用户进入系统时必须对其进行 ② ；而 ③ 和 ④ 则是常见的威胁数据完整性的方式。

3. 对称加密算法的优点是 ① ，而非对称加密算法的优点则是 ② 。

4. 为了防止口令被攻击者猜出，用户设置的口令必须 ① ，而系统则应严格限制用户输入不正确口令的 ② ；为了防止登录欺骗，用户最好经常 ③ 自己的口令。

5. 为了实现发送者 A 和接收者 B 之间的保密数字签名，发送者 A 对要发送的信息可先用 ① 、再用 ② 进行加密后再进行发送，而接收者在收到信息后，则先用 ③ 、再用 ④ 进行数据解密。

6. 逻辑炸弹的爆炸条件一般通过 ① 、 ② 和 ③ 三种方式触发。

7. 计算机病毒的主要特征是 ① 、 ② 、 ③ 和 ④ ，类似于病毒的蠕虫不具备其中的 ⑤ 特征。

8. 大多数文件型病毒将病毒代码依附在可执行文件的 ① ，并将可执行文件头部的 ② 指向病毒代码的始端。

9. 对计算机病毒的检测有多种方式，其中基于病毒数据库的病毒检测法主要是通过对可执行文件与 ① 的比较来进行；基于文件改变的病毒检测法则主要是通过检查 ② 或者 ③ 进行；而完整性检测法则是通过 ④ 的检查来进行。

10. 系统的安全策略可通过 ① 和 ② 两种模型精确描述出来。

11. 信息流控制模型中，信息的流动必须遵循 ① 和 ② 两项规定。

12. 可信系统的核心是 ① ，其最重要的组成部分是 ② ，系统由它根据 ③ 中的信息来检查每一次用户请求是否符合安全策略的要求。

附录 A 操作系统实验

A.1 操作系统用户接口实验

1. 实验目的
熟悉操作系统的命令接口、图形接口和程序接口。

2. 实验内容
(1) 熟悉开机后登录进入 UNIX 或 Linux 系统和退出系统的过程。

(2) UNIX 或 Linux 常用命令的使用，X-Window 图形化接口的使用。

(3) 用 C 语言编制一小程序，使其可通过某个系统调用来获得 OS 提供的某种服务。

3. 思考
OS 向用户提供的命令接口、图形接口和程序接口分别适用于哪些场合？

A.2 进程的控制

1. 实验目的
通过进程的创建、撤消和运行加深对进程概念和进程并发执行的理解，明确进程与程序之间的区别。

2. 实验内容

(1) 了解系统调用 fork()、exec()、exit()和 waitpid()的功能和实现过程。

(2) 编写一段程序，使用系统调用 fork()来创建两个子进程，并由父进程重复显示字符串"parent:"和自己的标识数，子进程则重复显示字符串"child:"和自己的标识数。

(3) 编写一段程序，使用系统调用 fork()来创建一个子进程。子进程通过系统调用 exec()更换自己的执行代码，新的代码显示"new program."后，调用 exit()结束。父进程则调用 waitpid()等待子进程结束，并在子进程结束后，显示子进程的标识符然后正常结束。

3. 思考

(1) 系统调用 fork()是如何创建进程的？

(2) 当首次将 CPU 调度给子进程时，其入口在哪里？

(3) 系统调用 exec()是如何更换进程的可执行代码的？

(4) 系统调用 exit()是如何终止一个进程的？

(5) 对一个应用，如果用多个进程的并发执行来实现，与单个进程来实现有什么不同？

A.3 进程间的通信

1. 实验目的

学习如何利用管道机制、消息缓冲队列、共享存储区机制进行进程间的通信，并加深对上述通信机制的理解。

2. 实验内容

(1) 了解系统调用 pipe()、msgget()、msgsnd()、msgrcv()、msgctl()、shmget()、shmat()、shmdt()、shmctl()的功能和实现过程。

(2) 编写一段程序，使其用管道来实现父子进程之间的进程通信。子进程向父进程发送自己的进程标识符，以及字符串"is sending a message to parent!"。父进程则通过管道读出子进程发来的消息，将消息显示在屏幕上，然后终止。

(3) 编写一段程序，使其用消息缓冲队列来实现 client 进程和 server 进程之间的通信。server 进程先建立一个关键字为 SVKEY(如 75)的消息队列，然后等待接收类型为 REQ (如 1)的消息；在收到请求消息后，它便显示字符串"serving for client"和接收到的 client 进程的进程标识数，表示正在为 client 进程服务；然后再向 client 进程发送一应答消息，该消息的类型是 client 进程的进程标识数，而正文则是 server 进程自己的标识数。client 进程向消息队列发送类型为 REQ 的消息(消息的正文为自己的进程标识数)以取得 server 进程的服务，并等待 server 进程发来的应答；然后显示字符串"receive reply from"和接收到的 server 进程的标识数。

(4) 编写一段程序，使其用共享存储区来实现两个进程之间的进程通信。进程 A 创建一个长度为 512 字节的共享内存，并显示写入该共享内存的数据；进程 B 将共享内存附加到自己的地址空间，并向共享内存中写入数据。

3. 思考

(1) 上述哪些通信机制提供了发送进程和接收进程之间的同步功能？这些同步是如何进行的？

(2) 上述通信机制各有什么特点，它们分别适合于何种场合？

A.4 使用动态优先权的进程调度算法的模拟

1. 实验目的

通过动态优先权算法的模拟加深对进程概念和进程调度过程的理解。

2. 实验内容

(1) 用 C 语言实现对 N 个进程采用动态优先权优先算法的进程调度；

(2) 每个用来标识进程的进程控制块 PCB 用结构来描述，包括以下字段：

- 进程标识数 id；
- 进程优先数 priority，并规定优先数越大的进程，其优先权越高；

- 进程已占用的 CPU 时间 cputime;
- 进程还需占用的 CPU 时间 alltime, 当进程运行完毕时, alltime 变为 0;
- 进程的阻塞时间 startblock, 表示当进程再运行 startblock 个时间片后, 进程将进入阻塞状态;
- 进程被阻塞的时间 blocktime, 表示已阻塞的进程再等待 blocktime 个时间片后, 将转换成就绪态;
- 进程状态 state;
- 队列指针 next, 用来将 PCB 排成队列。

(3) 优先数改变的原则:

- 进程在就绪队列中呆一个时间片, 优先数增加 1;
- 进程每运行一个时间片, 优先数减 3。

(4) 假设在调度前, 系统中有 5 个进程, 它们的初始状态如下:

ID	0	1	2	3	4
PRIORITY	9	38	30	29	0
CPUTIME	0	0	0	0	0
ALLTIME	3	3	6	3	4
STARTBLOCK	2	− 1	− 1	−1	−1
BLOCKTIME	3	0	0	0	0
STATE	READY	READY	READY	READY	READY

(5) 为了清楚地观察诸进程的调度过程, 程序应将每个时间片内的进程的情况显示出来, 参照的具体格式如下:

```
RUNNING PROG: i
READY_QUEUE: ->id1->id2
BLOCK_QUEUE: ->id3->1d4
```

===

ID	0	1	2	3	4
PRIORITY	P0	P1	P2	P3	P4
CPUTIME	C0	C1	C2	C3	C4
ALLTIME	A0	A1	A2	A3	A4
STARTBLOCK	T0	T1	T2	T3	T4
BLOCKTIME	B0	B1	B2	B3	B4
STATE	S0	S1	S2	S3	S4

3. 思考

(1) 在实际的进程调度中, 除了按调度算法选择下一个执行的进程外, 还应处理哪些工作?

(2) 为什么对进程的优先数可按上述原则进行修改?

A.5 动态分区分配方式的模拟

1. 实验目的

了解动态分区分配方式中使用的数据结构和分配算法，并进一步加深对动态分区存储管理方式及其实现过程的理解。

2. 实验内容

(1) 用 C 语言分别实现采用首次适应算法和最佳适应算法的动态分区分配过程 alloc() 和回收过程 free()。其中，空闲分区通过空闲分区链来管理；在进行内存分配时，系统优先使用空闲区低端的空间。

(2) 假设初始状态下可用的内存空间为 640 KB，并有下列的请求序列：

- 作业 1 申请 130 KB
- 作业 2 申请 60 KB
- 作业 3 申请 100 KB
- 作业 2 释放 60 KB
- 作业 4 申请 200 KB
- 作业 3 释放 100 KB
- 作业 1 释放 130 KB
- 作业 5 申请 140 KB
- 作业 6 申请 60 KB
- 作业 7 申请 50 KB
- 作业 6 释放 60 KB

请分别采用首次适应算法和最佳适应算法进行内存块的分配和回收，要求每次分配和回收后显示出空闲内存分区链的情况。

3. 思考

(1) 采用首次适应算法和最佳适应算法对内存的分配和回收速度有什么不同的影响？

(2) 如何解决因碎片而造成内存分配速度降低的问题？

A.6 请求调页存储管理方式的模拟

1. 实验目的

通过对页面、页表、地址转换和页面置换过程的模拟，加深对请求调页系统的原理和实现过程的理解。

2. 实验内容

(1) 假设每个页面中可存放 10 条指令，分配给一作业的内存块数为 4。

(2) 用 C 语言模拟一作业的执行过程，该作业共有 320 条指令，即它的地址空间为 32 页，目前它的所有页都还未调入内存。在模拟过程中，如果所访问的指令已在内存，则显示其物理地址，并转下一条指令。如果所访问的指令还未装入内存，则发生缺页，此时须记录缺页的次数，并将相应页调入内存；如果 4 个内存块中均已装入该作业，则需进行页面置换；最后显示其物理地址，并转下一条指令。在所有 320 条指令执行完毕后，请计算并显示作业运行过程中发生的缺页率。

(3) 置换算法请分别考虑 OPT、FIFO 和 LRU 算法。

(4) 作业中指令的访问次序按下述原则生成：

- 50%的指令是顺序执行的；
- 25%的指令是均匀分布在前地址部分；
- 25%的指令是均匀分布在后地址部分。

具体的实施办法是：

① 在[0，319]之间随机选取一条起始执行指令，其序号为 m；

② 顺序执行下一条指令，即序号为 m + 1 的指令；

③ 通过随机数，跳转到前地址部分[0，m − 1]中的某条指令处，其序号为 m_1；

④ 顺序执行下一条指令，即序号为 $m_1 + 1$ 的指令；

⑤ 通过随机数，跳转到后地址部分[$m_1 + 2$，319]中的某条指令处，其序号为 m_2；

⑥ 顺序执行下一条指令，即序号为 $m_2 + 1$ 的指令；

⑦ 重复跳转到前地址部分、顺序执行、跳转到后地址部分、顺序执行的过程，直至执行 320 条指令。

3. 思考

(1) 如果增加分配给作业的内存块数，将会对作业运行过程中的缺页率产生什么影响？

(2) 为什么一般情况下，LRU 具有比 FIFO 更好的性能？

A.7　简单文件系统的实现

1. 实验目的

通过具体的文件存储空间的管理、文件的物理结构、目录结构和文件操作的实现，加深对文件系统内部功能和实现过程的理解。

2. 实验内容

(1) 在内存中开辟一个虚拟磁盘空间作为文件存储器，在其上实现一个简单的单用户文件系统。在退出这个简单的文件系统时，应将该虚拟文件系统保存到磁盘上，以便下次可以再将它恢复到内存的虚拟磁盘空间中。

(2) 文件存储空间的分配可采用显式链接分配或其他的办法。

(3) 空闲空间的管理可选择位示图或其他的办法。如果采用位示图来管理文件存储空间，并采用显式链接分配方式，那么可以将位示图合并到 FAT 中。

(4) 文件目录结构采用多级目录结构。为了简单起见，可以不使用索引结点，其中的每个目录项应包含文件名、物理地址、长度等信息，还可以通过目录项实现对文件的读和写的保护。

(5) 要求提供以下有关的操作：

• format：对文件存储器进行格式化，即按照文件系统的结构对虚拟磁盘空间进行布局，并在其上创建根目录以及用于管理文件存储空间等的数据结构；

• mkdir：用于创建子目录；
• rmdir：用于删除子目录；
• ls：用于显示目录；
• cd：用于更改当前目录；
• create：用于创建文件；
• open：用于打开文件；
• close：用于关闭文件；
• write：用于写文件；
• read：用于读文件；
• rm：用于删除文件。

3. 思考

(1) 如果引入磁盘索引结点，上述实现过程需要作哪些修改？
(2) 如果设计的是一个多用户文件系统，则又要进行哪些扩充？

附录B 习题答案

B.1 操作系统引论

一、选择题

1. A: (2) 提高系统资源的利用率；B: (3) 资源；C: (4) 处理机；D: (1) 存储器。

2. A: (2) 分时操作系统；B: (1) 批处理操作系统；C: (3) 实时操作系统；
   D: (4) 微机操作系统。

3. A: (2) 系统软件；B: (2) 与硬件相关并与应用无关；
   C: (4) 高级程序设计语言的编译。

4. A: (3) 系统调用。

5. A: (4) 利用率；B: (1) 更大的内存。

6. A: (2) 提高系统资源利用率；B: (3) 方便用户
   C: (2) 计算机硬件的不断更新换代。

7. A: (2) 交互性和响应时间；B: (3) 周转时间和系统吞吐量；
   C: (4) 实时性和可靠性。

8. A: (4) 计算型和 I/O 型均衡的；B: (1) 周转时间。

9. (1) 对批处理作业，必须提供相应的作业控制信息。

10. A: (4) 用户所能接受的等待时间；B: (5) 控制对象所能接受的时延。

11. A: (4) 能在一较短的时间内，使所有用户程序都得到运行；B: (2) 20 ms。

12. A: (2) 专用服务程序；B: (4) 多方面的服务。

13. A: (3) 规定时间；B: (2) 资源利用率。

14. A: (2) 民航售票系统；B: (5) 火箭飞行控制系统。

15. A: (1) 配置实时操作系统；B: (2) 配置批处理操作系统；
    C: (3) 配置分时操作系统；D: (1) 配置实时操作系统；
    E: (4) 配置网络操作系统。

16. (3) 并发性是指若干事件在同一时间间隔内发生。

17. A: (3) 进程与进程。

18. (2) 便于由多人分工编制大型程序；(3) 便于软件功能扩充；
    (6) 只要模块接口不变，各模块内部实现细节的修改，不会影响别的模块；
    (7) 使程序易于理解，也利于排错；
    (8) 模块间的单向调用关系，形成了模块的层次式结构。

19. A: (4) 微内核；B: (2) 中断处理。

20. A: (2) 提高了 OS 的运行效率。

21. A：(1) CP/M；B：(2) MS-DOS。

22. A：(1) 单用户单任务；B：(2) 单用户多任务；C：(4) 多用户多任务；
D：(2) Microsoft 公司。

23. A：Bell 实验室；B：(4) 多用户多任务。

24. A：(4) 多用户多任务；B：(3) Linus Torvalds；
C：(2) Linux 可以自由修改和发布。

二、填空题

1. ① 提高资源利用率；② 方便用户。

2. ① 人机矛盾；② CPU 与 I/O 设备速度不匹配。

3. ① 宏观上同时运行；② 微观上交替运行。

4. ① 并发；② 资源共享；③ 虚拟性，异步性。

5. ① 处理机管理；② 存储器管理；③ 设备管理；④ 文件管理；⑤ 友好的用户接口。

6. ① 系统安全；② 网路；③ 多媒体。

7. ① 批处理系统；② 分时系统；③ 实时系统。

8. ① 资源利用率高；② 系统吞吐量大；③ 无交互作用能力；④ 作业平均周转时间长。

9. ① 人机交互；② 时间片；③ 时间片轮转。

10. ① 多路性；② 独立性；③ 交互性；④ 及时性。

11. ① 并发；② 并行。

12. ① 实时信息处理系统；② 实时控制系统；③ 实时信息处理系统；
④ 实时控制系统。

13. ① 资源利用率。

14. ① 客户机/服务器；② 面向对象程序设计。

B.2　进程的描述与控制

一、选择题

1. A：(5) 程序段；B：(6) 数据段；C：(2) PCB。

2. A：(4) 前者为动态的，后者为静态的。

3. A：(3) 就绪；B：(4) 执行；C：(2) 阻塞。

4. A：(2) 阻塞；B：(3) 就绪；C：(4) 执行。

5. A：(3) 唤醒；B：(2) 阻塞到就绪。

6. A：(3) 就绪→阻塞；B：(5) 阻塞→执行。

7. A：(2) 4；B：(2) 4。

8. A：(4) 活动就绪；B：(3) 静止就绪；C：(3) 静止就绪；D：(1) 静止阻塞。

9. A：(2) suspend；B：(4) block；C：(3) active；D：(5) wakeup。

10. A：(2) 进程的就绪、阻塞、执行等基本状态；
B：(5) 保存在堆栈中的函数参数、函数返回地址。

11. A：(4) 完整的程序代码。

12. A：(1) 屏蔽所有中断；B：(3) 设置时钟的值；C：(5) 停机；
    D：(3) 访管指令或中断。

13. A：(2) 用户登录；B：(2) 作业调度；C：(4) 提供服务；D：(3) 为进程分配 CPU。

14. (5) 临界区是指进程中访问临界资源的那段代码。

15. (3) 进程 A 的执行能被中断，而且只要 B 进程就绪，就可以将 CPU 调度给 B
    进程。

16. A：(3) 整型信号量；B：(4) 互斥；C：(1) 同步。

17. A：(3) 减 1；B：(2) 小于 0；C：(2) 加 1；D：(4) 小于等于 0。

18. A：(4) 4；B：(1) 1。

19. A：(3) 1；B：(3) 1~−9；C：(2) 3。

20. A：(2) 1；B：(1) 0；C：(5) +n。

21. A：(3) wait(empty)；B：(1) wait(mutex)；C：(2) signal(mutex)；D：(4) signal(full)；
    E：(5) wait(full)；F：(6) signal(empty)

22. A：(2) receiver；B：(4) message；C：(1) sender。

23. A：(4) 非实时通信；B：(3) 信箱；C：(2) 实时通信；D：(5) 屏幕；
    E：(5) 管道通信。

24. A：(1) signal(a)；B：(2) signal(b)；C：(4) signal(c)；D：(3) wait(c)。

25. A：(3) 50%；B：(7) 90%。

26. (3) 当进程由执行状态变为就绪状态时，CPU 现场信息必须被保存在 PCB。

27. (3) 信号量的初值不能为负数；
    (4) 线程是 CPU 调度的基本单位，但不是资源分配的基本单位；
    (6) 管程每次只允许一个进程进入；(7) wait、signal 操作可以解决一切互斥问题。

28. A(2) 进程； B：(3) 线程。

二、填空题

1. ① 封闭性；② 可再现性。

2. ① 共享资源；② 相互合作；③ 间断性或异步性。

3. ① 间断性；② 失去封闭性；③ 不可再现性。

4. ① 使程序能正确地并发执行，以提高资源利用率和系统吞吐量；
   ② 减少并发执行的开销，提高程序执行的并发程度。

5. ① 进程控制块(PCB)；② 程序段；③ 数据段；④ PCB。

6. ① 动态性；② 并发性；③ 独立特征；④ 异步性。

7. ① 动态性；② 创建；③ 调度；④ 撤销(终止)。

8. ① 提高资源利用率；② 增加系统吞吐量。

9. ① 就绪；② 阻塞；③ 静止就绪。

10. ① 挂起；② 静止就绪；③ 激活；④ 活动就绪。

11. ① 4；② 4；③ 5；④ 5。

12. ① 用户态；② 系统态。

13. ① 执行次序。

14. ① 空闲让进；② 忙则等待；③ 有限等待；④ 让权等待。

15. ① 可用的临界资源数量；② 申请一个临界资源；③ 减 1；④ 小于 0。

16. ① 释放一个临界资源；② 加 1；③ 仍有请求该资源的进程被阻塞；
    ④ 唤醒相应阻塞队列中的首进程。

17. ① 临界区；② wait 操作；③ signal 操作。

18. ① 临界资源；② 互斥；③ 进入区；④ 退出区。

19. ① 管道通信；② 共享存储器；③ 消息系统；④ 客户机-服务器系统。

20. ① 套接字；② 远程过程调用；③ 远程方法调用。

21. ① 消息队列首指针 mq；② 消息队列互斥信号量 mutex；
    ③ 消息队列资源信号量 Sm。

22. ① 进程；② 线程。

23. ① 进程；② 线程。

24. ① 线程基本不拥有资源。

B.3　处理机调度与死锁

一、选择题

1. A：(3) 进程调度；B：(2) 作业调度；C：(4) 中级调度；D：(5) 多处理机调度。

2. A：(3) 截止时间的保证；B：(1) 响应时间快；C：(2) 平均周转时间短；
   D：(4) 优先权高的作业能获得优先服务。

3. A：(3) 后备；B：(2) 周转时间；C：(4) 时间片轮转。

4. A：(3) FCFS 调度算法；B：(2) 时间片轮转法。

5. A：(2) 短作业优先；B：(5) 基于优先权的剥夺调度算法；C：(3) 时间片轮转法；
   D：(6) 高响应比优先；E：(4) 多级反馈队列调度算法；F：(2) 短作业优先。

6. A：(3) 抢占式静态优先权优先算法。

7. A：(1) 进程的时间片用完。

8. A：(4) 有新进程进入就绪队列。

9. (6) 在动态优先权时，随着进程执行时间的增加，其优先权降低。

10. A：(2) %3；B：(3) 不变。

11. A：(4) 截止时间最早的进程；B：(1) 松弛度最低的进程。

12. A：(3) 高优先级进程被低优先级进程延迟或阻塞。

13. A：(5) 若干进程等待被其他进程所占用而又不可能被释放的资源；
    B：(2) 系统资源不足；C：(1) 进程推进顺序不当；D：(3) 请求和保持条件；
    E：(2) 环路条件。

14. A：(1) 可被抢占的资源。

15. A：(4) m = 4，n = 2，w = 3。

16. A：(2) 资源有序分配法；B：(1) 银行家算法。

17. A：(4) 互斥使用资源。

18. A：(2) 一次性分配策略；B：(3) 资源有序分配策略。
19. A：(2) 不大于 6。
20. (4) 安全状态是没有死锁的状态，非安全状态是可能有死锁的状态。

二、填空题

1. ① 作业调度；
   ② 按照一定的算法从外存的后备队列中选若干作业进入内存，并为它们创建进程；
   ③ 进程调度；④ 按一定算法从就绪队列中选一个进程投入执行。
2. ① 接纳多少个作业；② 接纳哪些作业。
3. ① 保存 CPU 现场；② 按某种算法选择一个就绪进程；
   ③ 把 CPU 分配给新进程；④ 抢占调度；⑤ 非抢占调度。
4. ① 时间片原则；② 短作业优先；③ 优先权原则。
5. ① 引起调度的因素；② 调度算法的选择；③ 就绪队列的组织。
6. ① 短作业(进程)优先；② 立即抢占的高优先权优先；③ 时间片轮转。
7. ① 系统开销增大；② 略大于一次典型的交互所需要的时间。
8. ① 随着进程等待时间的增加而提高其优先权；
   ② 随着进程运行时间的增加而降低其优先权。
9. ① 运行时间；② 等待时间。
10. ① 竞争资源；② 进程推进顺序非法。
11. ① 互斥条件；② 请求与保持条件；③ 不剥夺条件；④ 环路等待条件。
12. ① 互斥；② 请求与保持；③ 环路等待。
13. ① 安全性；② 不安全状态；③ 等待。
14. ① 预防死锁；② 避免死锁。
15. ① 不可完全简化。
16. ① 撤消进程；② 剥夺资源。

B.4 存储器管理

一、选择题

1. (2) 内存分配最基本的任务是为每道程序分配内存空间，其所追求的主要目标是提高存储空间的利用率。(5) 地址映射是指将程序空间中的逻辑地址变为内存空间的物理地址。
2. A：(2) 内存保护，B：(3) 地址映射。
3. A：(2) 装入过程；B：(4) 执行过程。
4. A：(2) 修改为 1000 和装入该进程的内存起始地址之和；B：(1) 仍然为 1000。
5. A：(5) 装入程序之前；B：(2) 装入某段程序时；C：(3) 调用某段程序时；
   D：(1) 分段存储管理。
6. A：(2) 动态重定位。
7. A：(1) 提高内存利用率；B：(3) 满足用户需要；

C：(5) 既满足用户要求，又提高内存利用率。

8. A：(3) 首次适应算法；B：(4) 循环首次适应算法；C：(1) 最佳适应算法。

9. A：(1) 空闲区地址递增；B：(3) 空闲区大小递增；C：(4) 空闲区大小递减。

10. A：(1) 60 KB；B：(3) 270 KB；C：(4) 390 KB。

11. A：(2) 9 MB；B：(3) 10 MB。

12. A：(3) 两个大小均为 2^k B 的相邻空闲分区，且前一个分区的起始地址是 2^{k+1} B 的倍数。

13. A：(3) 以 F1 分区的表项为新表项，但修改新表项的大小；
    B：(4) 以 F2 分区的表项作为新表项，同时修改新表项的大小和始址；
    C：(1) 为回收区建立一分区表项，填上分区的大小和始址；
    D：(5) 以 F1 分区的表项为新表项，但修改新表项的大小，并且还要删除 F2 所对应的表项。

14. A：(1) 在整个系统中设置一个重定位寄存器；B：(2) 有效地址；
    C：(4) 起始地址；D：(1) 物理地址。

15. A：(4) 提高换入换出速度；B：(2) 提高存储空间的利用率。

16. A：(2) 物理块；B：(1) 硬件。

17. A：(1) 一维；B：(2) 二维；C：(2) 二维。

18. A：(2) 2；B：(2) 2；C：(3) 3。

19. A：(3) 每个进程一张段表，每个段一张页表。

20. A：(4) 固定分区；B：(2) 页式。

21. A：(2) 页式和段页式；B：(3) 动态分区方式和段式。

二、填空题

1. ① 内存分配；② 内存保护；③ 对换；④ 内存扩充(或虚拟存储器)。
2. ① 绝对装入方式；② 可重定位装入方式；③ 动态运行时装入方式。
3. ① 静态链接；② 装入时动态链接；③ 运行时动态链接。
4. ① 静态重定位；② 动态重定位。
5. ① 地址空间；② 逻辑地址；③ 内存空间；④ 物理地址。
6. ① 逻辑；② 物理。
7. ① 地址递增；② 空闲区大小递增。
8. ① 紧凑；② 动态重定位。
9. ① $x + 2^k - [(x / 2^k)\%2)] *2^{k+1}$(其中"%2"表示除以 2 然后取余数)。
10. ① 对换空间的管理；② 进程换入；③ 进程换出。
11. ① 减少块内碎片；② 页表太长；③ 页表长度；④ 块内碎片增大。
12. ① 页号；② 物理块号。
13. ① 执行；② 页表长度；③ 页表始址；④ 它们的 PCB。
14. ① 便于编程；② 分段共享；③ 分段保护；④ 动态链接。
15. ① 物理块号；② 段的内存基址；③ 段长。

16. ① 机器硬件；② 一；③ 程序员；④ 二。

17. ① 页表起始地址；② 块号；③ 指令或数据。

B.5 虚 拟 存 储 器

一、选择题

1. A：(4) 虚拟存储器。

2. (1) 要求作业在运行前，必须全部装入内存，且在运行过程中也必须一直驻留内存。

3. A：(2) 多次性；B：(5) 局部性原理；C：(3) 请求调页(段)。

4. A：(2) 程序执行时对主存的访问是不均匀的；B：(6) 空间的局部性；

   C：(1) 最近被访问的单元，很可能在不久的将来还要被访问；

   D：(2) 最近被访问的单元，很可能它附近的单元也即将被访问；

   E：(3) 工作集理论。

5. A：(4) 扩充主存容量；B：(1) 可变分区管理。

6. (2) 在请求段页式系统中，以段为单位管理用户的虚空间，以页为单位管理内存空间。

   (6) 由于有了虚拟存储器，于是允许用户使用比内存更大的地址空间。

7. A：(4) 计算机的地址结构；B：(3) 内存和硬盘容量之和。

8. A：(3) 程序访问；B：(4) 换出页面；C：(2) 置换算法；D：(5) 调入页面。

9. A：(3) 越界中断；B：(4) 缺页中断；C：(2) 被中断的那一条。

10. A：(3) 固定分配；B：(4) 可变分配。

11. A：(1) FIFO 算法；B：(2) OPT 算法；C：(3) LRU 算法；D：(5) LFU 算法。

12. A：(2) FIFO；

    B：(2) 当分配到的内存块数增加时，缺页中断的次数有可能反而增加。

13. A：(2) 文件区；B：(3) 对换区；C：(4) 页面缓冲池。

14. A：(5) 125C(H)；B：(1) 页失效；C：(3) 软硬件结合；D：(4) 高速缓冲存储器；

    E：(3) 动态地址翻译。

15. (2) 分段的尺寸受内存空间的限制，但作业总的尺寸不受内存空间的限制。

16. A：(2) 被调出的页面又立刻需要被调入所形成的频繁调入调出现象；

    B：(1) 置换算法选择不当。

17. A：(1) 最高特权环；B：(4) 最低特权环；C：(4) 相同和较低特权环；

    D：(5) 相同和较高特权环。

18. A：(4) 减少运行的进程数；B：(1) 加内存条，增加物理空间容量。

19. A：(3) 请求分页

20. A：(3) 伙伴系统。

二、填空题

1. ① 逻辑地址越界；② 缺页；③ 访问权限错误。

2. ① 多次性；② 对换性；③ 请求调页(段)；④ 页(段)置换。

3. ① 页表机制；② 地址变换机构；③ 缺页中断机构。

4. ① 状态位；② 访问字段；③ 修改位；④ 外存地址。

5. ① 最佳；② 最近最久未用；③ 最近未用；④ 最少使用；⑤ 页面缓冲。

6. ① FIFO；② 空闲页面；③ 修改页面；④ 换进/换出而读写磁盘。

7. ① 预调页；② 请求调页。

8. ① 抖动；② 置换算法选用不当。

9. ① 越界检查；② 存取控制。

10. ① 段表寄存器；② 段表长度；③ 段号；④ 段长；⑤ 段内地址。

11. ① 共享段表；② 共享进程计数；③ 段在内存的起始地址；
④ 段长；⑤ 每个进程。

12. ① 越界检查；② 存取控制权限检查；③ 环保护机构。

13. ① 相同环或较低特权；② 相同环或较高特权。

14. ① 实模式；② 保护模式。

15. ① 局部描述符表 LDT；② 全局描述符表 GDT。

16. ① 两；② 页目录。

B.6　输入输出系统

一、选择题

1. (2) 通道控制控制器，设备在控制器控制下工作。

2. (2) 共享设备必须是可寻址的和随机访问的设备。

3. A：(3) 处理机；B：(1) 执行 I/O 指令集；C：(3) I/O 指令和 I/O 中断。

4. A：(3) 减少主机对 I/O 控制的干预；B：(2) 缓冲管理；C：(3) 设备独立性。

5. A：(3) 块设备；B：(4) 固定长数据块；C：(3) DMA；D：(2) 程序中断。

6. A：(1) 输出缓冲区已空。

7. A：(3) 0.8 ms；B：(2) 0.1 ms。

8. A：(3) 150 μs；B：(2) 100 μs。

9. A：(2) 并行操作；B：(1) 缓冲池。

10. A：(3) wait(RS[type])；B：(1) wait(MS[type])；C：(2) signal(MS[type])；
D：(4) signal(RS[type])。

11. (2) 设备独立性是指用户程序独立于具体使用的物理设备的一种特性。

12. A：(3) 用户程序；B：(4) 物理设备。

13. A：(1) 整个系统；B：(2) 每个用户(进程)。

14. A：(1) 设备控制表；B：(3) 系统设备表；C：(3) 逻辑设备表。

15. (3) 虚拟设备是指把一个物理设备变换成多个对应的逻辑设备。

16. A：(2) 磁盘；B：(3) 磁盘；C：(3) 外围控制机；D：(3) 外围控制机。

17. (8) SPOOLing 系统实现了对 I/O 设备的虚拟，只要输入设备空闲，SPOOLing 可预
先将输入数据从设备传送到输入井中供用户程序随时读取。

(9) 在 SPOOLing 系统中，用户程序可随时将输出数据送到输出井中，待输出设备
空闲时再执行数据输出操作。

234◀ 《计算机操作系统(第四版)》学习指导与题解

18. (3) 同一用户所使用的 I/O 设备也可以并行工作。

19. (4) 对于一台多用户机，配置了相同的 8 个终端，此时可只配置一个由多个终端共享的驱动程序。

20. A：(1) SSTF；B：(3) SCAN；C：(5) FSCAN。

二、填空题

1. ① 中断驱动方式；② DMA 控制方式。

2. ① I/O 设备；② 内存；③ 内存地址；④ 数据缓冲。

3. ① CPU；② I/O 设备；③ CPU；④ I/O 设备。

4. ① 缓冲首部；② 缓冲体。

5. ① 用户层软件；② 设备独立性软件；③ 设备驱动程序；④ I/O 中断处理程序。

6. ① I/O 设备的特性；② 2。

7. ① 设备控制表；② 系统设备表；③ 控制器控制表；④ 通道控制表。

8. ① 设备的固有属性；② 设备的分配算法；③ 设备分配中的安全性。

9. ① 逻辑设备表 LUT；② 逻辑设备名；③ 物理设备名；④ 设备驱动程序入口地址。

10. ① 输入井；② 输出井；③ 输入缓冲区；④ 输出缓冲区；⑤ 输入进程；⑥ 输出进程。

11. ① 空闲缓冲区；② 要打印的数据；③ 用户打印请求表；④ 用户的打印要求；⑤ 假脱机文件。

12. ① 寻道时间；② 旋转延迟时间；③ 数据传输时间；④ 寻道时间；⑤ 使磁盘的平均寻道时间最短。

13. ① 最短寻道时间优先(SSTF)；② 饥饿；③ 电梯调度(SCAN)。

B.7　文　件　管　理

一、选择题

1. A：(1) 按名存取；B：(2) 目录管理；C：(4) 提高对文件的存取速度。

2. A：(2) 数据项；B：(3) 记录；C：(4) 文件。

3. A：(5) 记录式文件；B：(6) 流式文件。

4. A：(4) FCB；B：(3) 该文件的上级目录的数据盘块。

5. A：(4) 目录；B：(2) 多级目录；C：(1) FCB；D：(5) 文件名和索引结点指针。

6. A：(3) 100。

7. A：(4) 文件控制块的物理位置；B：(4) 文件名。

8. A：(2) 文件路径名；B：(4) 用户文件描述符；C：(1) 把指定文件的目录复制到内存指定的区域。

9. A：(2) 系统中无指定文件名；B：(5) 找到了指定文件；C：(1) 发生了冲突。

10. (3) 在顺序检索法的查找过程中，只要有一个文件分量名未能找到，便应停止查找。

11. A：(4) root；B：(1) usr；C：(5) Lee；D：(2) test；E：(3) report。

12. (4) 将这个文件链接到 Wang 目录下，但不能使用原来的文件名。

13. A：(2) 2，1，2。
14. A：(2) 失效。
15. A：(2) 置用户文件描述符表项为空；
    B：(3) 使用户文件描述符表项和文件表项皆为空；C：(1) 关闭文件。
16. A：(4) 创建新文件；B：(5) 重写文件；C：(1) 出错。
17. A：(5) 所有权；B：(2) 拷贝权；C：(3) 控制权。
18. A：(3) 访问控制表；B：(2) 文件控制块；C：(1) 访问权限表；
    D：(3) 既减少访问矩阵的空间开销，又降低访问该矩阵的时间开销。

二、填空题

1. ① 文件存储空间的管理；② 目录管理；③ 文件的读/写管理；
   ④ 文件的共享和保护。
2. ① 字符流式；② 记录式；③ 字符流式。
3. ① 数据项；② 记录；③ 文件。
4. ① 某个属性；② 某方面(相对完整)的属性；③ 一个实体集(即群体)。
5. ① 对象及其属性；② 对对象进行操纵和管理的软件集合；③ 用户接口。
6. ① 顺序访问；② 随即访问。
7. ① 文件控制块 FCB；② 目录项；③ 磁盘索引结点。
8. ① 按名存取(文件名到物理地址的转换)；② 文件名；③ 文件的物理地址。
9. ① 按名存取；② 检索速度；③ 共享文件；④ 文件重名。
10. ① 子目录文件；② 数据文件。
11. ① 路径名的第一个分量名；② 根目录/当前工作目录；③ FCB/索引结点指针。
12. ① 文件保护；② 文件共享。
13. ① 一个磁盘索引结点；② 一个(或多个)目录项；
    ③ 若干个存放文件内容的磁盘块。
14. ① 打开；② FCB/索引结点；③ 用户；④ 指定文件；⑤ 文件描述符。

B.8　磁盘存储器的管理

一、选择题

1. A：(3) 1.8 KB；B：(4) 250 KB。
2. (1) 一个文件在同一系统中、不同的存储介质上的拷贝，应采用同一种物理结构。
3. (3) 顺序文件必须采用连续分配方式，而链接文件和索引文件则可采用离散分配方式。
4. (1) 在索引文件中，索引表的每个表项中含有相应记录的关键字和该记录的物理地址。
   (2) 对顺序文件进行检索时，首先从 FCB 中读出文件的第一个盘块号；而对索引文件进行检索时，应先从 FCB 中读出文件索引表的始址。
5. A：(5) 位示图；B：(2) 文件分配表。
6. A：(1) 顺序文件；B：(2) 隐式链接文件；C：(5) 直接文件。
7. A：(2) 文件分配表；B：(4) 成组链接法；C：(3) 位示图。

8. A：(3) 132；B：(2) 318；C：(5) 17；D：(2) 4。

9. A：(3) 内存；B：(2) 提高磁盘 I/O 的速度。

10. (3) 对随机访问的文件，可通过提前读提高对数据的访问速度。

11. A：(1) 在磁盘上设置多个分区；B：(3) 磁盘高速缓存。

12. A：(4) 两台磁盘驱动器；B：(3) 两台磁盘控制器。

二、填空题

1. ① 顺序结构；② 链接结构；③ 索引结构；④ 顺序结构；⑤ 索引结构。

2. ① 连续；② 首个物理块的块号；③ 文件长度。

3. ① 离散；② 链接指针；③ 显式。

4. ① 离散；② 索引；③ 逻辑块号；④ 对应的物理块块号。

5. ① 索引结点的直接地址项；② 一次间址；③ 索引结点的一次间址项；
④ 二次间址。

6. ① 空闲盘块；② 空闲盘区。

7. ① 盘块数；② 所有的盘块号；③ 最后一个；④ 超级块的空闲盘块号栈。

8. ① 双份目录；② 双份文件分配表；③ 热修复重定向；④ 写后读校验。

9. ① 磁盘驱动器和磁盘控制器；② 磁盘镜像；③ 磁盘双工。

10. ① 双机热备份；② 双机互为备份；③ 公用磁盘。

11. ① 目录；② 目录项；③ 链接计数。

B.9　操作系统接口

一、选择题

1. A：(2) 联机命令接口；B：(4) 图形用户接口；C：(3) 系统调用接口；
D：(1) 脱机用户接口。

2. A：(4) 输出重定向；B：(2) 输入重定向；C：(1) 管道(线)。

3. (4) 在有的计算机中，从键盘送出的是键码，此时应采用某种转换机构，将键码转
换为 ASCII 码。

4. (3) 联机用户接口包括一组键盘命令、终端处理程序及命令解释程序三个部分。

5. (4) 该接口是作业控制语言。

6. (3) Shell 命令就是由 Shell 实现的命令，它们的代码包含在 Shell 内部。

7. A：(3) int 指令；B：(2) 用户态；C：(1) 核心态；
D：(4) P 进程或其他用户进程。

8. (2) 用户程序→系统调用处理程序→设备驱动程序→中断处理程序。

9. A：(1) 相同的；B：(2) 不同的。

二、填空题

1. ① 程序接口；② 系统调用。

2. ① 命令接口；② 联机命令接口；③ 脱机命令接口。

3. ① 终端处理程序；② 命令解释程序；③ 一组联机命令。

4. ① 面向字符方式；② 面向行方式。

5. ① 终端键盘；② 屏幕；③ 软件。

6. ① 命令解释程序；② 最高；③ 解释并执行终端命令。

7. ① 注册；② 登录。

8. ① 窗口；② 图标；③ 菜单；④ 指点设备(如鼠标)。

9. ① 寄存器；② 参数表；③ 陷入指令自带参数。

B.10　多处理机操作系统

一、选择题

1. A：(2) 紧密耦合 MPS；B：(4) 高速缓存或私有存储器。

2. A：(3) 分布的；B：(1) 本地存储器；C：(3) 其他节点的存储器；
   D：(3) 扩展能力更强。

3. A：(1) 主从式操作系统；B：(3) 浮动监督式操作系统；
   C：(2) 独立监督式操作系统。

4. A：(2) 二进制指数补偿算法；B：(3) 待锁 CPU 等待队列机构。

5. A：(2) 自调度；B：(4) 成组调度；C：(3) 专用处理器分配；D：(1) 动态调度。

6. A：(4) 网络层；B：(2) 表示层。

7. A：(1) 比特；B：(3) 帧；C：(2) 数据报。

8. A：(3) TCP 是面向连接的协议，UDP 是面向无连接的协议，且 TCP 的数据服务更可靠。

9. A：(2) 访问效率更高。

10. A：(4) 以上全部特征。

11. A：(4) 既不符合位置透明性，又不符合移动透明性。

二、填空题

1. ① 对称多处理机；② 非对称多处理机。

2. ① 每个存储单元；② 总线；③ 单级交叉开关；④ 多级交换开关。

3. ① 高速缓存；② 减少对远程内存的访问。

4. ① 并行性；② 分布性；③ 机间的通信和同步性；④ 可重构性。

5. ① 自旋锁；② 自旋锁；③ 信号量。

6. ① 将每个进程固定分配到某个处理器上去执行；② 每个 CPU；③ 整个系统。

7. ① 两层的客户/服务器；② 三层的客户/服务器；③ 浏览器/服务器。

8. ① 数据通信；② 网络管理；③ 应用互操作。

9. ① 报文的分解与组装；② 传输控制；③ 流量控制；④ 差错的检测与纠正。

10. ① 不同网络的结点之间能实现通信；
    ② 一个网络中的用户能去访问另一个网络文件系统中的文件。

11. ① 配置管理；② 故障管理；③ 性能管理；④ 安全管理。

B.11 多媒体操作系统

一、选择题

1. A：(2) 图像编码； B：(4) 电子邮件。
2. A：(1) 交互式视频游戏； B：(3) 交互性。
3. A：(4) 调制解调器。
4. A：(1) $256 \times 512 \times 3$。
5. A：(1) NTSC；B：(3) PAL。
6. A：(1) MPEG；B：(2) I；C：(3) P；D：(2) JPEG。
7. A：(2) 速率单调调度；B：(4) 最早截止时间优先。
8. A：(1) 20；B：(3) 0，10800，21600，…。
9. A：(2) 108；B：(1) 90，C：(1) 更多。
10. A：(3) 67、92、31、25、101、150、185、112、95、85。

二、填空题

1. ① 网状；② 超媒体。
2. ① 多样性；② 集成性；③ 高数据率；④ 实时性；⑤ 交互性。
3. ① 数据存储空间；② 传输带宽。
4. ① JPEG；② MPEG；③ MPEG；④ 三。
5. ① GIF；② AVI；③ MPEG。
6. ① 时间间隔/速率/周期性；② 截止时间。
7. ① 接纳控制；② 预留资源。
8. ① 推型；② 拉型。
9. ① 交叉连续存放方式；② 块索引存放方式；③ 帧索引存放方式。
10. ① 高速缓存；② 改变两者的帧率；③ 同步。
11. ① 满足实时任务对截止时间的要求；② 令磁盘总寻道时间尽可能的小；
    ③ SCAN-EDF。

B.12 保护和安全

一、选择题

1. A：(3) 可用性；B：(3) 可用性；C：(1) 保密性；D：(2) 完整性。
2. A：(2) 被动攻击；B：(1) 主动攻击；C：(2) 分析通信量；D：(3) 数据加密。
3. A：(1) 数据机密性；B：(3) 数据完整性；C：(2) 系统可用性。
4. A：(4) 置换法；B：(1) 易位法。
5. A：(3) 对称加密算法；B：(2) 64。
6. A：(3) 从密钥的分配角度看，非对称加密算法比对称加密算法的密钥需求量大。

7. A：(3) KA 公开(KB 秘密(M'))。

8. A：(3) 攻击者截获签名后的数据并解密。

9. A：(3) 用户已知的事；B：(2) 用户的拥有物；C：(1) 用户特征。

10. A：(4) 访问之前执行 open 操作，访问之后执行 close 操作；

    B：(4) 访问控制表和访问权限表。

11. A：(1) 逻辑炸弹；B：(3) 陷阱门；C：(2) 特洛伊木马。

12. A：(4) 计算机病毒；B：(2) 蠕虫。

13. A：(4) 机内的电扇不转。

14. A：(1) 可以在计算机间迁移的代码；B：(3) 一段虚拟地址空间区域。

二、填空题

1. ① 数据机密性；② 数据完整性；③ 系统可用性。

2. ① 假冒；② 身份验证；③ 修改；④ 假冒。

3. ① 加密速度快；② 密钥管理简单。

4. ① 足够长；② 次数；③ 修改。

5. ① A 的私用密钥；② B 的公开密钥；③ B 的私用密钥；④ A 的公开密钥。

6. ① 时间；② 事件；③ 计数器。

7. ① 寄生性；② 传染性；③ 隐蔽性；④ 破坏性；⑤ 寄生性。

8. ① 末端；② 程序入口地址。

9. ① 数据库中的病毒样本；② 文件的长度；③ 文件的修改日期和时间；④ 检查和。

10. ① 访问矩阵模型；② 信息流控制模型。

11. ① 不能上读；② 不能下写。

12. ① 可信计算基 TCB；② 访问监视器；③ 安全核心数据库。

参 考 文 献

[1] 汤小丹，梁红兵，哲凤屏，等. 计算机操作系统, 4 版. 西安：西安电子科技大学出版社，2014.

[2] 汤小丹，梁红兵，哲凤屏，等. 现代操作系统. 北京：电子工业出版社，2007.

[3] 汤子瀛，哲凤屏，汤小丹. 计算机操作系统, 修订版. 西安：西安电子科技大学出版社，2001.

[4] 陈向群，杨芙清. 操作系统教程. 2 版. 北京：北京大学出版社，2006.

[5] 张尧学，史美林，等. 计算机操作系统教程. 3 版. 北京：清华大学出版社，2006.

[6] 屠祁，屠立德，等. 操作系统基础. 北京：清华大学出版社，2000.

[7] 周湘贞，曾宪权. 操作系统原理与实践教程. 北京：清华大学出版社，2006.

[8] 孟庆昌. 操作系统教程. 北京：电子工业出版社，2004.

[9] 庞丽萍. 操作系统原理. 4 版. 武汉：华中科技大学出版社，2008.

[10] 孟静. 操作系统教程. 北京：高等教育出版社，2001.

[11] 李善平. 操作系统学习指导和考试指导. 杭州：浙江大学出版社，2004.

[12] 曾平，曾林，金晶. 操作系统习题与解析. 3 版. 北京：清华大学出版社，2006.

[13] Abraham Silberschatz, Peter Baer Galvin, Greg Gagne. 操作系统概念. (第七版 影印版). 北京：高等教育出版社，2007.

[14] William Stallings. Operating Systems: Internals and design Principles(7th Edition). Prentice Hall，2011.

[15] Andrew S. Tanenbaum.现代操作系统. 英文版. 3 版. 北京：机械工业出版社，2009.

[16] Andrew S. Tanenbaum, Albert S. Woodhull. 操作系统设计与实现. 3 版. 陈渝，等，译. 北京：电子工业出版社，2007.